改訂
4版

世界一わかりやすい

Photoshop
操作とデザインの教科書

上原ゼンジ／吉田浩章／角田綾佳／技術評論社編集部　著

技術評論社

注意 ご購入・ご利用前に必ずお読みください

本書の内容について

●本書記載の情報は、2024年2月20日現在のものになりますので、ご利用時には変更されている場合もあります。また、ソフトウェアはバージョンアップされる場合があり、本書での説明とは機能内容や画面図などが異なってしまうこともあり得ます。本書ご購入の前に必ずソフトウェアのバージョン番号をご確認ください。

●本書に記載された内容は、情報の提供のみを目的としています。本書の運用については、必ずお客様自身の責任と判断によって行ってください。これら情報の運用の結果について、技術評論社および著者はいかなる責任も負いかねます。

また、本書内容を超えた個別のトレーニングにあたるものについても、対応できかねます。あらかじめご承知おきください。

レッスンファイルについて

●本書で使用しているレッスンファイルの利用には、別途アドビ システムズ社のPhotoshop（フォトショップ）が必要です。Photoshopはご自分でご用意ください。

●レッスンファイルの利用は、必ずお客様自身の責任と判断によって行ってください。これらのファイルを使用した結果生じたいかなる直接的・間接的損害も、技術評論社、著者、プログラムの開発者、ファイルの制作に関わったすべての個人と企業は、一切その責任を負いかねます。

! 以上の注意事項をご承諾いただいた上で、本書をご利用願います。これらの注意事項をお読みいただかずに、お問い合わせいただいても、技術評論社および著者は対処しかねます。あらかじめ、ご承知おきください。

本書は小社発行の『世界一わかりやすいPhotoshop　操作とデザインの教科書』(2014年2月25日初版)の内容を最新バージョンにあわせて見直し、改訂したものです。そのため学習内容や素材が類似しているところがあります。あらかじめご了承ください。

Photoshopの動作に必要なシステム構成

●Photoshopが動作するコンピューターの要件については、アドビ システムズ社の以下のウェブページをご確認ください。必要なソフトウェアのライセンス認証、サブスクリプションの検証およびオンラインサービスの利用には、インターネット接続および登録が必要です。

https://helpx.adobe.com/jp/photoshop/system-requirements.html

Adobe Creative Cloud、Apple Mac・macOS、Microsoft Windowsおよび
その他の本文中に記載されている製品名、会社名は、すべて関係各社の商標または登録商標です。

はじめに

Photoshopは画像を扱うアプリケーションソフトです。写真の加工、修正のほか、
印刷物の制作やウェブ制作、イラスト作成、映像などのコンテンツ制作など、
クリエイティブな現場で広く活用されています。

最新のPhotoshopには生成AI（Adobe Firefly）の技術が搭載され、
従来から続くAI（Adobe Sensei）にニューラルフィルターが加わって、
画像生成・加工にAIが活用されることは一般的になりました。
今後もAIは進化を続け、人の作業をさらに楽にしていってくれるでしょう。

それでもクリエイティブの基本は変わりません。思い描いたイメージを求めて、
最後は自分の目で見て、手を動かして完成させることです。
そのために基礎から身につけた技術は、きっとずっと役に立つはずです。

本書は、さまざまなデザインの現場で使用することを前提に、共通してよく使う機能を選んだ
15のLessonで構成しています。Lesson01から基本操作をしっかりマスターし、
後半はその応用として、学んだ基本操作を組み合わせた作例で演習して実践力を
身につけられるようになっています。また、Lessonの最後には1〜2題の練習問題を設け、
Lessonで学んだ内容を確認することができます。

ただ操作方法を模倣するだけでなく、どういった目的のために、どのような機能を
学んでいるのかという明確な意識を持って学習に取り組むことで、
おのずとツールや機能の使い方が身につき、それを活用したデザインができるようになります。

いままで自己流でPhotoshopを操作してきた方や、Photoshopの初心者、苦手意識を
持たれている方でも、一定スキルを習得できるように、わかりやすく丁寧に解説しています。

本書が「Photoshop使えます！」と、胸を張っていえる一助になることを心から願っております。

最後に、初版から3版までご寄稿いただいた柘植ヒロポン氏に深い感謝とともに本改訂版を
献げます。あわせて関係者のみなさまに、この場をお借りして厚く御礼申し上げます。

2024年2月
編集部

本書の使い方

Lessonパート

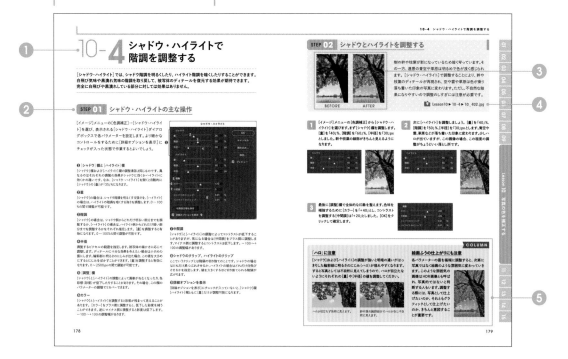

1 節

Lessonはいくつかの節に分かれています。機能紹介や解説を行うものと、操作手順を段階的にStepで区切っているものがあります。

2 Step / 見出し

Stepはその節の作業を細かく分けたもので、より小さな単位で学習が進められるようになっています。Stepによっては実習ファイルが用意されていますので、開いて学習を進めてください。機能解説の節は見出しだけでStep番号はありません。

3 Before / After

学習する作例のスタート地点のイメージと、ゴールとなる完成イメージを確認することができます。作例によってはAfterしかないものもあります。

これから学ぶPhotoshopの知識およびテクニックで、どのような作例を作成するかイメージしてから学習しましょう。

4 実習ファイル

その節またはStepで使用する実習ファイルの名前を記しています。該当のファイルを開いて、操作を行います（ファイルの利用方法については、P.6を参照してください）。

5 コラム

解説を補うための2種類のコラムがあります。

✔ CHECK!

Lessonの操作手順の中で
注意すべきポイントを紹介しています。

COLUMN

Lessonの内容に関連して、
知っておきたいテクニックや知識を紹介しています。

本書は、Photoshopの基本操作とよく使う機能を習得できる初学者のための入門書です。
ダウンロードできるレッスンファイルを使えば、実際に手を動かしながら学習が進められます。
さらにレッスン末の練習問題で学習内容を確認し、実践力を身につけることができます。
なお、本書では基本的に画面をMacで紹介していますが、Windowsでもお使いいただけます。

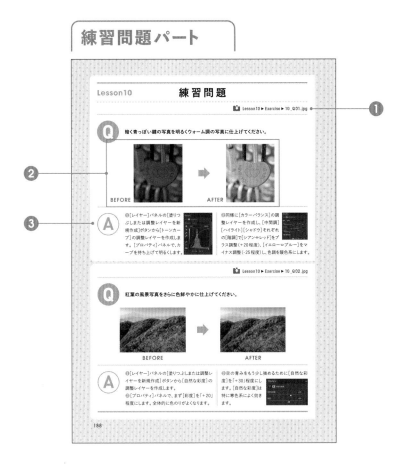

練習問題パート

① 練習問題ファイル

練習問題で使用するファイル名を記しています。該当のファイルを開いて、操作を行いましょう(ファイルについては、P.6を参照してください)。

② Before / After

練習問題のスタート地点と完成地点のイメージを確認できます。Lessonで学んだテクニックを復習しながら作成してみましょう。

③ A(Answer)

練習問題を解くための手順を記しています。問題を読んだだけでは手順がわからない場合は、この手順や完成見本ファイルを確認してから再度チャレンジしてみてください。

本書のキー表記について

解説中のキー表記はMacを基本としており、
Windowsで使用キーが違う場合はカッコ付きで表記しています。

例 [command]([Ctrl])

レッスンファイルのダウンロード

1 ウェブブラウザを起動し、下記の本書ウェブサイトにアクセスします。

https://gihyo.jp/book/2024/978-4-297-14071-7

2 ウェブサイトが表示されたら、写真右の[本書のサポートページ]のリンクをクリックしてください。

■**本書のサポートページ**
サンプルファイルのダウンロードや正誤表など

3 レッスンファイルのダウンロード用ページが表示されます。ファイル容量が大きいため、いくつかのレッスンごとに分割されています。ファイルごとに下記のIDとパスワードを入力して[ダウンロード]ボタンをクリックしてください。

1. 下の枠内に「ID」と「パスワード」を入力してください。本書P.6に記載されている「ID」を「ID」欄に，「パスワード」を「パスワード」欄にそれぞれ入力してください。

2. 「ダウンロード」をクリックしてください。

ID	pscc25	ダウンロード
パスワード	●●●●●●●	

Lesson01-04.zip（56MB）

ID		ダウンロード
パスワード		

Lesson05-08.zip（79MB）

ID—pscc25　パスワード—easy2cc4

4 ブラウザによってダウンロードが開始されます。

5 ダウンロードされたファイルは「ダウンロード」フォルダに保存されます。WindowsのEdgeではダウンロード後[フォルダーに表示]をクリックすると保存したフォルダが開きます。

6 Macは、ZIPファイルをダブルクリックすると展開されます。Windowsは、ZIPファイルを選択してエクスプローラーの[すべて展開]ボタンを押すか、右クリックして[すべて展開]を選択すると展開されて元のフォルダになります。

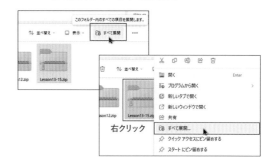

ダウンロードの注意点

● ファイル容量が大きいため、ダウンロードには時間がかかります。ブラウザが止まったように見えてもしばらくお待ちください。

● インターネットの通信状況によってうまくダウンロードできないことがあります。その場合はしばらく時間を置いてからお試しください。

本書で使用しているレッスンファイルは、
小社Webサイトの本書専用ページよりダウンロードできます。
ダウンロードの際は、記載のIDとパスワードを入力してください。
IDとパスワードは半角の小文字で正確に入力してください。

ダウンロードファイルの内容

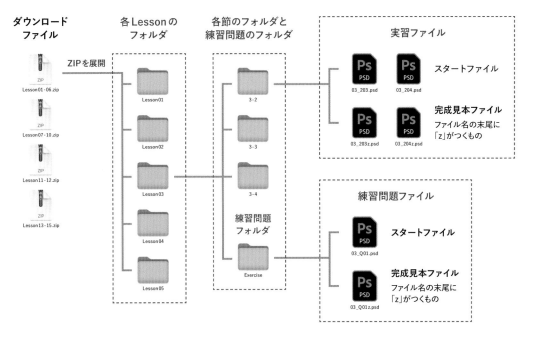

● ダウンロードしたZIPファイルを展開すると、Lessonごとのフォルダが現れます。

● Lessonフォルダを開くと「3-1」などの節と練習問題「Exercise」のフォルダに分かれています。

● 本書中の「Step」や「練習問題」の最初に、利用するフォルダとファイル名が記載されています。

● 内容によっては、レッスンファイルや練習問題ファイルがないところもあります。

● 末尾に「z」がつくのは完成見本ファイルです。正しく操作された結果として参考にしてください。

Adobe Photoshop 日本語版 無償体験版について

Adobe Photoshop日本語版 体験版（7日間無償）は以下のウェブサイト
よりダウンロードすることができます。
https://www.adobe.com/jp/downloads.html
ウェブブラウザ（Microsoft Edgeなど）で上記ウェブページにアクセス
し、Photoshopを選択してウェブページの指示にしたがってください。な
お、Adobe IDの取得（無償）、Creative Cloudメンバーシップ無償体験
版への登録が必要になります。

体験版は1台のマシンに1回限り、
インストール後7日間、製品版と同
様の機能を無償でご使用いただけ
ます。この体験版に関するサポート
は一切行われません。サポートおよ
び動作保証が必要な場合は、必ず
製品版をお買い求めください。

※ Adobe Creative Cloud、Adobe Photoshopの製品版および体験版については、
　アドビ システムズ社にお問い合わせください。著者および技術評論社ではお答えできません。

CONTENTS

Photoshopという
道具を知る

Photoshopは、デジタルカメラやスマートフォンで撮影した写真、あるいはイラストなどに加工や色補正、合成などを行い画像の再現性を高めたり、新しいイメージに変えるといった画像編集をするためのアプリケーションソフトです。Photoshopを使用する前に、まずはPhotoshopの基本知識を理解しておきましょう。

An easy-to-understand guide to **Photoshop**

1-1 Photoshopの画面構成

Photoshop全体の作業画面のことを「ワークスペース」と呼びますが、ワークスペースは
メニューバー、オプションバー、ツールバー、ドキュメントウィンドウ、各種パネルなどで構成されており、
画像編集するためのたくさんの機能があります。

Photoshopの起動画面（ファイルを開いていないとき）

ホーム画面

Photoshopを起動すると次のような画面が表示され
ます。ホーム画面と呼ばれ、ここから新規ファイルを
作成したり、ファイルを開いたりすることができます。
最近使用した画像のサムネールからファイルを開く
こともできます。Escキーを押すと、Photoshopのワー
クスペース画面に移行します。

ホーム画面を表示させたくない場合は、[Photoshop]（[編集]）メニュー
の[環境設定]→[一般]（(command)（(Ctrl)）+ Kキー）で[環境設定]ダイ
アログボックスを開いて、[ホーム画面を自動表示]のチェックを外します。

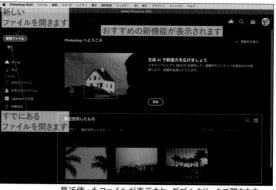

最近使ったファイルが表示され、ダブルクリックで開きます

新しいファイルを作成する

ホーム画面の[新規ファイル]ボタンをクリックすると、
新たに画像ファイルを作成することができます。上部
にあるカテゴリーを選んで❶、表示されるプリセット
から目的に合った規格を選びます❷。画面右側で、
数値や設定を自由に指定することもできます❸。[作
成]をクリックすると❹、新規画像ファイルが作成され
て開きます。

ワークスペース画面とホーム画面を切り替える

ワークスペースの[ホーム]ボタン❶をクリックするとホーム画面に移行し、ホーム画面
のPhotoshopのアイコンボタン❷をクリックするとワークスペースに移行します。

ドラッグ&ドロップで開く

ファイルのアイコンをPhotoshopウィンドウにドラッグ&ドロップ
して開くこともできます。ただし、すでに開いているファイルの画
像ウィンドウにドロップすると、スマートオブジェクト（P.82参照）
として配置されます。複数のファイルを同時に開くには、ドキュメ
ントウィンドウのタブ横の空きスペース❶にドロップします。

クリック　　クリック

Photoshopの操作画面（ワークスペース）

ファイル編集時のワークスペース

ファイルを開いたときの、Photoshop（2024）の［初期設定］ワークスペースの画面構成です。各部の名称や基本的な役割を覚えましょう。

❶メニューバー
各メニューには、内容に応じた項目が分類されています。

❷オプションバー
選択しているツールに合わせて、その作業のオプション項目が表示されます。

❸ドキュメントウィンドウのタブ
ファイル名が表示され、複数のファイルを開くと横に並びます。クリックして作業するファイルを切り替えられます。

❹ツールバー
画像の選択や描画など、画像を操作するさまざまなツール群がまとめられています。

❺ドキュメントウィンドウ
ツールを選択して画面上で画像を操作します。タブをドラッグすると独立したドキュメントウィンドウになります。

❻コンテキストタスクバー
ドキュメントの操作に応じて、次によく使う機能が表示されます。

❼パネル
アートワークの編集に必要な機能が、タブ形式でまとめられています。

複数ファイルの表示のしかた

複数のファイルを開いたとき、ドキュメントウィンドウの上部に複数のドキュメントウィンドウのタブが並んで表示されます。タブをクリックすることで編集するファイルを選択します。選択したファイル以外の画像は後ろに隠れている状態になります。

複数のファイルを同時に表示したい場合は、ドキュメントウィンドウを分離します。それにはタブをドラッグして❶、任意の場所でドロップします❷。分離したドキュメントウィンドウのタイトルバーをつかんでタブの位置にドラッグすると❸再びタブに戻ります。

[ウィンドウ]メニューの［アレンジ］から、画像ウィンドウの並べ方をさまざまに選択することができます。変更後、［すべてをタブに統合］を選択すると初期設定の状態に戻ります。

CHECK!

コンテキストタスクバーを非表示にする

機能のある場所を覚えるために、本書では使用しません。非表示にするには［ウィンドウ］メニューの［コンテキストタスクバー］のチェックを外します。

タブをドロップした場所にドキュメントウィンドウが分離します。

分離したドキュメントウィンドウのタイトルバーをドラッグしてタブが並ぶ位置に重ね、青く表示されたらドロップします。

ツールバーの概要（初期設定ワークスペース）

ツールの右下に三角印の付いているツールは、関連したサブツールがあります。

サブツールにあるツール名の後のアルファベット文字は、ショートカットキーを示しています。

❶レイヤーやガイドを移動するツールと　アートボードを作成するツール

[移動]ツールは、選択範囲やレイヤー、ガイドを移動します。[アートボード]ツールは、新規でアートボードを作成します。複数のアートボードを作成することもできます。

❷図形の選択範囲を作成するツール

[長方形選択]ツールは、四角形の選択範囲を作成し、[楕円形選択]ツールは、円形の選択範囲を作成します。
[一行選択]ツールは、横1ピクセルの一行の選択範囲を作成し、[一列選択]ツールは、縦1ピクセルの一列の選択範囲を作成します。

❸フリーハンドで選択範囲を作成するツール

[なげなわ]ツールは、ドラッグして選択範囲を作成し、[多角形選択]ツールは、クリックして直線で選択範囲を作成します。[マグネット選択]ツールは、ドラッグして画像の境界線に沿って選択範囲を作成します。

❹自動で選択範囲を作成するツール

[オブジェクト選択]ツールは、ドラッグした範囲のオブジェクトを自動的に選択します。[クイック選択]ツールは、ドラッグした範囲の近似色を選択し、[自動選択]ツールは、クリックした点の近似色を選択します。

❺画像を切り抜くツール

[切り抜き]ツールは、画像をトリミングして切り抜きます。[遠近法の切り抜き]ツールは、角度補正をして画像を切り抜きます。[スライス]ツールは、ウェブページ用に使用するために画像を複数に分割し（スライス）、[スライス選択]ツールでスライスを選択します。

❻[フレーム]ツール

[フレーム]ツールは、フレームの境界によって画像がマスクされます。

❼情報をサンプリングするツール

[スポイト]ツールは、クリックした位置の色を描画色や背景色に設定します。[3Dマテリアルスポイト]ツールは、3Dマテリアルの属性を記憶します。[カラーサンプラー]ツールは、クリックした位置の色を[情報]パネルに表示します。[ものさし]ツールは、ドラッグした画像内の距離、座標、角度を測定します。[注釈]ツールは、クリックした位置に注釈を追加し、[注釈]パネルで入力します。[カウント]ツールは、画像内をクリックしてオブジェクトをカウントします。

❽補正をするツール

[スポット修復ブラシ]ツールは、クリックやドラッグした範囲を周辺画像を元に補正します。[削除]ツールは、不要な人や物をAIで自然に消去します。[修復ブラシ]ツールは、あらかじめ指定した範囲をドラッグした箇所にコピーして補正します。[パッチ]ツールは、別の範囲を使用して、選択範囲を補正します。[コンテンツに応じた移動]ツールは、選択範囲を移動して周辺画像を元に補正します。また、移動元は周囲と調和するように補正されます。[赤目修正]ツールは、人間や動物の目の赤目を補正します。

❾描画に使用するツール

[ブラシ]ツールは、ブラシで描いたような線を表現したり、マスクを作成する際にも使用します。[鉛筆]ツールは、鉛筆で描いたような線を表現します。[色の置き換え]ツールは、選択した色を別の色に置き換えます。[混合ブラシ]ツールは、カラーの混合やにじみ度合いを調整して描画を行います。

❿複製して描画するツール

[コピースタンプ]ツールは、クリックした範囲をコピーして別の場所に複製します。[パターンスタンプ]ツールは、ブラシでパターンを描くことができます。

⓫ヒストリー画像を描画するツール

[ヒストリーブラシ]ツールは、ドラッグした軌跡を過去のヒストリー画像と置き換えるツールです。[アートヒストリーブラシ]ツールは、基本的には[ヒストリーブラシ]ツールと同様ですが、置き換える際、さまざまなスタイルの描画効果を加えることができます。

Lesson01 Photoshopという道具を知る

⑫消去するツール

[消しゴム]ツールは、ドラッグした範囲を消去または、[背景色]にします。[背景消しゴム]ツールは、ドラッグした範囲を透明にし、[マジック消しゴム]ツールは、クリックした隣接範囲をまとめて透明にします。

⑬色に関するツール

[グラデーション]ツールは、グラデーションを作成し、[塗りつぶし]ツールは、近似色の範囲を[描画色]で塗りつぶします。[3Dマテリアルドロップ]ツールは、3Dオブジェクト上でマテリアルをサンプリングしたり適用します。

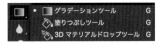

⑭ぼかしたりシャープにするツール

[ぼかし]ツールは、ドラッグした部分をぼかし、[シャープ]ツールは、ドラッグした部分をはっきりさせ、[指先]ツールは、ドラッグした部分の色を混ぜ合わせます。

⑮色補正をするツール

[覆い焼き]ツールは、選択範囲を明るくし、[焼き込み]ツールは、選択範囲を暗くします。[スポンジ]ツールは、選択範囲の彩度を調節します。

⑯パスの描画とアンカーポイントの編集を行うツール

[ペン]ツールは、クリックやドラッグしてパスを作成し、[フリーフォームペン]ツールは、ドラッグした軌跡でパスを作成します。[曲線ペン]ツールは、ハンドルは表示されず、アンカーポイントを操作して曲線を作成します。[アンカーポイントの追加]ツール、[アンカーポイントの削除]ツールは、アンカーポイントを追加、削除します。[アンカーポイントの切り替え]ツールは、コーナーポイントとスムーズポイントを切り替えます。

⑰文字入力のツール

[横書き文字]ツールは、横書きのテキストを作成し、[縦書き横文字]ツールは、縦書きのテキストを作成します。[横書き文字マスク]ツール、[縦書き文字マスク]ツールは、それぞれのテキストの選択範囲を作成します。

⑱パスの選択についてのツール

[パスコンポーネント選択]ツールは、ひとつのパスコンポーネント(パスで構成された図形)全体の選択と移動を行い、[パス選択]ツールは、アンカーポイントやハンドルの選択や移動を行います。

⑲シェイプを作成する描画ツール

[長方形]ツールは、長方形のシェイプの作成、[三角形]ツールは、三角形のシェイプの作成、[楕円形]ツールは、円形のシェイプの作成、[多角形]ツールは、多角形のシェイプの作成、[ライン]ツールは、線のシェイプの作成、[カスタムシェイプ]ツールは、さまざまな形のシェイプの作成をします。

⑳画像の見え方を調整するツール

[手のひら]ツールは、ドラッグしてアートワークの表示位置を移動し、[回転ビュー]ツールは、カンバスの向きを回転します。

㉑[ズーム]ツール

アートワークの表示倍率を変更します。

㉒[ツールバーを編集]

[ツールバーをカスタマイズ]ダイアログボックスが表示され、ツールバーをカスタマイズできます。

㉓[描画色と背景色を初期設定に戻す]

[描画色]を黒、[背景色]を白の初期設定に設定します。

㉔[描画色と背景色を入れ替え]

現在の[描画色]と[背景色]を入れ替えます。

㉕[描画色を設定]

[描画色]を[カラーピッカー(描画色)]ダイアログボックスや[スポイト]ツールで選択して設定します。

㉖[背景色を設定]

[背景色]を[カラーピッカー(背景色)]ダイアログボックスや[スポイト]ツールで選択して設定します。

㉗[クイックマスクモードで編集]

クイックマスクモードと画像描画モードの切り替えを行います。

㉘スクリーンモードを切り替え]

表示画面モードを切り替えます。初期設定は[標準スクリーン]モードで、Fキーで表示モードが切り替えられます。

各種パネル

Photoshopには、さまざまな機能のパネルが用意されています。表示されていないパネルは[ウィンドウ]メニューの項目から選択することができます。ここでは使用頻度の高いパネルを紹介します。

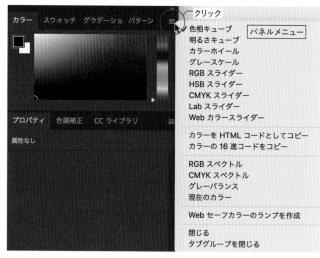

パネルメニューの表示
パネル右上部の[パネルメニュー]ボタンをクリックすると、パネルメニューが表示されます。

[カラー]パネル
スライダーを動かしたり、数値入力、サンプルカラー、カラーホイールなどで描画色や背景色を設定します。

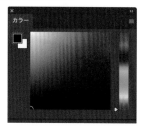

[スウォッチ]パネル
あらかじめ登録されている色見本。プリセットが[スウォッチグループ]に分かれて管理されています。

[色調補正]パネル
画像補整をするための調整レイヤーを作成します。

[スタイル]パネル
レイヤースタイルを適用します。プリセットが[スタイルグループ]に分かれて管理されています。

[チャンネル]パネル
画像のチャンネルが表示されます。選択範囲を保存すると「アルファチャンネル」として保存されます。

[レイヤー]パネル
画像や階層ごとに管理します。Photoshopのパネルの中でもっとも使用する重要なパネルです。

[パス]パネル
パスを管理します。パスから選択範囲を作成することもできます。

[ヒストリー]パネル
作業工程を記録します。作業の途中段階に戻ることもできます。

［ブラシ］パネル

ブラシの種類やサイズなどを設定します。プリセットが［ブラシグループ］に分かれて管理されています。

［ブラシ設定］パネル

既存のブラシに変更を加えたり、新しいブラシプリセットとして登録できます。通常、［ブラシ］パネルと併用して使用します。

［文字］パネル

フォントの種類やサイズ、行送りなどの設定を行います。

［段落］パネル

文字の揃え方やインデント（字下げの設定）、禁則などの設定を行います。

［ナビゲーター］パネル

アートワークを拡大表示した際、どの部分が表示されているのかを確認できます。また、赤い枠をドラックすると、連動して表示位置を移動することができます。

［情報］パネル

カーソルの位置の座標や色成分などを表示します。

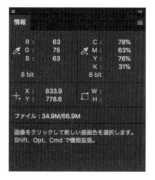

［アクション］パネル

操作を記録して自動化することができます。通常、バッチ処理機能（一括処理する機能）と併用し、複数の画像に使用します。

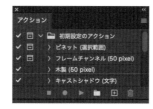

［シェイプ］パネル

ジャンル別に登録されたシェイプを呼び出して利用できます。

［プロパティ］パネル

レイヤーに設定しているさまざまな属性（調整レイヤー、レイヤーマスク、シェイプレイヤーなど）を表示します。

［CCライブラリ］パネル

ユーザーのよく使うカラー、カラーテーマ、テキストスタイル、ブラシ、グラフィックをオンラインのCreative Cloudライブラリに保存しておいて、他のCCアプリや機器でも使えるようにするパネルです。Adobeのモバイルアプリと連携したり、他のユーザーと共有することもできます。

1-2 パネルの操作

ツールバーや各種パネルは、ユーザーの好みに合わせて表示方法をカスタマイズすることができます。
使用頻度の高いパネル順に連結し、使用しないパネルは非表示にするなど、
ワークスペースを使いやすいようにカスタマイズしましょう。

ツールバーの操作

ツールバーは、初期設定では1列ですが、2列に表示することができます。ボタンの右下に三角印の付いているツールを長押しすると、関連したサブツールが表示されるので、スライドして目的のツールを選択します。

ツールを2列に表示する

ツールバーの左上部にある▶▶または◀◀ボタンをクリックして、1列または、2列に切り替えます。

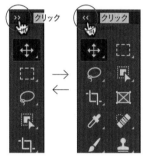

サブツールを表示して選択する

右下に三角印の付いているツールを長押しして、サブツールを表示して選択します。オプションバーには、現在選択しているツールのオプション設定が表示されます。

パネルの基本操作

パネルの展開とアイコン化

パネルの右上部にある[アイコンパネル化]ボタン❶をクリックするとアイコン化され、アイコン化されているパネルの右上部にある[パネルを展開]ボタン❷をクリックするとパネルが展開されます（同じ位置のボタンです）。ワークスペースを広く使用したいときは、パネルをアイコン化するとよいでしょう。

パネルを切り離す

パネルは、複数のパネルグループとしてドックに格納され、タブ形式になっています。タブをパネルグループの外にドラッグ＆ドロップすると、パネルを切り離すことができ、作業しやすい位置にパネルを移動することができます。

✓CHECK!

サブツールを順に切り替える

サブツールのあるツールを option (Alt) キーを押しながらクリックすると、ツールが順番に切り替わって表示されます。

ドックとは

複数のパネルまたは、パネルグループの集合で、通常は縦方向に並べて表示されます。

パネルを連結する・移動する

切り離したパネルを連結するには、タブを他のタブにドラッグして、パネルの枠が青くなったらドロップします。

同様にしてグループ内のパネルを別のグループに移動することもできます。

パネルを切り離して新規ドックを作成する

パネルグループからパネルを切り離し、新しくドックを作成することができます。パネルをドックの左側にドラッグし、縦に青い線が表示されたらドロップします。

✓CHECK!

タブの順序

同じグループ内のタブの順番を変更したい場合は、タブを水平にドラッグします。

ワークスペースを初期設定に戻す

パネル配置を変更しても、[ウィンドウ]メニューの[ワークスペース]→[初期設定をリセット]を選択すると、初期設定の状態に戻ります。

ワークスペースを保存する

作業しやすいようにパネルを配置したら、その状態のワークスペースを保存しておくことができます。
作業の内容ごとに名前を付けて保存しておけば、カスタマイズしたワークスペースをすぐに呼び出せて便利です。

✓CHECK!

不要になったワークスペースを削除する

[ウィンドウ]メニューの[ワークスペース]→[ワークスペースを削除]を選択して、[ワークスペースを削除]ダイアログボックスで、削除したいワークスペース名を選択して[削除]をクリックします。この操作は削除したいワークスペース以外のワークスペースの状態で行います。

[ウィンドウ]メニューの[ワークスペース]→[新規ワークスペース]を選択します❶。[新規ワークスペース]ダイアログボックスが表示されるので、任意の名前を付けて❷[保存]をクリックするとワークスペースが保存されます。
[ウィンドウ]メニューの[ワークスペース]に保存したワークスペース名が表示され❸、選択すると呼び出せます。

1-3 デジタル画像のしくみ

コンピュータで使用するデジタル画像は、「ビットマップ画像」と「ベクトル画像」に大別されます。
この2つの種類の画像は、それぞれ性質が異なり、短所や長所があります。
Photoshopが扱うのはビットマップ画像です。

ビットマップ画像とベクトル画像

Lesson 01 ▶ 1-3 ▶ 01_301.psd, 01_301.ai

ビットマップ画像

Photoshopで扱うデータは「ビットマップ画像」と呼ばれ、「ピクセル(pixel)」という小さな四角形の集合体で構成されています。このピクセルひとつひとつは、色相・彩度・明度といった色情報を持ち、ピクセルの密度が高いほど画像の色を鮮やかに美しく表現することができます。ただし、ビットマップ画像は、拡大・縮小や変形を繰り返すと、ピクセルとピクセルが補間されてしまうので画像が劣化する欠点があります。

ベクトル画像

Illustratorで扱うデータは「ベクトル画像」と呼ばれ、「アンカーポイント」の点とそれをつなぐ「セグメント」の線で面を作成し、数式化して表示されています。表示する度に再計算されるので、拡大・縮小しても滑らかな曲線を保つことができ、イラストやロゴなどの作成に適しています。ただし、複雑な階調や図形の場合は、処理時間がかかってしまう場合があります。

ビットマップ画像のことを「ラスター画像」ともいいます。

ビットマップ画像は、拡大すると画像が劣化します。

ベクトル画像は、拡大しても滑らかな線を保ちます。

画像解像度とは

ビットマップ画像を構成する素となるピクセルの密度のことを「画像解像度」といいます。単位は「pixel／inch(pixel per inch＝ppi)」で、1インチ(2.54cm)の長さにいくつピクセルが並んでいるかを示します。画像解像度が高いほど画像は細部まで美しく表示され、画像解像度が低いとピクセルが目立つ粗い画像になります。

画像解像度：72 pixel／inch
ピクセルが粗く表示されます。

画像解像度：350 pixel／inch
鮮やかに美しく表示されます。

1-4 画像解像度、画像サイズ、カンバスサイズ

画像解像度とカンバスのサイズの設定は、[イメージ]メニューの
[画像解像度]を選択して表示される[画像解像度]ダイアログボックスで行います。
画像解像度の設定は、画像を扱う際、もっとも重要な設定になります。

画像解像度の基本

Lesson01 ▶ 1-4 ▶ 01_401.jpg

ピクセル数と画像解像度の確認

現在開いている画像のピクセル数(画素数)と解像度は、ドキュメントウィンドウの下部にある[ステータスバー]をクリックすると表示され、ピクセルの数は、[幅]と[高さ]で表示されます。一般的に、ウェブ用の画像などモニタに表示するための画像解像度は、使用する画像サイズで72ppi、印刷用の画像解像度は、使用するサイズで350ppiに設定します。

上記の赤枠部分をクリックすると、画像の幅、高さ、チャンネル、解像度が表示されます。

画像解像度と画像サイズを変更する

[イメージ]メニューの[画像解像度]❶を選択して[画像解像度]ダイアログボックスを表示します。まず画像サイズを変更します。[再サンプル]のチェックを外して❷、目的のドキュメントサイズの[幅]もしくは、[高さ]のどちらか一方に数値を入力すると❸、もう一方は自動入力されます。続いて解像度を変更します。再び[再サンプル]にチェックして❹、[解像度]に数値を入力して❺[OK]をクリックします。

✔CHECK!

[画像解像度]
ダイアログボックスの表示
command (Ctrl) + option (Alt) + I
キーです。

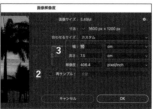 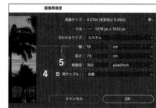

[再サンプル]にチェックすると、[幅]、[高さ]と[解像度]が個別に変更できます。ここでは、印刷用の画像として[解像度]を[350pixel/inch]に設定しています。

COLUMN

低解像度の画像を拡大する

補間方式の設定オプションの中に[ディテールを保持(拡大)]とAIによる[ディテールを保持 2.0]がありますが、どちらも低解像度を拡大したり、高解像度に設定しても美しい画質を保つことができ、[ノイズを軽減]で、拡大したときのノイズを少なくする操作が行えます。

[ディテールを保持2.0]を使用するには、[Photoshop]([編集])メニューの[環境設定]→[テクノロジープレビュー]を選択して[環境設定]ダイアログボックスを開き、[ディテールを保持2.0アップスケールを有効にする]にチェックが入っていることを確認してください。

補間方式とは

補間方式とは、画像を拡大・縮小した際、新しく増えたピクセルまたは、失われたピクセルを元画像のピクセルを参照してどのようにピクセルの隙間を補間するのかを設定する方式です。ここでは代表的な4つの方式を紹介します。

自動	自動的に画像に適した方式が適用されます。
バイキュービック法	色調などのすべての要素を緻密に計算した精度の高い低速な補間方式で、内容に合わせて[バイキュービック法-滑らか(拡大)]、[バイキュービック法-シャープ(縮小)]、[バイキュービック法(滑らかなグラデーション)]があります。
ニアレストネイバー法（ハードな輪郭）	隣接するピクセルをコピーして補間する、もっとも粗く高速な補間方式でジャギー（輪郭がギザギザすること）が目立ちます。
バイリニア法	ニアレストネイバー法とバイキュービック法の中間的な精度で、ピクセルの色調を平均して追加する方式です。

カンバスサイズを変更する

Lesson01 ▶ 1-4 ▶ 01_401.psd

カンバスとは画像の領域のことで、[カンバス]ダイアログでサイズ変更することができます。主に、画像の背景を引き伸ばすためカンバスを大きくしたり、画像のまわりに余白を付ける場合にカンバスサイズを変更します。

画像のまわりに余白をつける

画像を開き、[イメージ]メニューの[カンバスサイズ]❶を選択して[カンバスサイズ]ダイアログボックスを表示します。[相対]にチェックを入れて❷、[幅]と[高さ]に増やしたい数値を入力して❸[OK]をクリックすると画像のまわりに余白が作成されます。[相対]にチェックを入れると、現在のカンバスサイズの[幅][高さ]に数値が足されます。−（マイナス）の値を入力すると、カンバスサイズから引かれます（その際「画像の一部が切り取られます。」という警告が出ます）。

✓**CHECK!**

［相対］にチェックを入れない場合
[幅]と[高さ]に目的のカンバスサイズを入力して、カンバスサイズを変更します。

［カンバスサイズ］のショートカット
command (Ctrl) + option (Alt) + C キーです。

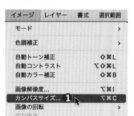

拡張された部分は、[カンバス拡張カラー]で設定した色（初期設定は[背景色]）になります。

COLUMN

基準位置を指定してカンバスサイズを変更する

[カンバスサイズ]ダイアログの[基準位置]は、9つの位置を指定してカンバスサイズを変更することができます。初期設定では、中央のボタンが選択されており、中心を基準にサイズが変更されます。

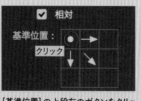

[基準位置]の上段左のボタンをクリックすると、左上が固定され右下にカンバスが拡大されます。

1-5 カラーモード

Photoshopにはさまざまなカラーモードが用意されていますが、色を扱う代表的なカラーモードは「RGB」と「CMYK」です。モニタ画面の色とプリント出力した色が違うのは、この2つのカラーモードの性質が異なるため生じます。ここでは、各カラーモードの特徴を紹介します。

RGBとCMYK

カラーモードとは

画像の「カラーモード」とは色情報の持ち方のことです。複数のカラーモードがあり、[イメージ]メニューの[モード]で確認、変更することができます。

[イメージ]メニューの[モード]にあるカラーモード。用途に応じて選びます。チャンネルのビット数は大きいほど階調が細かくなりますが、データ量も増えます。

RGBカラー

モニタで表示するときの標準的なカラーモードです。色光の3原色のR（レッド）G（グリーン）B（ブルー）の混合で色を表現します。CMYKよりも色域が広く鮮やかな色再現ができ、Photoshopのすべてのフィルターが使用できるので、一般的に補正や加工などの作業はRGBカラーで行います。

RGBカラーの[カラー]パネルと[チャンネル]パネル。[カラー]パネルメニューからスライダーの種類を選べます。

CMYKカラー

カラー印刷用のモードです。色材の3原色のC（シアン）M（マゼンタ）Y（イエロー）に、K（ブラック）を加えた4色の混合で色を表現します。実際の印刷では、CMYだけでは黒に近い色の再現が不完全なので、Kを加えた4色が使われます。

CMYKカラーの[カラー]と[チャンネル]パネル。

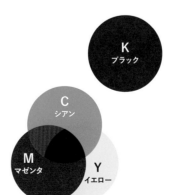

CMYKカラーの画像は、[フィルター]メニューで使用できない項目はグレー表示になっています。

印刷用にCMYKカラーに変換する

通常、Photoshopでの作業はRGBカラーで行い、印刷用で使用する画像はCMYKカラーに変換します。それには[編集]メニューの[プロファイル変換]❶を選択します。[プロファイル変換]ダイアログボックスで、[変換後のカラースペース]の[プロファイル]から[CMYK-Japan Color 2011 Coated]❷を選択し[OK]をクリックします。これで、印刷に適したカラープロファイルに変換できます。なお、カラーモードの変換を繰り返すと画像が劣化しますので、この作業は一番最後に行います。

オフセット印刷の標準的なカラープロファイルは、「Japan Color 2011 Coated」です。インキ使用総領域350%、ポジ版、コート紙の条件で高品質な色分解を行います。[イメージ]メニューの[モード]→[CMYK]を選択しても変換できますが、印刷物を作成する場合は、[プロファイル変換]ダイアログボックスで設定することを推奨します。

その他のカラーモード

グレースケール

白から黒の256色階調で色表現し、「8ビット画像」ともいいます。モノクロ印刷用のデータに利用します。カラー情報を持たないので、データ容量が小さくなります。カラーからグレースケールに変換するには、[イメージ]メニューの[モード]→[グレースケール]❶を選択します。

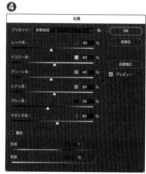

カラー情報を破棄せずにモノクロにする場合は、[イメージ]メニューの[色調補正]→[白黒]❸を選択して[白黒]ダイアログボックスを利用すると詳細な調整が行えます❹。

カラー情報を破棄するための警告が表示されるので、[破棄]をクリックします❷。

[イメージ]メニューの[色調補正]→[色相・彩度]❺を選択して[色相・彩度]ダイアログボックスで[彩度：−100]❻に設定しても同様です。

ほかにもPhotoshopでは右記のようなカラーモードがあります。制作環境によっては利用することがありますので、特徴を覚えておきましょう。

カラーモード	RGBカラーからの変換方法
ダブルトーン	グレースケール画像に変換してから、[ダブルトーン]を選択すると[ダブルトーンオプション]ダイアログボックスが表示されます。版数を選んで、スミ版のほかに使用する特色を設定します。
インデックスカラー	[インデックスカラー]を選択して表示される[インデックスカラー]ダイアログボックスの[パレット]を選んで使用する256色を指定して変換します。

1-6 操作の履歴を管理する

Photoshopで行った操作は、[ヒストリー]パネルで記録され一覧表示することができます。
また、[ヒストリー]パネルの履歴から、新規ファイルを作成することもできます。
[ヒストリー]パネルは頻繁に使用するパネルなので、常に表示しておきたいパネルのひとつです。

操作の取り消しとやり直し

📷 Lesson 01 ▶ 1-6 ▶ 01_601.jpg

[ヒストリー]パネルで操作する

[ヒストリー]パネルは、これまで行った操作の履歴を記録することができます。
どの段階の作業画面もすぐに戻って操作をやり直すことができます。

画像を開くと[ヒストリー]パネルには、ファイル名と[開く]が表示されます。

操作を進めていくと、操作の履歴が記録されます。ここでは調整レイヤーの[トーンカーブ]と[色相・彩度]を追加して調整しました。

過去の操作に戻りたい場合は、目的の履歴をクリックすると画像が過去の状態に戻ります。

[編集]メニューで操作する

操作を間違えてしまい、1段階戻りたい場合は、[○○の取り消し]❶
を選択すると、直前の操作を取り消すことができます。複数回[○○の
取り消し]を選択すると、操作をさかのぼって取り消すことができます。
操作を前に戻しすぎてしまった場合、[○○のやり直し]❷を選択する
と、直前の操作をやり直すことができます。複数回[○○のやり直し]
を選択すると、操作を順にやり直すことができます。
[最後の状態を切り替え]❸は、従来方式（CC 2018以前）の[取り消
し]／[やり直し]と同じように機能します（[取り消し]と[やり直し]は交
互に切り替わります）。
これらの操作は、[ヒストリー]パネルと連動するようになっています。

編集	イメージ	レイヤー	書式	選択範囲	フィ
新規レイヤーの取り消し❶				⌘ Z	
レイヤーマスクを追加のやり直し❷				⇧⌘ Z	
最後の状態を切り替え❸				⌥⌘ Z	

✔CHECK!

ショートカットキーでの操作
取り消し（従来方式の[1段階戻る]）
（ヒストリーを順に戻ります）
command（Ctrl）+ Z
やり直し（従来方式の[1段階進む]）
（ヒストリーを順に進めます）
command（Ctrl）+ Shift + Z
最後の状態を切り替え
（従来方式の[取り消し]／[やり直し]）
（ヒストリーの直前の操作を取り消し／
やり直します）
command（Ctrl）+ option（Alt）+ Z

[1段階進む]と[1段階戻る]

CC 2018以前の[編集]メニューの[1段階進む]と[1段階戻る]は、[ヒストリー]パネルのパネルメニューの中に移動されています。

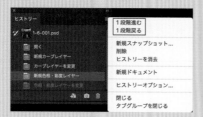

ヒストリー数について

[ヒストリー]パネルに表示されるヒストリー数は初期設定で50回までで、それ以上は古い履歴から消去されていきます。また、画像を閉じるとすべて履歴は消去されます。[Photoshop]([編集])メニューの[環境設定]→[パフォーマンス]を選択して[環境設定]ダイアログボックスを表示し、[ヒストリー&キャッシュ]の[ヒストリー数]で変更することができます。ただし大きな値を入力するとそれだけメモリが必要になり、動作に不具合が出ることもあるので、あまり増やさないほうがよいでしょう。

[ヒストリー]パネルの操作

ヒストリーから新規画像を作成する

[ヒストリー]パネルで、任意のヒストリーを選択して[現在のヒストリー画像から新規ファイルを作成]ボタン❶をクリックすると、選択したヒストリー内容の新規画像が作成できます❷。

新規画像は、そのまま作業を行い保存することができます。

スナップショットを作成する

ヒストリーは古い順に消去されてしまいますが、区切りで「スナップショット」を作成すれば[ヒストリー]パネルに記憶させておくことができ、いつでも呼び出すことができます。なお、画像を閉じるとすべてのスナップショットは消去されます。レタッチの効果の比較や、複雑な操作をする前にスナップショットを作成しておくと、いつでも編集する前に戻ることができて便利です。

スナップショットにしたいヒストリーを選択し、[新規スナップショットを作成]ボタン❶をクリックします。

スナップショット❷が作成されます。

操作の段階がわかりやすい名前にしておくとよいでしょう。

1-7 ファイルの保存形式

Photoshopでは DTP用の形式、ウェブ用の形式、Windows用の形式など
用途にあわせたファイル形式で保存することができます。
ここでは、保存する際の代表的なファイル形式を紹介します。

用途に合わせたファイル形式で保存する

Lesson01 ▶ 1-7 ▶ 01_701.jpg

Photoshop形式で作業を行い、作業を終えたら［ファイル］メニューの［保存］または、［別名で保存］❶を選択します。［別名で保存］ダイアログボックス）❷が表示されますので、［フォーマット］で用途に合わせた形式を選択して保存します。

［Creative Cloudに保存］ボタンを押すと Creative Cloud上に保存ができますが、「.psdc」という専用形式になります。

Photoshop形式（.psd）

Photoshop形式は、レイヤー、調整レイヤー、レイヤーマスク、スマートオブジェクト、チャンネル、テキストなどの要素をそのまま保存できる形式で、「ネイティブ形式」ともいいます。最終的に別の形式にして保存する場合も、作業中は Photoshop形式で保存すると、Photoshopの機能を存分に活用できます。また、Illustrator、InDesign が Photoshop形式をサポートしているので、読み込んでレイアウトすることができます。

［フォーマット］で［Photoshop］を選択して、［保存］をクリックします。［Photoshop形式オプション］ダイアログボックスが表示されますが、［互換性を優先］にチェックしたまま［OK］をクリックすると Photoshop形式として保存されます。

> ✔CHECK!
>
> ### ［互換性を優先］の選択を表示させない
>
> ［Photoshop］（［編集］）メニューの［環境設定］→［ファイル管理］を選択して表示される［環境設定］ダイアログボックスで、［PSDおよび PSBファイルの互換性を優先］を［常にオン］に設定すると表示されなくなります。
>
>

BMP形式（.bmp）

BMP形式はWindows標準のファイル形式で、RGB、インデックスカラー、グレースケール、モノクロ2階調の4つのカラーモードをサポートしています。レイヤーは保持できませんが、クリッピングパスは保持して保存されます。

Windows環境のみで利用する形式です。[BMPオプション]ダイアログボックスが表示されるので、[OK]をクリックするとBMP形式として保存されます。

Photoshop EPS形式（.eps）

PhotoshopEPS形式は、以前は印刷時の入稿データの標準ファイル形式でしたが、OSのアップデートやPhotoshopのバージョンアップにより印刷トラブルが起きるケースが多くなりました。印刷会社によっては、EPS形式での入稿を推奨している場合もあります。

[EPSオプション]ダイアログが表示されます。チェックをすべて外して、[OK]をクリックするとPhotoshop EPS形式として保存されます。[エンコーディング]とは画像データをポストスクリプトデバイスに出力する方法で、一般的には[ASCII85]に設定しますが、ファイルサイズは大きくなります。

✔CHECK!

レイヤーを保持できない形式での保存

レイヤーがある画像をレイヤーを保持できないファイル形式で保存するには、[コピーを保存]を選択します。[複製を保存]ダイアログボックスに変わり、形式が選べるようになります。

JPEG形式（.jpg .jpeg .jpe）

JPEG形式は、デジタルカメラで撮影した画像やウェブで画像を表示する形式で、画像を圧縮してファイルサイズを抑えることができます。レイヤーを保持することはできませんが、クリッピングパスは保持して保存されます。高圧縮率にしたり、JPEG形式で保存を繰り返すと画像が劣化し、元の画質に戻すことができなくなります。

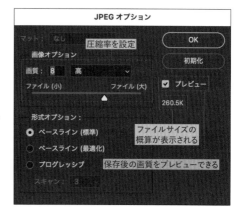

[画質]を[0:低（高圧縮率）]にした場合。ノイズが目立ちますがファイルサイズは小さくなります（72.3KB）。

[画質]を[12：最高（低圧縮率）]にした場合。ノイズは目立ちませんがファイルサイズは大きくなります（767.0KB）。

Photoshop PDF形式（.pdf）

Photoshop PDF形式は（PDFは、Portable Document Formatの略）、アドビシステムズ社によって開発された形式で、OSの環境やアプリケーションに依存することなく、レイアウトを保持したまま電子文章をやり取りすることができます。主に、校正用、閲覧用、入稿用などに使用されます。Adobe Acrobat Readerで閲覧できます。

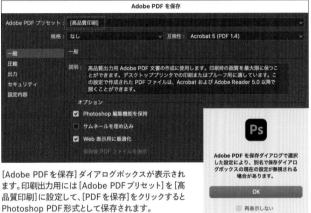

[Adobe PDFを保存]ダイアログボックスが表示されます。印刷出力用には[Adobe PDFプリセット]を[高品質印刷]に設定して、[PDFを保存]をクリックするとPhotoshop PDF形式として保存されます。

「別名で保存ダイアログボックスの現在の設定が無視される場合があります。」というダイアログボックスが表示されるので[OK]をクリックします。

✔CHECK!
Photoshop編集機能を保持
[オプション]の[Photoshop編集機能を保持]にチェックが入っていると、「以前のバージョンのPhotoshopと互換性がありません。」というダイアログボックスが表示されますが[はい]をクリックします。

TIFF形式（.tif .tiff）

TIFF形式は、DTP系のアプリケーションでサポートされている形式です。圧縮することもできますが、圧縮方法によっては、他のアプリケーションで開かない場合があ

りますので、[なし]を設定するほうがよいでしょう。レイヤー、クリッピングパスは保持して保存されます。

[TIFFオプション]ダイアログボックスが表示されるので、[画像圧縮]は[なし]を選択し[OK]をクリックすると、TIFF形式として保存されます。

✔CHECK!
レイヤーを保持する
レイヤーが含まれる場合は、「レイヤーを含めるとファイルサイズが大きくなります。」というダイアログボックスが表示されますが[OK]をクリックします。

Lesson 01　練習問題

Lesson 01 ▶ Exercise ▶ 01_Q01.jpg

Q 以下の画像のカンバスを正方形（150mm×150mm）にサイズ変更し、
画像のまわりに10mm幅の白い枠を作成しましょう。

BEFORE

AFTER

A

❶［イメージ］メニューの［カンバスサイズ］を選択し［カンバスサイズ］ダイアログボックスを表示します。［相対］のチェックを外し、［幅：150mm］［高さ：150mm］に設定し、［基準位置］の下段右をクリックし、［OK］をクリックします。画像の一部が切り取られるため警告が表示されますが、そのまま［続行］をクリックします。カンバスが正方形に変更されます。

❷再び、［イメージ］メニューの［カンバスサイズ］を選択して［カンバスサイズ］ダイアログボックスを表示し、画像のまわりに白い枠を作成します。［相対］にチェックを入れて［幅：20mm］［高さ：20mm］に設定し、［カンバス拡張カラー］の右側にある□が白色に設定されていることを確認して（白色でない場合はプルダウンメニューから［ホワイト］を選択します）、［OK］をクリックします。

選択範囲を
マスターする

画像の操作は全体に対して行うときもありますが、多くの場合は効果をおよぼす範囲を区切ってから行います。その区切る作業が「選択範囲」の指定です。ここではさまざまな選択範囲の指定方法を紹介します。Photoshopで思い通りに画像を編集するための前提となる操作ですので、状況に応じて使い分けられるようにしましょう。

2-1 選択範囲の基本テクニック

選択範囲はPhotoshopを扱う上でベースとなる技術の1つです。
ただし初心者にとってはちょっとわかりにくい概念でもあるので、
実際に手を動かしながら、じっくりと理解することを心がけましょう。

選択範囲とは?

Lesson 02 ▶ 2-1 ▶ 02_101.psd

部分的に補正をしたい場合に利用

選択範囲とは[長方形選択]ツール、[楕円形選択]ツールなどを使って選択をした範囲のことで、これらのツールを使って囲った範囲は、(流れているような)点滅する点線で囲まれます。この状態で色や明るさの変更をすると、選択をした範囲の中にだけ効果がおよびます。つまり選択範囲とは、部分的な補正などを行うために専用のツールを使ってくくった範囲のことです。

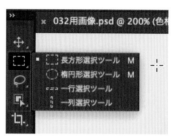

ツールバーの選択ツール。上から、[長方形選択]ツール、[楕円形選択]ツール、[一行選択]ツール、[一列選択]ツール。その下にある[なげなわ]ツール、[オブジェクト選択]ツールのグループも選択ツールです。

[長方形選択]ツールを試す

選択の方法はいろいろありますが、もっとも基本的な[長方形選択]ツールを使った選択の方法からはじめましょう。まずツールバーから[長方形選択]ツールを選択します。ここで加工するのは右のような無地の黄色の画像です。ツールを選択した状態で、選択したい範囲の左上から(右上からでも下からでも可)、対角線の角の方向へドラッグすれば長方形の境界線が点線で表示されます。

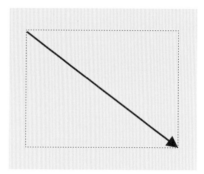

[長方形選択]ツールで角から対角線を描くようにドラッグすると境界線ができあがります。

選択範囲の色相を変えてみると

選択範囲をどう利用するのかは自由です。色調補正やフィルターの多くのツールで、選択範囲内に効果をかけることができます。たとえば明るくなり過ぎた部分を少し抑えたり、あるいはつぶれ気味のシャドウ部だけを選択して明るくするなどです。右の画像では選択範囲に対して[イメージ]メニューから[色調補正]→[色相・彩度](P.180)を適用して、色相を大胆に変更してみました。

選択されている(境界線が点滅)状態で色相を180°変えると、選択範囲内の色が変わります。

選択ツールの基本

[楕円形選択] ツールの使い方

[楕円形選択]ツールはツールバーから選びます。マウスを斜めにドラッグすると、ドラッグした内側に楕円ができますが、それが選択範囲の境界線になります。ただの楕円の選択範囲の場合は用途は限られますが、境界にぼかしをつける(P.35を参照)と用途は広がってきます。たとえば写真を部分的にちょっと明るめにしたいといったようなケースです。

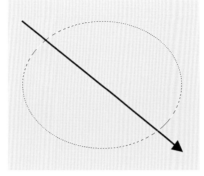

[楕円形選択]ツールの使い方は[長方形選択]ツールと同様。きちんと選択したい場合は、外接する長方形がわかるガイドラインを先に引いてしまうやり方もあります。

正方形、正円に選択する方法

[長方形選択]ツールを使用してドラッグをする際、[Shift]キーを押す(ドラッグを始める前でも後でも可)と、長方形は正方形になります。つまり縦横の長さが揃います。同様に[楕円形選択]ツールを使う際に[Shift]キーを併用すると、真ん丸になります。

つくった選択範囲の場所を移動させたい場合はマウスによるドラッグで可能です。また選択された状態で矢印キーを使う方法も有効です。

[長方形選択]ツールを使用する際に同時に[Shift]キーを押して、正方形の選択範囲を作成。その後、範囲内の色を変更。

[楕円形選択]ツールを使用する際に同時に[Shift]キーを押して、真ん丸の選択範囲を作成。その後、範囲内の色を変更。

中心から選択する

[長方形選択]ツールでは斜めにドラッグをするとその始点と終点の間に長方形ができますが、ドラッグする際に[option]([Alt])キーを押すと始点を中心として長方形ができます。これは[楕円形選択]ツールの場合も同様です。中心からの選択のほうがやりやすい場合も多いので、覚えておきたいテクニックです。

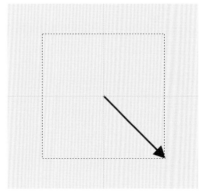

[option]([Alt])キーを押しながら[長方形選択]ツールでドラッグした場合、角からではなく中心から長方形ができます。ガイドラインなどを使って中心を割り出しておけば正確に選択ができます。

Lesson02　選択範囲をマスターする

範囲選択時のオプション

オプションバーの使い方

ツールバーにある選択ツールを選ぶと、オプションバーでそのツールを使用する際の細かい設定ができるようになります。たとえば下の画面は[長方形選択]ツールを選んだ際のオプションバーの状態です。

❶4つのボタンを使い分けて、選択範囲の足し引きをします。左から[新規選択][選択範囲に追加][現在の選択範囲から一部削除][現在の選択範囲との共通範囲]です。

❷[ぼかし]は、選択範囲の境界をぼかすときに数値を入力します。

❸[アンチエイリアス]は、選択範囲を境界のギザギザを減らして滑らかに見せます。

❹[スタイル]で、選択操作を制約できます。[標準]のほかに[縦横比を固定][固定]があり、[幅]と[高さ]で比率あるいは実際の数値で指定が可能です。

選択範囲の追加、削除

最初に選択をした範囲に対して別の選択範囲を追加したり、あるいはその一部を削除したりという操作が可能です。複雑な選択範囲もこの方法を利用することにより、効率よく作成できるようになります。
[長方形選択]ツールや[楕円形選択]ツールなどを選ん

で表示されるオプションバーの左側の[新規選択][選択範囲に追加][現在の選択範囲から一部削除][現在の選択範囲との共通範囲]の中からクリックするか、ショートカットキーを使う方法があります。

❶初期設定の[新規選択]を使い[長方形選択]ツールで四角く選択をした状態です。

❷[選択範囲に追加]を使いさらに四角い選択範囲をプラスしました。2つの選択範囲が合体した形になります。[新規選択]のままShiftキーを押しながらドラッグしても可能です。

❸[❷]と同じ四角い選択範囲を[現在の選択範囲から一部削除]を使ってマイナスした状態です。[新規選択]のままoption([Alt])キーを押しながらドラッグしても可能です。

❹[現在の選択範囲との共通範囲]を使い、2つの選択範囲の共通の部分だけを生かしました。[新規選択]のままShift+option([Alt])キーを押しながらドラッグしても可能です。

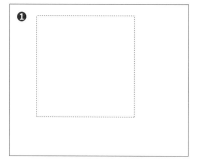

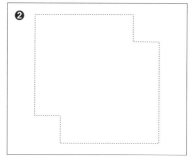

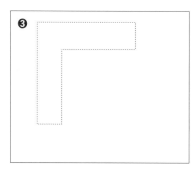

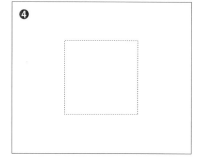

選択範囲の境界をぼかす

オプションの［ぼかし］を利用

選択ツールを使って選択範囲を作成する際、その境界部分をかっちりさせずにぼかすことができます。たとえば［楕円形選択］ツールを選ぶとオプションバーに［ぼかし］の欄ができるので、ここに数値を入力します。単位はピクセルですが、どの程度の数値にすればいいのかわかりづらい場合は、［環境設定］の［単位・定規］で［定規］の単位を［pixel］にし、定規を表示させてみる（［表示メニュー］→［定規を表示］）といいでしょう。

選択範囲の境界に対して［ぼかし］を「0px」に設定。きれいな円になります。

選択範囲の境界に対して［ぼかし］を「30px」に設定。かなり境界がぼけていますが、これは画像が小さいためで、大きな画像で同様の効果にするには数値をもっと大きく設定します。

アンチエイリアスとは？

画像は真四角なピクセルからなりたっているため、斜めや曲線の境界部分にはどうしてもギザギザのジャギーが発生しやすくなります。これを目立たせなくするのが、オプションバーの［アンチエイリアス］です。逆にカチッとした境界にしたい場合はアンチエイリアスのチェックは外します。

［アンチエイリアス］は［長方形選択］ツール、［一行選択］ツール、［一列選択］ツールでは有効になりません。

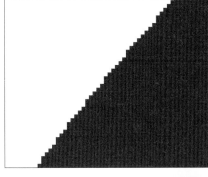

［アンチエイリアス］のチェックを外した場合の境界の例。コントラストがはっきりして、ジャギーが目立ちます。わかりやすくするため拡大しています。

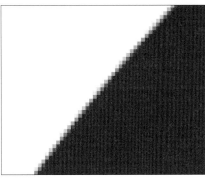

［アンチエイリアス］にチェックをした場合の境界の例。中間的な明るさのピクセルができて、ジャギーが目立たなくなっています。拡大表示なので、実際にはもっと滑らかに見えます。

選択範囲のスタイル

縦横比の設定が可能

[長方形選択]ツールや[楕円形選択]ツールでは、通常の選択方法のほかに、[縦横比を固定]したり、サイズそのものを[固定]することができます。オプションバーの[スタイル]で[縦横比を固定]を選ぶと[幅]と[高さ]の比率を入力することができるようになるので、ここに任意の値を入力します。あとは通常の選択方法と同様にドラッグで選択をすれば、縦横比が固定された選択範囲ができます。

[スタイル]では選択時の固定方法を選ぶことができます。

[縦横比を固定]を選択して、縦と横の比率を入力します。

[幅：4][高さ：3]の比率で[縦横比を固定]して作成した選択範囲。どんな大きさで選択をしても。その比率は変わりません。

縦横の変更と切り抜き

[縦横比の固定]は[幅]と[高さ]の間にあるボタンをクリックすることにより、縦と横の数値が逆になります。

このようにして選択をした状態で[イメージ]メニューの[切り抜き]を選ぶと、そのまま切り抜きをすることができます。切り抜き自体は[切り抜き]ツールでも可能なので使い分けるといいでしょう。

スタイルの[固定]というのは、サイズを数値で指定して選択を行う機能のことです。

[高さと幅を入れ替えます]ボタンのクリックにより、縦と横の数値の入れ替えができます。

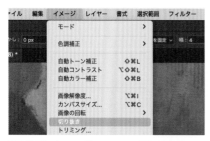

[切り抜き]は[イメージ]メニューから選択します。

[固定]では選択範囲をサイズで指定できます。初期設定は[px]（ピクセル）ですが、[mm]など別の単位で入力をして指定することも可能です。

縦横比を固定の数値の間のボタンをクリックして、縦横比を変更した状態。

上の状態で[イメージ]メニューから[切り抜き]を選択すると、このように写真をトリミングすることができます。

2-2 さまざまな選択の方法

基本としてあげた［長方形選択］ツールや［楕円形選択］ツールのほかにも
さまざまな選択の方法があります。最初はその違いがわかりにくいですが、
それぞれのメリット、デメリットを知り、うまく使い分けをすることが重要です。

STEP 01 多角形選択ツール、なげなわツール

AFTER

［多角形選択］ツールはクリックしたポイントで切り替えな
がら直線的な選択範囲を作成する場合に便利なツール
です。
［なげなわ］ツールは自分が選択したい範囲をドラッグで
自由に囲んで選択範囲を作成するためのツールです。

［多角形選択］ツールの利用

［多角形選択］ツールは直線箇所の選択に向
いています。カチッとした図形を選択範囲にし
てみましょう。
直線に限らず、画像を大きく拡大し、凹凸に沿
ってポイントを細かく置いてぼかしを使うこと
により、曲線の選択もできるようになります
（P.45を参照）。

［なげなわ］ツールの利用

［なげなわ］ツールはフリーハンドで選択がで
きる便利なツールです。大きな範囲をマウス
で指定するのは大変なので、このあと紹介す
る自動的な選択ツールで大まかに選択してか
ら、範囲に一部を追加したり範囲から一部を
除外したりという補完的な使い方に向いてい
ます。

1 ツールバーから［多角形選択］ツールを選び❶、マウスのクリック
ク❷により、選択を開始します。角の部分でクリック❸❹をしな
がら囲みます。

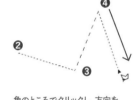

角のところでクリックし、方向を
変えて選択していきます。

2 始点と終点を合わせると選択範囲ができます。

始点と終点が一致するとポイ
ンタに○印が出るので、その
状態でクリックをすれば選択
範囲が閉じられて完成します。

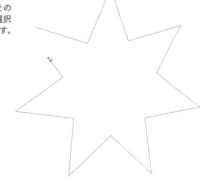

［なげなわ］ツールを失敗しないコツ

［なげなわ］ツールで使いづらいのは、ドラッグ中にマウスから指が放れてしまうと始点と終点がつながってしまうことです。

これを避けるために、［多角形選択］ツールを選択しておいて、option（Alt）キーを押すことで［なげなわ］ツールに切り替えて作業を行う方法があります。この方法ならマウスから指が放れても、いきなり始点と終点がつながってしまうことはありません。

［多角形選択］ツールと［なげなわ］ツールとの切り替えは簡単ですので、それぞれの向き不向きを理解しながら切り替えて利用するといいでしょう。

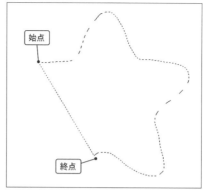

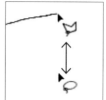

［なげなわ］ツールと［多角形選択］ツールはoption（Alt）キーで切り替え可能なのがポイントです。キーを押している間、［多角形選択］ツールは［なげなわ］ツールとして使えます。

［なげなわ］ツールを使っていて途中でマウスから指が放れてしまうと、始点と終点が直線的につながってしまいます。

STEP 02 オブジェクト選択ツール、被写体を選択ツール

［オブジェクト選択］ツールは［長方形］あるいは［なげなわ］で囲んだ範囲の被写体を自動で選択してくれるツールです。同じようなツールには［被写体を選択］ツールがありますが、こちらは画像内の被写体すべてがターゲットとなります。

AFTER

Lesson 02 ▶ 2-2 ▶ 02_202.jpg

---

1 ツールバーから［オブジェクト選択］ツールを選び❶、オプションバーの［モード］で［長方形］か［なげなわ］を選びます。

2 選択したいオブジェクトをツールで囲う❷だけで自動的に選択をすることができます。

3 1つ目の写真が選択された上で中央の人形の上にカーソルを移動させるとハイライトされます。オプションバーで［選択範囲に追加］を選んだ状態でクリックするとこの人形も選択されます。この［オブジェクト選択］ツールとは別に［被写体を選択］ツール（［選択範囲］メニュー）も試してみましょう。

STEP 03 マグネット選択ツール

AFTER

[マグネット選択]ツールは自動的に境界部分を探し出し、その境界に沿って選択範囲を作成してくれるという、非常に便利なツールです。

📷 Lesson 02 ▶ 2-2 ▶ 02_203.jpg

1 ツールバーから[マグネット選択]ツールを選びます。

2 選択したい境界部分をクリックします❶。境界に沿ってドラッグ❷していきます。

まず、自分が選択したい部分をクリックして、少しずつ境界に沿ってマウスを動かします。すると自動的にポイントができるので、そのままゆっくりと境界部分に沿わせていきます。

3 始点と終点を合わせると選択範囲ができます。

始点と終点が一致するとポインタに○印が出るので、その状態でクリックをすれば選択範囲が閉じられて完成します。

✔ CHECK!

オプションバーで精度を調整する

オプションバーでは境目の部分を検知する際の細かい設定が可能です。とりあえずは初期設定のまま使ってみて、画像に合わせて調整しましょう。

❶[幅]は、境界を検知するマウスポインタからの距離を設定します。
❷[コントラスト]は、境界と認識するコントラストの差を設定します。
❸[頻度]は、ポイントの出現数を設定します。

オプションの[幅]で調整する

[マグネット選択]ツールでは、自分で動かすマウスに沿って選択の固定ポイントが自動でできます。ただしマウスの動きが境界部分からズレ過ぎると、固定ポイントも外れてしまいます。そんな場合は Delete キーを使って、余計な固定ポイントを削除しましょう。また境界からどの程度外れた部分までを検知するのかは、オプションの[幅]で調整します。

固定ポイントがズレてしまった状態。必ずしも、思い通りにはいかないので、そんな場合は慌てずポイントを Delete します。また自動でうまくポイントができない場合は、マウスクリックでポイントを打つこともできるので併用しましょう。

STEP 04 クイック選択ツール

AFTER

[クイック選択]ツールは選択範囲を少しずつ拡張することのできるツールです。スピーディーに選択ができ、かつ細かい調整も可能です。

Lesson 02 ▶ 2-2 ▶ 02_203.jpg

1 ツールバーから[クイック選択]ツールを選びます。

2 ここでは人形を選択します。人形の一部をクリックすると選択範囲ができます。

3 選択しやすいようにブラシサイズを調整します。

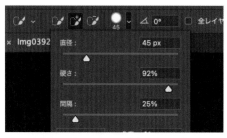

ブラシサイズはオプションバーから[ブラシピッカー]を表示し、[直径]で変更可能です。適宜調整しながら選択します。ショートカットキーは、ブラシを大きくするには右角括弧（[]]）キー、小さくするには左角括弧（[[]）キーです。

4 選択範囲を拡張します。

ポインタが[+]になっている状態でドラッグを繰り返せば、選択範囲が拡張していきます。

ショートカットキーを覚える

ちょっと間違えてしまったというような場合は[command]（[Ctrl]）+[Z]キーでやり直しをしましょう。また、選択範囲がはみ出してしまったような場合はオプションバーの[現在の選択範囲から一部削除]を選び、はみ出し部分をドラッグします。ショートカットキーは[option]（[Alt]）キーです。細かい部分はブラシサイズを小さくして調整しましょう。

ポインタが[−]の状態でドラッグすれば、はみ出し部分が削除されます。ショートカットキーは[option]（[Alt]）キーです。

STEP 05 自動選択ツール

AFTER

[自動選択]ツールは画像のクリックした位置の色と近い色を自動的に選択してくれるツールです。どの程度近い色なのかをうまく設定するのがポイントです。

📷 Lesson 02 ▶ 2-2 ▶ 02_205.jpg

1 ツールバーから[自動選択]ツールを選びます。

2 選択したい範囲内をクリックします。

ここでは人形の赤い描線の部分の選択を目標とします。選択したい範囲内をクリックすると写真のような選択範囲ができあがりました。きっちり選択できていないのは、選択にムラがあるということです。

3 必要に応じて選択範囲の追加と削除をします。

うまく選択できなかった部分はオプションバーの[選択範囲に追加]でプラスし、はみ出した部分は[現在の選択範囲から一部削除]でマイナスします。ショートカットキーは追加が[Shift]キー、削除が[option]([Alt])キーです。

4 ほかのツールも組み合わせて選択範囲を仕上げます。

絵柄によってはこの[自動選択]ツールだけでは選択しにくいような絵柄もあります。たとえばある部分を選択すると余計な部分まで選択されてしまうようなケースです。そんな場合は[なげなわ]ツールを使った追加や削除なども併用するといいでしょう。

[自動選択]ツールのオプション

[自動選択]ツールではオプションバーから細かい設定ができます。[サンプル範囲]❶では、[指定したピクセル][11ピクセル四方の平均]などが選べますが、ここではクリックしたピクセルを中心にどの程度の範囲をサンプルとするかの選択ができ、さらに[許容値]❷の調整

で、自動選択される範囲が変わります。
[隣接]❸にチェックを入れると隣接する箇所のみが選択されます。クリックした箇所と連続しない場所も選択されることを嫌う場合はチェックをし、逆の場合は外せばいいということです。

サンプル範囲： 11 ピクセル四方の平均 1・ 許容値： 19 2 ☑ アンチエイリアス ☐ 隣接 3 全レイヤーを対象

[自動選択]ツールのオプションバー。イメージ通りに選択できない場合は、この[サンプル範囲]や[許容値]の調整をしたり、[隣接]のチェックのあるなしを試してみましょう。

STEP 06 色域選択

色域選択は近似した色を選択するツールです。ここ ではオレンジ色のチョコの部分を選択します。さまざ まな応用が効くツールなので、ぜひ使いこなせるよう に習得しましょう。

AFTER

Lesson 02 ▶ 2-2 ▶ 02_206.jpg

1 [選択範囲]メニューから [色域指定]を選びます。

2 ここではオレンジ色のチョコを選択します。チョコの一部を クリックすると選択範囲ができます。

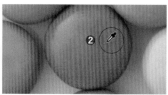

色域指定の基本は、[スポイト]ツールを使い❶、 選択したい色をサンプリングすることです❷。ま ずオレンジ色のチョコを選択してみましょう。

3 [許容量]と[範囲]を調整します。

4 [スポイト]ツールで範囲の追加と削除をします。

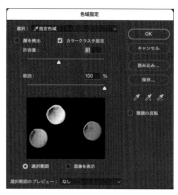

画像でオレンジ色の部分を選択したら、[色域選択]ダイアログ ボックスでその範囲のチェックをします。選択範囲の調整は[許 容量]や[範囲]のスライダーを動かしながら調整します。

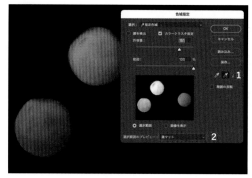

追加したい色は[+]のスポイトで、削除したい場合は[−]のスポイトで サンプリングします❶。[選択範囲のプレビュー]で、表示の変更が可 能です。[黒マット]にすると❷、選択した部分以外が黒くなります。う まく選択できたら[OK]をクリックします。

色系統による選択もできる

色域指定では自分でサンプリングを行う[指定色域] のほか、[レッド系][イエロー系]など色系統での選択、 あるいは[ハイライト][中間調]といった明るさに対す る選択方法もあります。また[スキントーン]とは肌色の ことです。肌の部分だけを選択して、明るくしたりくす みを除いたりといった調整に利用できます。

色系統や明るさを選択すると、許容 量などの値は動かせなくなります。 [スキントーン]を選択した場合は、 [顔を検出]にチェックを入れること によって、より正確に肌色を選ぶこと ができるようになります。

2-3 選択範囲を調整する

選択範囲はつくりっぱなしではなく、作成後にボカしたり、
拡張したり、変形させたり、さまざまな調整を加えることにより、
画像補正の精度を上げることができます。

［選択範囲］メニュー

選択範囲の解除法は？

［選択範囲］メニューからは、選択範囲を扱うためのさまざまなツールの選択ができます。［すべてを選択］❶では画像全体の選択が可能です。［選択を解除］❷は文字通り選択の解除ができますが、このメニューからより、ショートカットキー command （Ctrl）＋ D で操作したほうがいい場合もあるので、ぜひ覚えておきましょう。
選択範囲は選択範囲内にポインタを置き、ドラッグすることによって移動させることができますが、同様の操作はカーソルキーでも可能です。

選択範囲	フィルター	3D	表示
❶ すべてを選択			⌘A
❷ 選択を解除			⌘D
再選択			⇧⌘D
❸ 選択範囲を反転			⇧⌘I
すべてのレイヤー			⌥⌘A
レイヤーの選択を解除			
レイヤーを検索			⌥⇧⌘F
レイヤーを分離			
色域指定...			
焦点領域...			
被写体を選択			
空を選択			
選択とマスク...			⌥⌘R
選択範囲を変更			＞
選択範囲を拡張			

選択範囲を反転

背景を選択して反転させる方法も

選択範囲を反転させたい場合は［選択範囲］メニューの［選択範囲を反転］❸を選びます。たとえば丸い選択範囲をつくっていた場合に反転させると、丸の外側すべてが選択されることになります。オブジェクトの背景を選択したい場合などに便利です。あるいはオブジェクトが選択しづらい場合にまず背景を選択し、選択範囲を反転させることにより、オブジェクトを選択するという方法もあります。

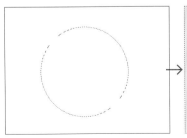

まず、丸い選択範囲をつくった状態。［選択範囲を反転］のショートカットキーは Shift ＋ command （Ctrl）＋ I です。

選択範囲を反転させたのでフチが点線になっています。わかりやすいように現在の選択範囲を黄色く塗りつぶしました。

上の写真は背景を選択するのが簡単だったので、まず背景を選択しました。その選択範囲を反転させれば人形本体を選択することになります。

選択範囲をふちどる

境界線の部分に
選択範囲をつくる

選択範囲のある状態で［選択範囲］メ
ニューから［選択範囲を変更］→［境界
線］を選ぶと［選択範囲をふちどる］の
ダイアログが現れます。ここで幅にた
とえば「10」pixelと入力すると、選択範
囲の境界線を中心に幅10pixelの選
択範囲ができあがります。オブジェク
トのエッジ部分だけに効果をおよぼ
したい場合などに利用します。

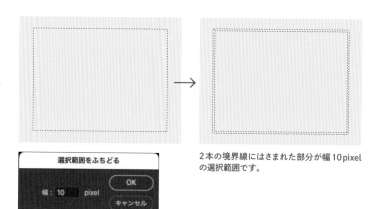

2本の境界線にはさまれた部分が幅10pixel
の選択範囲です。

選択範囲の拡張と縮小

数値で細かく調整できる

選択範囲を大きくしたり小さくするた
めには［選択範囲を変更］を使い、数
値入力で細かい設定ができます。［選
択範囲］メニューから［選択範囲を変
更］→［拡張］か［縮小］を選びます。
［拡張量］および［縮小量］にpixel単
位での数値を入力して［OK］をクリッ
クします。ほかに［選択範囲を変形］で
は直感的にドラッグで選択範囲を変
形できます。

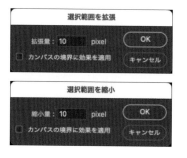

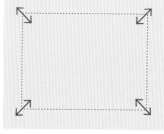

ピクセル単位での操作なので、かなり微妙な
修正のときに重宝します。

選択範囲を滑らかに

角を丸くしたり
ギザギザを滑らかにしたい

［選択範囲を滑らかに］では角ばった
選択範囲の角を丸くしたりギザギザ
の選択範囲を滑らかにする効果があ
ります。［選択範囲］メニューから［選
択範囲を変更］→［滑らかに］を選び
ます。半径にpixel単位での数値を入
力します。試行錯誤で効果を確認し
ながら数値を決めるといいでしょう。

ギザギザの選択範囲を使って右半分を黒く塗
りつぶしたもの。

左の画像の選択範囲を［選択範囲を滑らかに］
を使って滑らかにし、塗りつぶし直してみました。

境界をぼかす

周囲にボケ足をつける

[境界をぼかす]([選択範囲]メニュー→[選択範囲を変更])では境界部分を文字通りぼかす効果があります。ぼかしの半径の数値を大きくすれば、そのボケ足も長くなります。選択範囲の点線だけを注目すると[選択範囲を滑らかに]とあまり違いがないようにも見えますが、右のように選択範囲内を塗りつぶしてみると、その違いがはっきりします。

前ページ同様、ギザギザの選択範囲を使って黒く塗りつぶした画像。

左の画像の選択範囲に[境界をぼかす]の効果をかけました。ギザギザの境界がボケたことが確認できます。

選択範囲の拡張と近似色の選択

近い色で拡張したい場合に

[選択範囲を拡張]では選択の範囲が広がりますが、隣接ピクセル(つながっている部分)に限られます。一方[近似色を選択]では隣接していない部分まで含まれるという違いがあります。どこまで広げるかという許容範囲の設定は[自動選択]ツールのオプションバーの[許容値]でコントロールします。

四角く選択範囲をつくってみます。

選択範囲を拡張
隣接ピクセルの近い色まで
選択範囲が拡張されます。

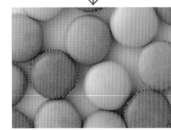

近似色を選択
隣接ピクセルだけでなく、少し離れた
近い色にも選択範囲が拡張されます。

選択範囲を変形

ハンドルを使って自由に変形

[選択範囲を変形]では作成した選択範囲の形を変えることができます。[選択範囲]メニューから[選択範囲を変形]を選ぶと選択範囲にハンドルが表示されるので、それをドラッグして変形します。思うような形になったらreturn(Enter)キーで適用します。

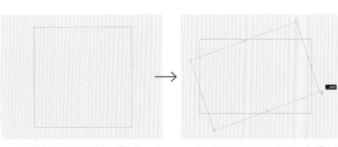

ここでは正方形の選択範囲をまず作成してみます。この状態で[選択範囲を変形]を選びます。

ハンドルが現れるのでそれをドラッグで動かします。拡大・縮小や回転などの操作が可能です。

01 Lesson02 選択範囲をマスターする 03 04 05 06 07 08 09 10 11 12 13 14 15

うまく選択することが難しいぬいぐるみを［選択とマスク］を利用することにより、精度の高い選択範囲に加工します。

AFTER

⬇️ **Lesson 02 ▶ 2-3 ▶ 02_301.jpg**

1 ［選択範囲］メニューから［被写体を選択］を選ぶと自動でぬいぐるみが選択されます。

まず、ぬいぐるみをざっくりと選択します。あとから調整をするので、この段階ではあまり几帳面に選択する必要はありません。

2 ［選択範囲］メニューから［選択とマスク］を選びます。

［選択］ツールの利用中であれば、オプションバーにある［選択とマスク］ボタンをクリックする方法でもかまいません。

選択したあとでも調整ができる

［選択とマスク］はざっくりとつくった選択範囲を、あとから緻密な選択範囲に調整することができます。特に髪の毛など、手動ではなかなか切り抜きづらいようなものの調整ができるので、うまく使いこなすとよいでしょう。

3 ツールを使って境界の調整をします。

ワークスペースの右側の［グローバル調整］では、選択範囲の調整ができます。たとえば［滑らかに］で滑らかにしたり、［ぼかし］でぼかしたり、画面で効果を確認しながら調整しましょう。

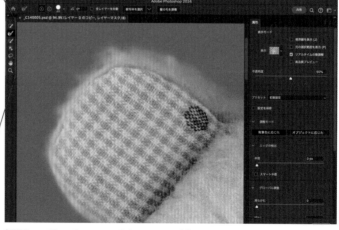

［選択とマスク］ワークスペースの左上にはツールが並んでいます。一番上が［クイック選択］ツール。2番目は［境界線調整ブラシ］ツールで、これを使って境界線をなぞると繊細な選択ができます。3番目の［ブラシ］ツールを使えば手動で仕上げられます。それぞれ、選択し過ぎた場合は option （ Alt ）キーを押しながら作業をすれば、マイナスの働きになります。

調整のポイント

境界線の調整のポイント
は、境界部分を見やすくす
ることです。そのために[表
示モード]の[表示]を切り
替えます。たとえば、右は
[白黒]にしていますが、ほ
かにもさまざまなモードが
あるので、適宜切り替えた
り、拡大表示しながら調整
しましょう。

毛足のあるぬいぐるみはきれいに選択がで
きていません。

修正前の画像を「白黒」で確認するとわかり
やすいでしょう。

[境界線調整ブラシ]ツールを使って、境界部
分をなぞると細かい選択ができます。

4　[表示モード]を切り替える。

[表示モード]には、[オニオンスキン][点線][オーバーレ
イ]のほか、さまざまなモードがあります。画像によってど
れが見やすいかは異なりますので、ひとつのモードに固
定せず、いろいろ試してみるといいでしょう。

選択範囲の保存と読み込み

交互に変換が可能

選択範囲は保存でき、あとからその選択
範囲を読み込むことが可能です。保存を
する場合は、選択をしている状態で[選択
範囲]メニューから[選択範囲を保存]を
選択し、[選択範囲を保存]ダイアログボ
ックスで名前をつけて[OK]をクリックしま
す❶。また保存した選択範囲を読み込む
には[選択範囲]メニューから[選択範囲
を読み込む]を選択します。

選択範囲を保存するとその名前の[アル
ファチャンネル]として保存されます❷。詳
しくはLesson07「マスクと切り抜き」で
触れますが、[選択範囲]と[アルファチャ
ンネル]は相互に変換可能であり、実際
の作業の中でもこの変換はよく行われま
す。うまく変換しながら作業をするといい
でしょう。

❶[選択範囲]メニューから
[選択範囲を保存]を選択
すると現れるダイアログボ
ックス。

[チャンネル]パネルを見てみると、選択範囲
がアルファチャンネルとして保存されている
ことがわかります❷(保存時に名前を入力し
ないと[アルファチャンネル]と自動で名前が
つきます)。このチャンネルを選択した状態
で、[チャンネルを選択範囲として読み込む]
ボタンをクリックすると❸、選択範囲が読み
込めます。

Lesson 02

練習問題

Lesson 02 ▶ Exercise ▶ 02_Q01.jpg

Q 木製の人形の周りを選択して、バックを白く塗りつぶします。このLessonで紹介したどの選択ツールを使ってもかまいません。とりあえずざっくりと選択をしたあとに、細かい部分の修正をします。背景の[塗りつぶし]は[編集]メニューから行います。

BEFORE

AFTER

A ❶バック用の白いレイヤーを用意します。[レイヤー]パネル下部の[塗りつぶしまたは調整レイヤーを新規作成]ボタンから[ベタ塗り]を選び、カラーピッカーでRGB各色「255」の白にして[OK]をクリックします。[レイヤー]パネルの「背景」の右の鍵アイコンをクリックして「レイヤー0」にし、白いレイヤーをその下にドラッグします。

❷写真のレイヤーを選択した状態で、[選択範囲]メニューから[被写体を選択]を選び人形をざっくり選択します。そして上部のオプションバーから[選択とマスク]を選んでワークスペースを開きます。

❸拡大をしながら[クイック選択]ツールや[境界線調整ブラシ]ツールで修正をしてみましょう。最終的な調整はその下の[ブラシ]ツールで行います。option（Alt）キーを押せばマイナスの調整をすることができます。表示モードを切り替えると見え方が変わるので、調整しやすいモードで

作業を行います。

❹微調整は、[グローバル調整]の[滑らかに][ぼかし][コントラスト]などのスライダーで行います。調整できたら[出力設定]の[出力先]を[新規レイヤー（レイヤーマスクあり）]にして[OK]をクリックします。結果に満足できなければさらに[選択とマスク]を使って調整をし直しましょう。

拡大表示にし、[表示モード]を切り替えながら境界を見やすくして作業をするのがポイント。

Lesson 03

色の設定と
描画の操作

Photoshopは、画像のレタッチや加工のほか、ブラシや鉛筆などで絵やイラストを描くこともできますが、すべてに共通する操作に色の選択があります。ここでは、色の設定と描画系のツールの基本的な使い方をマスターしましょう。

3-1 色の設定

Photoshopの描画系のツールで色を塗ったり、選択範囲内やアートワークを塗りつぶすには、
「描画色」や「背景色」に色を設定してから行います。色の設定は、
主に［カラーピッカー］ダイアログボックス、［カラー］パネル、［スウォッチ］パネルで行います。

描画色と背景色

Photoshopには描画色と背景色があり、描画色は色や線を塗る場合に使用します。背景色は、画像を消去した領域に現れる色です。描画色と背景色は、ツールバーの下部にあり、初期設定では描画色は黒、背景色は白に設定されています。

❶描画色と背景色を初期設定に戻す
クリックすると描画色が黒、背景色が白の初期設定になります。
❷描画色と背景色を入れ替え
クリックすると、描画色と背景色が入れ替わります。
❸描画色を設定
❹背景色を設定

描画色は黒で、
［ブラシ］ツールで
ドラッグして
描画したところ。

背景色は白で、
［消しゴム］ツールでドラッグして
画像を消したところ。

［カラーピッカー］ダイアログボックス

［カラーピッカー］ダイアログボックスで色を設定する

1 ツールバーの下部の［描画色を設定］（または［背景色を設定］）❶をクリックすると、［カラーピッカー（描画色）］（または［カラーピッカー（背景色）］）ダイアログボックス❷が表示されます。

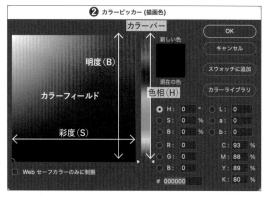

初期設定では、［HSBカラーモデル］の［H］が選択されている状態になっており、カラースライダーが色相（H）、カラーフィールドの横軸が彩度（S）、縦軸が明度（B）を示します。

2 カラースライダーのスライダーをドラッグして色相を選択し❶、カラーフィールドで目的の色をクリックして選択すると❷、[新しい色]❸に指定した色が入ります。[OK]をクリックすると[描画色を設定](または[背景色を設定])に新しい色が適用されます❹。

3 RGBを使用して色を設定することもできます。[カラーピッカー(描画色)]ダイアログボックスの[R]をクリックすると❶カラースライダーがレッドの要素になります。カラースライダーのスライダーをドラッグして数値を上げると❷レッドの色味が強くなります。

同様に[G]をクリックするとグリーンの要素、[B]をクリックするとブルーの要素を調整できます。

4 [R][G][B]のいずれかを選択してカラースライダーで調整し、さらにカラーフィールドで選択して色を設定することもできます。

カラーフィールドをクリックして、残る2色の数値を調整します。

[カラーピッカー]ダイアログボックスの色域外の警告マーク

[カラーピッカー(描画色)]ダイアログボックスで色を選択した際に、三角形の警告マーク❶が表示された場合は、CMYKモードでは正確に印刷できないことを示します。三角形の警告マークか[色域カラーを選択]アイコンをクリックすると❷、CMYKモードの色域内の近似色に置き換わります。

[新しい色]はCMYKモードでの近似色に変換されて、三角形の警告マークは消えます。

COLUMN

Webセーフカラーに限定する

「Webセーフカラー」とは、ブラウザやOSに依存することなく、ウェブページで表示できる216色のカラーです。Webセーフカラーのみを使用して画像を作成すると、ウェブブラウザでは正確に色が表示されます。[カラーピッカー(描画色)]ダイアログボックスの左下部にある[Webセーフカラーのみに制限]にチェックを入れると、Webセーフカラーになります。

[カラーピッカー]では、ウェブで色を表す際のRGB16進数の数値による指定もできます。

［カラー］パネル

［カラー］パネルで色を設定する

［ウィンドウ］メニューの［カラー］を選択
して表示される［カラー］パネルでも、描
画色と背景色を設定できます。［カラー］
パネルの［描画色を設定］か［背景色を
設定］のどちらか設定したいほうを選択
し❶、スライダーをドラッグしたり❷、テ
キストフィールドに数値を入力したり❸、
［サンプルカラー］で色を設定します❹。
パネルメニューから、色を設定するスラ
イダーのカラーモデルを選択して切り
替えることができます❺。

❶［描画色を設定］か［背景色を設定］の選択
❷スライダーをドラッグ
❸数値入力
❹［サンプルカラー］をクリックして選択

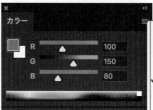

⑤
色相キューブ
明るさキューブ
カラーホイール
グレースケール
✓ RGB スライダー
HSB スライダー
CMYK スライダー
Lab スライダー
Web カラースライダー

スライダーの種類の
選択で、画像のカラ
ーモードの変更では
ありません。

✔CHECK!

［サンプルカラー］で
描画色／背景色をすばやく選ぶ

［サンプルカラー］をクリックして色を選ぶとき、option（Alt）
キーを押しながらクリックすると、［描画色を設定］を選択し
ているときは背景色が、［背景色を設定］を選択しているとき
は描画色が選択できます。

［カラーピッカー］
ダイアログボックスの表示

色を設定したいほうの［描画色を設定］や［背景
色を設定］は、クリックして選択すると枠が表示
されます。選択状態でさらにクリックすると［カラ
ーピッカー］ダイアログボックスが表示されます。

枠が表示

［カラー］パネルの色域外の警告マーク

［カラー］パネルで色を選択した際も、CMYKモードで正確
に印刷できない色の場合は三角形の警告マークが表示さ
れます❶。警告マークか［色域カラーを選択］アイコンをクリ
ックすると❷、CMYKモードで表示できる近似色に置き換
わります。

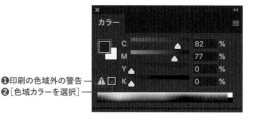

❶印刷の色域外の警告
❷［色域カラーを選択］

［スウォッチ］パネル

［スウォッチ］パネルで色を設定する

［ウィンドウ］メニューの［スウォッチ］を選択して表示される
［スウォッチ］パネルは、あらかじめ色が登録されており、ス
ウォッチをクリックするだけで色を適用することができます。
また、頻繁に使用する色は登録することもできます。

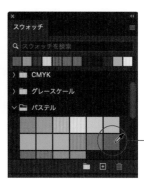

クリックした色が
描画色に設定
される

[スウォッチ] パネルに色を登録する

よく使う色は[スウォッチ]パネルに登録しておくと、すぐに呼び出すことができます。

1 描画色に色を設定してから❶、[スウォッチ]パネルの
[スウォッチを新規作成]ボタン❷をクリックします。

2 [スウォッチ名]ダイアログボックスが表示されるの
で、任意の名前を入力し❶、[現在のライブラリに追
加]のチェックを外して❷[OK]をクリックします。そ
の色がスウォッチとして新たに登録されます❸。

3 新規スウォッチを目的のスウォッチグループ(フォルダ)に
ドラッグ&ドロップして、管理することもできます。

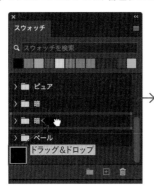
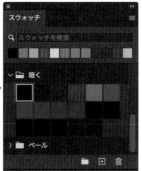
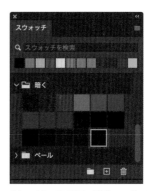

また、パネル内でドラッグ&ドロップして、
新規スウォッチを移動することもできます。

✔CHECK!

[現在のライブラリに追加] について

[スウォッチ名]ダイアログボックスの[現在のライブラリに
追加]にチェックを入れると、[ウィンドウ]メニューの[CC
ライブラリ]で選択して表示される[CCライブラリ]パネルに
スウォッチカラーが登録されます。[CCライブラリ]パネル
は、デザイン素材(アセット)をクラウドで管理するAdobe
Creative Cloudが提供するサービスです。同一のAdobe
IDを使用していれば、異なるOSや他のAdobe CC 製品か
らでもユーザー同士で共有して、[CCライブラリ]パネルを
利用することができます。

スウォッチを削除する

スウォッチをパネル右下の[スウォッチを削除](ゴミ箱のア
イコン)にドラッグして削除します。

[カラーピッカー(描画色)]ダイアログボックスから登録する

[カラーピッカー(描画色)]ダイアログボックスの[スウォッ
チに追加]からも、設定
中の色を名前をつけてス
ウォッチに登録すること
ができます。

3-2 塗りつぶし

画像全体を塗りつぶす、選択範囲内を塗りつぶすなど
「描画色」や「背景色」で設定した色で単一に塗りつぶすことができます。
単一に塗りつぶすには4つの方法がありますので、内容に応じて使い分けてみましょう。

STEP 01 ［塗りつぶし］ツールを使用する

Lesson 03 ▶ 3-2 ▶ 03_201.jpg

［塗りつぶし］ツールは、クリックした位置の近似色を描画色で塗りつぶすことができます。オプションバーでは、許容値や隣接などの設定が行えます。［塗りつぶし］ツールは、立体感や陰影の少ない単一色の画像やイラストなどの色変えに向いています。

［塗りつぶし］ツールの設定

1 画像を開いて［塗りつぶし］ツール**❶**を選択し、［描画色を設定］**❷**で描画色の色を設定します。オプションバーの［隣接］のチェックを外して**❸**、［許容値］**❹**の数値を大きく設定します。

ここでは描画色を [R:255] [G:244] [B:118] に設定しています。

不透明度：100% ∨　許容値：50　☑ アンチエイリアス　□ 隣接　□ すべてのレイヤー

［許容値：50］に設定しています。［許容値］が大きいほど、塗り残しが少なくなります。

2 画像の白い部分をクリックすると、白色部分がすべて指定した色に塗りつぶされます。

クリック

✔ **CHECK!**

［隣接］に
チェックを入れる

［隣接］にチェックを入れると、クリックした箇所に隣接している領域だけに色が適用されます。

☑ アンチエイリアス　☑ 隣接　□ す

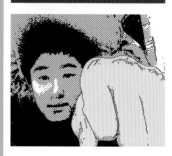

［アンチエイリアス］
のチェックは外さない

塗りつぶした範囲の境界線がなじむ機能なので、基本的には［アンチエイリアス］のチェックは外さないようにしましょう。

☑ アンチエイリアス　☑ 隣接　□ す

パターンで塗りつぶす

[塗りつぶし]ツールのオプションバーでは、[パターン]を選択して
[パターンピッカー]から選択したパターンで塗りつぶすことができます。

1 [塗りつぶし]ツール❶を選択し、オプションバーの
[塗りつぶしの領域のソースを設定]をクリックして
[パターン]❷を選択します。

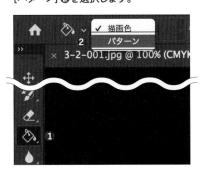

2 パターンのサムネールをクリックして❶[パターンピッカー]を表示し、目的のパターンを選択します❷。

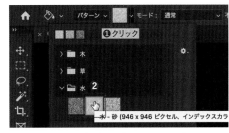

ここでは[水]グループの[水-砂]を選択しています。パターンはグループ([木][草][水]など)に分かれてパターンが管理されています。

3 オプションバーの[許容値]は[100]に設定し❶、[隣接]のチェックを外します❷。[塗りつぶし]ツールで白地をクリックすると❸、パターンが塗りつぶされます。

従来のパターンを使用する

初期設定のパターンのほかに、さまざまなパターングループが
用意されています。従来のパターングループを追加してみましょう

1 [パターン]パネルメニューの中の[従来のパターンとその他]❶を選択すると、[パターン]パネルと[パターンピッカー]に[従来のパターンとその他]パターングループが表示されます❷。

2 [パターンピッカー]の[従来のパターンとその他]パターングループを開くと[2019パターン][従来のパターン]の2つのグループが表示され、その中のパターンを画面に使用することができます。

✓CHECK!

パターングループの削除

不要になったパターングループは、[パターン]パネルで、パターングループを選択し、[パターンを削除](ゴミ箱のアイコン)をクリックします。続けて、グループとそのパターンを削除するための警告が表示されるので[OK]をクリックします。連動して、[パターンピッカー]のパターングループも削除されます。

［編集］メニューの［塗りつぶし］は、選択範囲を作成するとその領域を塗りつぶし、選択範囲を作成しないと
画像全体を塗りつぶすことができます。［塗りつぶし］ダイアログでは、［画像モード］や［不透明度］を設定できます。

選択範囲を塗りつぶす

1 ［長方形選択］ツールなどでドラッグして選択範囲を
作成します。

2 ［編集］メニューの［塗りつぶし］を選択して、［塗りつ
ぶし］ダイアログボックスを表示します。［内容］から
塗りつぶしたい色やパターンを選択して［OK］をクリ
ックします。

描画色か背景色で塗りつぶす場合は、［塗りつぶし］
を実行する前に色を設定しておきます。

3 選択範囲が塗りつぶされます。選択範囲の解除は、
［選択範囲］メニューの［選択を解除］を選択します。

COLUMN

［コンテンツに応じる］とは

［塗りつぶし］ダイアログの［内容］の［コンテンツに応
じる］は、選択範囲内を周囲の画像になじむように塗
りつぶすことができます。写
真で不要な写り込みを消し
て背景に置き換えたいとき
に便利な機能です。

画像全体を任意の色で塗りつぶすときは、塗りつぶしレイヤーを利用すると便利です。
元画像は保持されており、塗りつぶし色の変更なども簡単に行えます。

1 ［レイヤー］パネルで［塗
りつぶしまたは調整レ
イヤーを新規作成］ボ
タン❶をクリックして
［べた塗り］❷を選択し
ます。

2 ［カラーピッカー（べた塗りのカラー）］ダイアログボッ
クスが表示され
るので、任意の
色を設定して
［OK］をクリック
します。

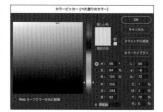

3 べた塗りのレイヤーが作成されます。

4 レイヤーサムネールをダブルクリックすると❶、[カラーピッカー(べた塗りのカラー)] ダイアログボックスが再表示され、色を再設定することができます。また、[不透明度]❷を変更することができます。

STEP 04 レイヤースタイルの [カラーオーバーレイ] を使用する

Lesson 03 ▶ 3-2 ▶ 03_202.psd

レイヤースタイルの[カラーオーバーレイ]を使用すると、
レイヤーに任意の色をかぶせることができます。レイヤースタイルの項目は、「背景」以外のレイヤーに適用できます。

1 [レイヤー] パネルで「背景」以外のレイヤーを選択し❶、[レイヤースタイルを追加] ボタン❷をクリックして [カラーオーバーレイ] を選択します❸。

ここでは「背景のコピー」レイヤーに [カラーオーバーレイ] を適用します。

2 [レイヤースタイル]ダイアログボックスの[カラーオーバーレイ] の設定が表示されるので、[描画モード] を [オーバーレイ]にして❶、[オーバーレイのカラーを設定]❷をクリックして[カラーピッカー(オーバーレイカラー)]ダイアログボックスで色を指定し、[OK]をクリックします。

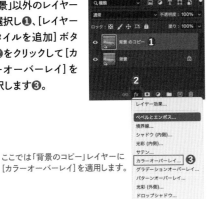

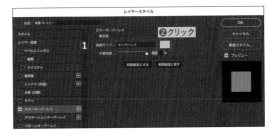

3 レイヤーにカラーオーバーレイの効果が追加され、設定した色がかぶります。

「背景のコピー」レイヤーに [効果] が追加され、レイヤースタイルの名前 [カラーオーバーレイ] が表示されます。

4 [レイヤー] パネルで、レイヤースタイルの名前 [カラーオーバーレイ]をダブルクリックすると❶、[レイヤースタイル] ダイアログボックスが再表示され、色を再設定することができます。また、[不透明度]❷を変更することができます。

3-3 描画系ツールの操作

描画系ツールには［ブラシ］ツール、［鉛筆］ツール、［混合ブラシ］ツールなどがあり、
絵を描いたりマスク作成に使用することができます。ブラシの種類やぼかし具合、ブラシの形状など
ブラシを詳細に設定することができ、どの描画系ツールもアナログ感覚で自由に描画できます。

STEP 01 ［ブラシ］ツールを使用する

［ブラシ］ツールはドラッグすると、筆で色を塗ったように描画できます。
筆の種類は［ブラシプリセットピッカー］に多数登録されていて、状況に応じて使い分けることができます。

［ブラシ］ツールの基本操作

［ブラシ］ツール❶を選択し、［描画色を
設定］❷で任意の色を設定します。［クリ
ックでブラシプリセットピッカーを開く］
のボタン❸をクリックして［ブラシプリセ
ットピッカー］を表示します。
［直径］❹でブラシのサイズ（太さ）を設定
し、［硬さ］❺でブラシの硬さや柔らかさ
を設定します。ブラシグループから好み
のブラシを選択することもできます。
ここでは、［汎用ブラシ］フォルダ左の▶
❻をクリックして展開し、［ハード円ブラ
シ］❼を選択しています。

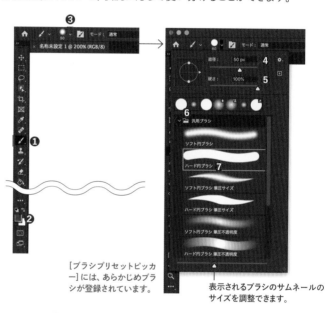

［ブラシプリセットピッカ
ー］には、あらかじめブラ
シが登録されています。

表示されるブラシのサムネールの
サイズを調整できます。

ドラッグ

画面上をドラッグすると描画できます。

✔ CHECK!

直線を描く

始点と終点を Shift キーを押しながら
クリックすると、直線が描けます。

［ブラシ］ツールのオプションバー

オプションバーでは、ブラシのモードや不透明度、流量などが設定できます。

❶をクリックすると、［ブラ
シプリセットピッカー］が
表示されます。［直径］は
ブラシのサイズで、数値
が大きいほど太くなりま
す❹。［硬さ］はブラシの
ぼかし具合で、100％で
ぼかしがなくなります❸。

[直径：200 px]

[直径：50 px]

[硬さ：0％]

[硬さ：100％]

❷をクリックすると、［ブラシ設定］パネルが表示されます。

❸［モード］
上のピクセルと下のピクセルの
重なり方を設定します。

❹［不透明度］
描画色の不透明度を設定します。

❺をクリックすると、タブレット使用
時に筆圧で透明度を設定します。

❻［流量］
ワンストローク分のインクの量で
濃度を調整します。

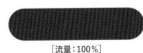

[流量：100％]

[流量：35％]

| ✓ 通常 |
| ディザ合成 |
| 背景 |
| 消去 |
| 比較 (暗) |
| 乗算 |
| 焼き込みカラー |
| 焼き込み (リニア) |
| カラー比較 (暗) |
| 比較 (明) |
| スクリーン |
| 覆い焼きカラー |
| 覆い焼き (リニア) - 加算 |
| カラー比較 (明) |
| オーバーレイ |
| ソフトライト |
| ハードライト |
| ビビッドライト |
| リニアライト |
| ピンライト |
| ハードミックス |
| 差の絶対値 |
| 除外 |
| 減算 |
| 除算 |
| 色相 |
| 彩度 |
| カラー |
| 輝度 |

❼［エアブラシ状の重ね描き効果を使用］
マウスを押し続けると、色が濃くなり広がります。

❽［滑らかさ］
手ぶれを補正する機能で、大きな数値にするとブラシストロ
ークの震えを軽減します。

❾［スムージングの追加オプションを設定］
ストロークのスムージング機能のオプション。

スムージングオプション
☐ ループガイドラインモード
☑ ストロークのキャッチアップ
☐ ストローク終了時にキャッチアップ
☑ ズーム用に調節

［ループガイドラインモード］
円の中心から伸びているロープがまっすぐ張っているときだ
け描画されます。
［ストロークのキャッチアップ］
ストロークを一時停止している間に描画がカーソルに追いつ
くようにします。チェックを入れないと、カーソルの動きが止ま
ったときに描画が止まります。
［ストロークの終了時にキャッチアップ］
最後の描画位置からマウスやタブレットなどのコントロール
を放した位置までストロークを完成させます。
［ズーム用に調整］
スムージングを調節してストロークの度合いを抑えます。

❿［ブラシの角度を設定］
ブラシに角度を付けたストロークが描画できます。［ブラシ設
定］パネルで同様の設定が行えます。

⓫をクリックすると、タブレット使用
時に筆圧でサイズを調整します。

⓬［ペイントの対称オプションを
設定］
選択した線を対称に、同時に自動
で描画します（P.60参照）。

| 対称オフ |
| 最後に使用した対称 |
| ｜ 垂直 |
| ⊟ 水平 |
| ╋ 二軸 |
| ╲ 対角線 |
| ∿ 波状 |
| ○ 円 |
| ◎ スパイラル |
| ‖ 平行線 |
| ✴ 放射状... |
| ✺ マンダラ... |
| 選択したパス |
| 対称を変換 |
| 対称を非表示 |

Lesson03　色の設定と描画の操作

旧バージョンのブラシを追加する

[ブラシプリセットピッカー]の右上のピッカーメニューのボタンをクリックして❶ピッカーメニューを開き、[レガシーブラシ]❷を選択します。「「レガシーブラシ」ブラシセットをブラシプリセットのリストに戻しますか?」という警告が表示されるので、[OK]をクリックすると、ブラシプリセットに「レガシーブラシ」ブラシグループが追加されます❸。

ペイントの対称オプション

オプションバーの[ペイントの対称オプションを設定]は、ブラシストロークを、選択した線を対称に自動で描画することができます。バウンディングボックスが表示されるので、任意で、対称線のサイズや角度も調整できます。

「ペイントの対称オプション」機能は、[ブラシ]ツールだけでなく、[鉛筆]ツールや[消しゴム]ツールでも使用できます。

❶ 対称オフ
❷ 最後に使用した対称

❸
| 垂直
— 水平
十 二軸
╲ 対角線
╲ 波状
○ 円
◎ スパイラル
⫴ 平行線
☆ 放射状...
✦ マンダラ...

❹ 選択したパス
❺ 対称を変換
❻ 対称を非表示

❶対称描画をやめます。
❷最後に使用した対称パスを選択します。
❸対称パスのパターン。
❹[パス]パネルで選択したパスを対称パスにします。
❺対称パスのサイズや角度を編集するための、バウンディングボックスが表示されます。
❻対称パスを非表示にします。

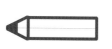

[水平]

[二軸]

[放射状]

1 ここでは[垂直]を選んでみます。バウンディングボックス❶に囲まれた対称パス❷が表示されます。対称パスのサイズや角度を修正する場合は、バウンディングボックスをドラッグして調整します。オプションバーの[変形を確定](○)か return (Enter)キーを押すとバウンディングボックスが消えて、対称パスが確定します。

❶バウンディングボックス
❷対称パス
ドラッグ

対称パスの編集

あとで対称パスを修正する場合は、[ペイントの対称オプションを設定]のメニューから[対称を変換]を選択します。

2 描画すると、対称パスに沿って同時に線が自動で描画されます。対称パスを非表示にし、対称描画をやめるには、[ペイントの対称オプションを設定]のメニューから[対称オフ]を選択します。

ドラッグ

対称パスについて

対称パスは、[パス]パネルで表示されます。[パス]パネルのパネルメニューの[対称パスを無効にする]❶を選択すると、通常のパスになり、再び、パネルメニューの[対称パスを作成]❷を選択すると対称パスになります。[ペン]ツールで作成したパスも[対称パスを作成]を選択すれば、対称パスにすることができます。

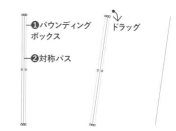

STEP 02 ［鉛筆］ツールを使用する

［鉛筆］ツールの操作

基本的な操作は［ブラシ］ツールと同じですが、［ブラシプリセットピッカー］の［硬さ］設定はできません。ぼかしのないはっきりした線を描きたい場合に適しています。

［鉛筆］ツールの描画の線は、アンチエイリアスがかかっていません。

［鉛筆］ツールのオプションバー

（オプションバー図。番号 1〜11 が配置されている）

モード：通常　不透明度：100%　滑らかさ：10%　0°　自動消去

❶ をクリックすると、［ブラシプリセットピッカー］が表示されます。［ブラシ］ツールと同様ですが、［硬さ］の数値を変更しても反映されません。

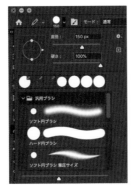

［硬さ］の数値は反映されません。

❷ をクリックすると、［ブラシ設定］パネルが表示されます。

❸［モード］
上のピクセルと下のピクセルの重なり方を設定します。

❹［不透明度］
描画色の不透明度を設定します。

❺ をクリックすると、タブレット使用時に筆圧で透明度を設定します。

❻［滑らかさ］
手ぶれを補正する機能で、大きな値にするとブラシストロークの震えを軽減します。

❼［スムージングの追加オプションを設定］
ストロークのスムージング機能のオプション（P.59を参照）。

❽［ブラシの角度を設定］
ブラシに角度を付けたストロークが描画できます。［ブラシ設定］パネルで同様の設定が行えます。

❾［自動消去］
チェックを入れた場合、描画色と同じ箇所でドラッグを始めると、背景色で描画されます。

❿ をクリックすると、タブレット使用時に筆圧でサイズを調整します。

⓫［ペイントの対称オプションを設定］
選択した線を対称に、同時に自動で描画されます（P.60を参照）。

COLUMN

［自動消去］の効果

カーソルの中心が描画色と同じ位置からドラッグを始めたときにだけ、背景色で描画されます。つまり元からある描画色の領域は消去されたような効果になります。ドラッグの開始位置が描画色以外のときは、通常のように描画色で描画されます。

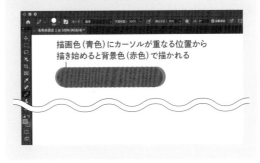

描画色（青色）にカーソルが重なる位置から描き始めると背景色（赤色）で描かれる

STEP 03 ［混合ブラシ］ツールを使用する

［混合ブラシ］ツールの操作

［混合ブラシ］ツールは、画像の色と描画色を混ぜ合わせてペイントすることができます。

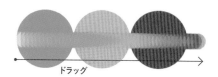

ドラッグ

［描画色］を白に設定して、円の上をドラッグしています。

［混合ブラシ］ツールのオプションバー

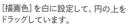

❶をクリックすると、［ブラシプリセットピッカー］が表示されます。

❷をクリックすると、［ブラシ設定］パネルが表示されます。

❸［現在のブラシにカラーを補充］
現在の色が表示されます。クリックすると［カラーピッカー（混合ブラシカラー）］ダイアログボックスが表示されます。

❹をクリックすると、プルダウンメニューが表示されます。

> ブラシにカラーを補充
> ブラシを洗う
>
> 単色カラーのみ補充

　［ブラシにカラーを補充］
　最後に使用した色を補充します。

　［ブラシを洗う］
　現在の色を破棄します。

　［単色カラーのみ補充］
　チェックすると、単一色になります。

❺［各ストローク後にブラシにカラーを補充］
ドラッグして描画後に色を補充します。

❻［各ストローク後にブラシを洗う］
ドラッグして描画後にブラシを洗います。

❼［混合ブラシの便利な組みあわせ］
にじみ、補充量、ミックス、流量をあらかじめ組み合わせた設定を選択します。

❽［にじみ］
数値が大きいほど、画像の色とブラシの色がよく混ざります。

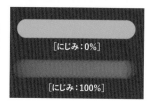

［にじみ：0％］

［にじみ：100％］

❾［補充量］
補充されるブラシの色の量を設定します。

❿［ミックス］
画像の色とブラシの色の混ざる割合を設定します。数値が大きいと画像の割合が多くなります。

⓫［流量］
ワンストローク分のインクの量で濃度を調整します。

⓬［エアブラシ状の重ね描き効果を使用］
マウスを押し続けると、ブラシの色が濃くなり広がります。

⓭［ストロークのスムージングを設定］
手ぶれを補正する機能で、大きな数値にするとブラシストロークの震えを軽減します。

⓮［スムージングの追加オプションを設定］
ストロークのスムージング機能のオプション（P.59を参照）。

⓯［ブラシの角度を設定］
ブラシに角度を付けたストロークが描画できます。［ブラシ設定］パネルで同様の設定が行えます。

⓰［全レイヤーを対象］
チェックを入れると、全レイヤーに適用します。

⓱をクリックすると、タブレット使用時に筆圧でサイズを設定します。

STEP 04　［消しゴム］ツールを使用する

［消しゴム］ツールの操作

［消しゴム］ツールは、ドラッグして不要な部分を削除するツールです。「背景」レイヤーに使用すると、ドラッグした部分は背景色が現れ、普通のレイヤーに使用すると、ドラッグした部分は透明になります。基本的な操作は［ブラシ］ツールと同じになります。

元画像

「背景」に使用すると、背景色が現れます。

普通のレイヤーに使用すると、透明になります。

レイヤーが重なっている場合、下のレイヤーが現れます。

［消しゴム］ツールのオプションバー

①②④⑤⑥⑦⑧⑨⑩⑪⑫は、［ブラシ］ツールと同様です（P.59を参照）。

③［モード］
［ブラシ］、［鉛筆］は、それぞれのツールと同じストロークで削除します。［ブロック］は、四角形のカーソルで消去します。

⑬［消去してヒストリーに記録］
チェックを入れると［ヒストリー消しゴム］ツールになります。ドラッグした部分を［ヒストリー］パネルの左列［ヒストリーブラシのソースに設定］で選択している画像の状態に戻します。機能としては［ヒストリーブラシ］ツールと同じです。

［消しゴム］ツールを使うときに option （ Alt ）キーを押しても［ヒストリー消しゴム］ツールになります。英語版では［Erase to History］オプションなので、より適切な訳としては「ヒストリーへと回帰」です。

COLUMN

［背景消しゴム］ツール、［マジック消しゴム］ツール

［背景消しゴム］ツールは、ブラシの中央の色を抽出してドラッグした部分にある近似色を透明にします。［マジック消しゴム］ツールは、クリックした部分の近似色をすべて透明にします。両ツールとも「背景」でも透明にします。

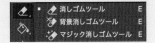

3-4 カラーの情報を読み取る

色の情報を読み取るには、[スポイト]ツールと[カラーサンプラー]ツールがあります。
この2つのツールは、画像の上をクリックすると、クリックしたピクセルの色を吸い込むように
読み込むことができます。 また、[情報]パネルでは、色を数値化して確認することができます。

[スポイト]ツールを使用する

 Lesson 03 ▶ 3-4 ▶ 03_401.jpg

画像の色を読み取る

[スポイト]ツール❶で画像の
上をクリックすると❷、クリッ
クした地点のピクセルの色
が描画色❸に適用されます。

②クリック

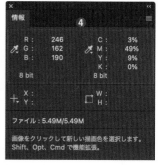

[ウィンドウ]メニューの[情報]を選択して表
示される[情報]パネルで、色情報を数値で
確認できます❹。

✓**CHECK!**

背景色に適用する

[スポイト]ツールで画像の上をクリックする際、option(Alt)
キーを押しながらクリックすると背景色に適用されます。

[スポイト]ツールのオプションバー

オプションバーの[サンプル範囲]❶では、色をサンプルするピクセルの範囲を設定することができ
ます。[サンプルリングを表示]にチェックを入れると❷、クリックした際にカーソルを囲んだリング
が表示され❸、リングの上にはこれから選択する色、リングの下には現在の色が表示されます。

✓ 指定したピクセル
　 3 ピクセル四方の平均
　 5 ピクセル四方の平均
　 11 ピクセル四方の平均
　 31 ピクセル四方の平均
　 51 ピクセル四方の平均
　 101 ピクセル四方の平均

上:これから選択する色

③クリック

下:現在の色

✓**CHECK!**

**拾った色が背景色に
反映されてしまう場合**

[カラー]パネルで背景色が選択されていると、[ス
ポイト]ツールで拾った色が背景色に反映されてし
まう現象が起きます。[カラー]
パネルの[描画色を設定]をクリ
ックして選択してから(グレーの
枠が表示されます)、[スポイト]
ツールを使用してください。

画像の上に[HUDカラーピッカー]を表示する

[HUDカラーピッカー]機能で、画像上にポップアップでカラーピッカーを呼び出すことができます。HUDは「Head-up Display」の意味です。色の設定方法は[カラーピッカー]ダイアログボックスと同様です。

📥 Lesson 03 ▶ 3-4 ▶ 03_401.jpg

1 [スポイト]ツールや[ブラシ]ツールで、control + option + command キーを押しながらクリック（Windowsは Shift + Alt +右クリック）すると[HUDカラーピッカー]が表示されます。

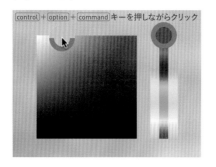

control + option + command キーを押しながらクリック

2 表示したらマウスボタンを押したままカーソルを移動して、右のカラーバーで色相を決め❶、左のカラーフィールドで、彩度・明度を設定します❷。マウスボタンを放すと描画色が設定されます。

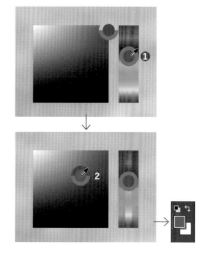

✔CHECK!

[HUDカラーピッカー]使用の環境設定

[HUDカラーピッカー]はOpenGLと呼ばれるグラフィック規格を利用します。それには[環境設定]ダイアログボックスで[パフォーマンス]を選択して[グラフィックプロセッサーを使用]にチェックして有効にしておきます。使用するパソコンのグラフィックプロセッサーによっては利用できないことがあります。

[Photoshop]（[編集]）メニューの[環境設定]→[パフォーマンス]を選択して[環境設定]ダイアログボックスを表示します（command（Ctrl）+ K キー）。

COLUMN

[HUDカラーピッカー]の形状

[HUDカラーピッカー]の形状は、[環境設定]ダイアログボックスの[一般]にある[HUDカラーピッカー]のプルダウンメニューで変更できます。

[カラーサンプラー]ツールを使用する

📥 Lesson 03 ▶ 3-4 ▶ 03_401.jpg

[カラーサンプラー]ツールは、画像の色を4カ所読み取ることができます。クリックすると、1〜4の番号付きのマークが表示されます。[情報]パネルでは4カ所の色情報を比較できます。

❶クリック
❷クリック
❸クリック
❹クリック

スポイトツール
3D マテリアルスポイトツール
カラーサンプラーツール
ものさしツール
注釈ツール
カウントツール

4カ所の色情報を比較

[カラーサンプラー]のマークは、ドラッグすると移動し、option（Alt）キーを押しながらクリックすると削除することができます。

Lesson 03　練習問題

Lesson 03 ▶ Exercise ▶ 03_Q01.jpg

Q イチゴケーキの周りを［kyleのスクリーントーン38］と
［kyleの究極のパステルパルーザ］という2種類のブラシを使用して
対称に描画して、ポップに演出してみましょう。

BEFORE

AFTER

❶写真に影響せずやり直しができるように、［レイヤー］パネル下部の［レイヤーを新規作成］ボタンを押して「レイヤー1」を作成し、そこに描画します。

❷［ブラシ］ツールを選択し、option（Alt）キーを押しながら［スポイト］ツールにしてイチゴをクリックし、描画色を赤に設定します。オプションバーで［ブラシプリセットピッカー］を表示し、［特殊効果ブラシ］グループを展開して［kyleのスクリーントーン38］を選択します。ブラシの［直径］は「100px」程度にします。

❸オプションバーの［ペイントの対称オプションを設定］のアイコンをクリックして［二軸］を選択します。十字形の対象パスが表示されるので、その中心をドラッグして皿の中心に合わせて、return（Enter）キーで位置を確定します。ブラシで1つの隅から皿の外側を埋めるようにドラッグして描くと、四隅が対象に描画されます。はみ出したら

［消しゴム］ツールで消去します。皿に多少はみ出していてもかまいません。

❹［レイヤー］パネルで「レイヤー2」を新規作成し、そこに描画します。描画色を黄色（ここでは［R:255］［G:244］［B:118］）に設定します。今度は［ドライメディアブラシ］グループの［kyleの究極のパステルパルーザ］を選択します。ブラシの［直径］を「50px」に設定します。

❺オプションバーの［ペイントの対称オプションを設定］のアイコンをクリックして［放射状］を選択します。ダイアログボックスで［セグメント数:12］にして［OK］します。❸と同様に対称パスの中心を皿の中心に移動してから、ブラシで放射状に短い線を何本か描きます。

❻描画を終えたら、オプションバーの［ペイントの対称オプションを設定］をクリックし、［対称オフ］を選択して対称オプションを終了します。

レイヤーの操作

Photoshopで画像を扱うときには、必ずといってよいほど使うのがレイヤーです。レイヤーとは「層」のことで、同じ平面に何枚もの透明な層を重ねたように画像を管理できる機能です。レイヤーに分けることで画像の管理と編集が楽になり、効果を使い分けて表現の幅が広がります。頻繁に利用するレイヤー機能についてしっかり理解しておきましょう

4-1 レイヤーとはなにか？

レイヤーには「層」や「積み重ね」の意味がありますが
1つのファイルの中に画像を重ねて保持することができる機能です。
また画像だけではなく、テキストやパスなどもレイヤーとして扱うことが可能です。

レイヤーのしくみ

Lesson 04 ▶ 4-1 ▶ 04_101.psd

重ね方を頭の中でイメージする

Photoshopのレイヤーの仕組みとしては、まず「背景」と[レイヤー]の区別があります。通常、写真などのピクセル画像を開くと「背景」のみの画像として展開されます。そしてその上にレイヤーを重ねていくことができます。下の画像は3つのレイヤーから構成されています。一番下が黄色い背景。2番目は緑の帯状の画像。そして一番上にはテキストのレイヤーがあります。2番目のレイヤーの上の部分は透明、また文字の周りも透明なので、背景の黄色い地が見えているという状態です。

右はレイヤーパネルですが、画像が重なるのと同じように順番に重なっていることが確認できます。つまりこういった画像を作成する場合は、まず頭の中で順番を考えて、レイヤーとして重ねていけばいいということになります。画像の合成などではレイヤーの重ね方が重要になってきます。

[レイヤー]パネル。背景の上に2つのレイヤーが重なっている状態です。左の図のような形で実際の画像と対応します。そしてこの画像は実際には、左下のように見ます。

一番上のテキストレイヤーを拡大表示したところ。下の2つのレイヤーを隠すとテキストレイヤーだけが表示されます。白とグレーの市松模様の部分は透明になっていることを示します。ここは下のレイヤーが見えるというわけです。

レイヤーパネルとパネルメニュー

一番使う[レイヤー]パネル

レイヤーの扱いの基本は[レイヤー]パネルから行います(表示されていない場合は[ウィンドウ]メニューから[レイヤー]にチェックをして表示します)。レイヤーをドラッグしてレイヤーの順番を変更したり、個々のレイヤーの表示／非表示の切り替えなど、さまざまな操作が直接行えます。

パネル下部からは新規レイヤーを作成したり、削除をしたりといった操作が可能です❶〜❼。さらに詳細な設定はパネルの右上のボタン❽をクリックしてパネルメニューを表示させます。たとえば複数のレイヤーをまとめてグループ化したり、レイヤーを統合したりという操作が行えます。

対象とするレイヤーを選択した上で操作します。
❶[レイヤーをリンク]
❷[レイヤースタイルを追加]
❸[レイヤーマスクを追加]
❹[塗りつぶしまたは調整レイヤーを新規作成]
❺[新規グループを作成]
❻[新規レイヤーを作成]
❼[レイヤーを削除]

[レイヤー]パネルメニュー。[レイヤー]メニューから同様の操作ができる場合もあります。自分が一番使いやすい方法を見つけましょう。

さまざまなレイヤーの種類

画像編集のやり直しが可能になる

デジタルカメラで撮影した画像はピクセルで構成されるので[ピクセルレイヤー]として扱います。

このほかにもベクトル形式のシェイプを扱うことができる[シェイプレイヤー]や、テキストを書体やサイズなどの属性を保ったまま扱える[テキストレイヤー]、色べたの[塗りつぶしレイヤー]、グラデーションの[グラデーションレ

イヤー]などさまざまなレイヤーの種類があります。

また画像補正で便利なのが[調整レイヤー]です。[トーンカーブ]や[色相・彩度]などの色調補正をレイヤーとして保持することができます。[調整レイヤー]はダブルクリックでその色調補正を表示することができ、何度でも補正し直すことができるというメリットがあります。

[グラデーションレイヤー]❶、[テキストレイヤー]❷、[調整レイヤー]❸を使ったときの[レイヤー]パネル。レイヤーを使わずに作業をしてファイルを閉じてしまえば、もう元通りにはなりませんが、レイヤーとして保持していれば、やり直すこともできます。

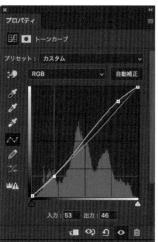

[調整レイヤー]の[トーンカーブ]のパネル。調整をしたあとでさらに調整し直すこともでき、この調整レイヤーを非表示か削除してまえば、元画像に影響を与えることなく、元の状態に戻すこともできます。

4-2 レイヤーの基本操作

レイヤーを扱うためには基本的な操作を覚える必要があります。ただし頭の中で想像しても
よくわからないので、とりあえず[レイヤー]パネルを使って手を動かしてみましょう。
複製や移動といった基本操作から始めましょう。

レイヤーパネルを使って操作する

「背景」をレイヤーにする

デジカメで撮影したJPEGなどの画像を開いた段階では「背景」とだけ[レイヤー]パネルに表示されています。ただし、レイヤーの状態でないと使えないような機能、たとえば[レイヤーマスク]や[変形]などがたくさんあります。そういった機能を使いたい場合は「背景」をレイヤーに変更することが可能です。

「背景」をダブルクリックすると[新規レイヤー]のダイアログボックスが開き、[OK]をクリックするとレイヤー化できます。設定を変更する必要がない場合は、レイヤー右の鍵アイコンをクリックすれば、ダイアログボックスを開くことなくレイヤー化できます。

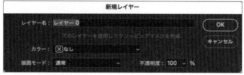

「背景」やレイヤーを複製する

「背景」やレイヤーをコピーして使いたい場面はよくあります。そんなときは「背景」またはレイヤーを[新規レイヤーを作成]ボタンにドラッグ&ドロップしましょう。簡単に複製することができます。

[新規レイヤーを作成]ボタン

レイヤーの移動

レイヤーは重なりの順番を簡単に変更することができます。右の例は、「緑の帯」レイヤーがテキストレイヤーよりも上（前面）にあるため文字が半分隠れています。このような場合は「緑の帯」レイヤーをつかんで、テキストレイヤーの下にドラッグします。文字が見えるようになります。

新規レイヤーの作成

何もしなければ透明になる

[新規レイヤー]はレイヤーを作成したい位置の下（背面）のレイヤーを選択した状態で、[レイヤー]パネルの[新規レイヤーを作成]ボタンをクリックします❶。あるいは[レイヤー]メニューから[新規]→[新規レイヤー]をクリックします。[新規レイヤー]ダイアログボックスが表示されますが、こちらではレイヤー名をつけたり、[描画モード]（P.76を参照）などの設定が可能です。

[レイヤー]パネルを確認すると、新規の「レイヤー1」が作成されています❷。画像の見た目には何も変化はありません。新規レイヤーは透明だからです。「背景」のサムネール左横にある目のアイコンをクリックして非表示にし❸、「レイヤー1」だけの表示にしてみます。市松模様が表示されますが、これはレイヤー上にピクセルがなく、透明な状態であることを示しています。

❶[レイヤー]パネル下部の[新規レイヤーを作成]ボタンをクリック。

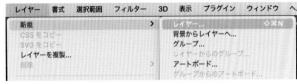

ショートカットキーは[Shift]+[command]（[Ctrl]）+[N]です。[新規レイヤー]ダイアログボックスを表示する必要がなければ、[レイヤー]パネル下部の[新規レイヤーを作成]ボタンをクリックするのが簡単です。

レイヤーの左側にある目のアイコンは表示／非表示を切り替えるためのアイコンです。

市松模様になっているということは白ではなく透明であることを示します。この模様のサイズや色は[環境設定]の[透明部分・色域]から変更することができます。

べた塗りのレイヤーを作成する

[レイヤー]メニューの[新規塗りつぶしレイヤー]では、色やパターンでの塗りつぶしたレイヤーの作成が可能です。[べた塗り][グラデーション][パターン]の3つが選べます。

[新規レイヤー]ダイアログボックスが表示されるので❶、[OK]をクリックします。そのあと、[べた塗り]の場合は、表示されたカラーピッカーで塗りの色を決めます❷。

必要に応じて[不透明度]（P.77を参照）や[描画モード]の調整をします。また[レイヤー]パネルの[塗りつぶしまたは調整レイヤーを新規作成]ボタンをクリックする方法もあります❸。

❸[塗りつぶしまたは調整レイヤーを新規作成]ボタンから[べた塗り]を選択しても同じです。べた塗りレイヤーは、色の指定に全面白のレイヤーマスクがついていることがわかります。

❶[べた塗り]の[新規レイヤー]ダイアログボックス。[描画モード]や[不透明度]はあとから変更することもできます。

❷[カラーピッカー]で塗りの色を決めて[OK]をクリックします。

不透明度が100%だと「背景」の画像は見えません。

レイヤーを結合する

増えたレイヤーを整理する

作業をしているとレイヤーがどんどん増えてしまうことがあります。分けている意味がない場合は、複数のレイヤーを結合して、整理しながら作業をするといいでしょう。結合の仕方にはいくつかの方法があります。

[レイヤーを結合]
レイヤーを複数選択している状態でこの[レイヤーを結合]を行うと、選択しているレイヤーのみが結合します。

[表示レイヤーを結合]
[レイヤー]パネルの各レイヤーの左にある目の形のアイコンで表示／非表示を行い、表示されているレイヤーのみを結合します。

[画像を統合]
すべてのレイヤーを統合して、「背景」にします。

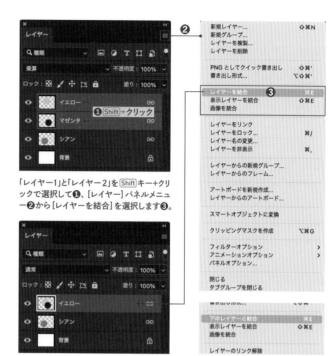

「レイヤー1」と「レイヤー2」を Shift キー+クリックで選択して❶、[レイヤー]パネルメニュー❷から[レイヤーを結合]を選択します❸。

選択していたレイヤーが1つに結合されます。

なお、1つのレイヤーを選択してパネルメニューをクリックすると[下のレイヤーと結合]というメニューになります。

レイヤーをロックする

部分的なロックも可能

レイヤーにはロックをする機能がついています。作業を終えたレイヤーに対して不用意に触ってしまわないようにすることができます。ロックのかかったレイヤーは削除もできなくなります。

操作は[レイヤー]パネルの[ロック]で行います。ロックしたいレイヤーを選択した状態で5つのボタンのいずれかをクリックします。すべてをロックする以外に、レイヤーのピクセルをペイントツールで編集できなくなる[画像ピクセルをロック]など、5つの選択肢があります。

ロックされているかどうかは、この部分に表示されます。

❶[透明ピクセルをロック]レイヤーの不透明部分だけが編集可能になります。
❷[画像ピクセルをロック]レイヤーのピクセルをペイントツールで編集できなくなります。
❸[位置をロック]レイヤーのピクセルを移動できなくなります。
❹[アートボードの内外への自動ネストを防ぐ]アートボード間でドラッグ＆ドロップによるデータ移動を防ぎます。
❺[すべてをロック]レイヤー自体をロックします。

作業していないレイヤーをロックで保護するほかに、修正を加えていない画像をロックで保存しておく、1ファイルの中に補正のバリエーションをいくつかつくってロックしておく、といった使い方も可能です。

レイヤーをグループにする

フォルダを使った管理ができる

レイヤーを整理しながら使いこなすための機能に[グループ]があります。複数のレイヤーを1つのフォルダに入れて管理することができます。

たとえば合成を行う場合にパーツに分けた素材をそれぞれフォルダに入れて管理したり、同じ画像の補正のバリエーションをフォルダごとにつくったり、さまざまな使い方ができます。また[描画モード]や[透明度]を一括して適用できるというメリットがあります。

[レイヤー]パネルでグループにしたいレイヤーを Shift キー+クリックで複数選択して❶、[新規グループを作成]ボタンをクリックするか(ショートカットキーは command (Ctrl)+ G)❷、[レイヤー]パネルメニューの[レイヤーからの新規グループ]を選びます❸。

後者の場合ダイアログボックスが開くのでレイヤー名をつけたり描画モードの設定などができます。

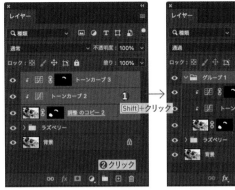

レイヤーを選択した状態で[新規グループを作成]ボタンをクリックします。

3つのレイヤーが1つのフォルダに収まります。

レイヤーを選択した状態で、[レイヤー]パネルメニューの[レイヤーからの新規グループ]を選択しても作成できます。

ダイアログボックスが開いたら、名前などを入力して[OK]ボタンをクリックします。

レイヤーをリンクする

移動や整列に使える

レイヤーはリンクさせることにより、一体化させて扱うことができます。たとえば複数のレイヤーをリンクさせた場合は移動時にいっしょに動きます。また[レイヤー]メニューの[整列]により、リンクした画像を右に揃えたり、中央に揃えたりといった使い方もできます。

レイヤーをリンクさせたい場合は複数のレイヤーを Shift キーを押しながらクリックして選択します❶。そのままレイヤーパネルの[レイヤーをリンク]ボタンをクリックするか❷、[レイヤー]パネルメニューから、[レイヤーをリンク]を選択します。

複数のレイヤーを選択した状態で[レイヤーをリンク]ボタンをクリックします。

レイヤーがリンクしている状態のマーク❸。解除するためには[レイヤーをリンク]ボタンをクリックします❹。

緑の帯の部分とテキストをリンクさせてみます。

[移動]ツールを使ってレイヤーを動かすとリンクしたレイヤーを一緒に移動できます。

4-3 レイヤー操作の実践

実践ではさらに進んだレイヤーの扱い方を実際に手を動かしながら学んでみましょう。
レイヤーにマスクをつけたり、レイヤーを変形したりという、
画像を扱うための重要なテクニックです。

STEP 01 レイヤーマスクで切り抜く

BEFORE

AFTER

マスクについてはLesson07で学びますが、ここでは簡単にレイヤーマスクを使って切り抜く方法にチャレンジしてみましょう。Lesson02の選択範囲を一歩進めたテクニックです。

📥 Lesson04 ▶ 4-3 ▶ 04_301.jpg

---

1 [選択範囲]メニューの[被写体を選択]や[クイック選択]ツールを使ってぬいぐるみを選択します。Lesson02の2-3で紹介した[選択とマスク]で選択範囲を修正しましょう。

2 選択範囲の修正が完了したら、[選択とマスク]の[出力先]を[新規レイヤー(レイヤーマスクあり)]にして❶[OK]をクリックします。

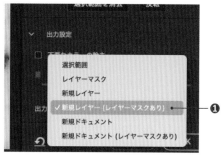

出力設定
- 選択範囲
- レイヤーマスク
- 新規レイヤー
- ✓ 新規レイヤー(レイヤーマスクあり) ────❶
- 新規ドキュメント
- 新規ドキュメント(レイヤーマスクあり)

---

3 選択範囲がレイヤーマスクに変換されて、ぬいぐるみが切り抜かれます。

4 バックに色を敷いてみます。[レイヤー]パネル下部にある[塗りつぶしまたは新規調整レイヤーを作成]から[塗りつぶし]を選択し、塗りつぶしレイヤーを作成します。

ここでは「背景」の上(前面)に「べた塗り1」という名前で作成し、[カラーピッカー]で緑色を選択しました。全面が緑色で塗りつぶされるので、「べた塗り1」レイヤーがぬいぐるみの下(背面)にあれば、バックが緑色になります。

STEP 02　レイヤーの変形

BEFORE

AFTER

レイヤーは回転や拡大・縮小などの変形が可能です。また撮影時の歪みを補正したり、自由に変形することもできます。

📥 **Lesson 04 ▶ 4-3 ▶ 04_302.jpg**

1　「背景」の場合は、[レイヤー]パネルで「背景」の右の鍵アイコンをクリックして「レイヤー0」に変換しておきます。[移動]ツールを選択して❶、[バウンディングボックスを表示]にチェックを入れます❷。

2　バウンディングボックスが表示されたらハンドルを操作します。角の外側に持っていくとカーソルが図のような曲がった矢印になります。

3　この状態でドラッグすると、自由に回転させることができます。

4　バウンディングボックスのハンドルをドラッグすることで拡大・縮小ができます。トリミングする場合は[切り抜き]ツールを使います。

変形ツールを利用する

ほかに[編集]メニューの[変形]からは[ゆがみ][多方向に伸縮][遠近法][ワープ]など、さまざまな変形ツールの使用が可能です。

変形に関しては、このほかにも[フィルター]メニューから操作する方法もあります。

COLUMN

グリッドを表示する

きちんと水平・垂直を出したい場合は画面にグリッドを表示させるといいでしょう。[表示]メニューから[表示・非表示]→[グリッド]を選択します。

レイヤーと描画モード

初期設定は［通常］モード

レイヤーには、そのひとつひとつに［描画モード］の設定ができます。この切り替えにより、下のレイヤーと重ねる際の演算方法が変わり、画像の見た目も変化します。
初期設定では［通常］になっています。たとえば3枚のレイヤーにそれぞれイエロー、マゼンタ、シアンの円を描いた場合、［描画］モードが［通常］の場合は、下の2枚のレ

イヤーは見えません❶。
ただし、円の周囲が透明になっていると、下のマゼンタやシアンの円の上の円と重ならない部分は見えています❷。上のレイヤーが透明な部分では下のレイヤーが見えますが、ピクセルがある部分は色が白でも下のレイヤーは見えません。白と透明は違うということです。これが［通常］モードの基本です。

[レイヤー]パネルの[描画モード]をクリックするとさまざまなモードがポップアップで表示されます。

イエロー、マゼンタ、シアンの円を3つのレイヤーに描いた状態。

[描画モード]は[通常]ですが、円の周りを透明にしてみます。

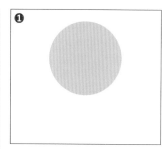

[描画モード]が[通常]だと一番上のレイヤーしか見えません。

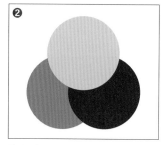

透明になっている円の周囲の部分だけ下のレイヤーが見えています。

［乗算］にするとどうなる？

［描画モード］を［通常］から［乗算］に切り替えてみます❸。このモードでは下のレイヤーと掛け合わせる効果があります。たとえばシアンとイエローが重なっている部分はグリーンに、マゼンタとイエローが重なっている部分はレッドになっていますが、これはインキを混ぜた場合の減法混色と同じような効果があります。
［乗算］は頭の中でもその効果がイメージしやすく、画像に対して別の色をプラスしたい場合に使いやすいモードといえます。

イエローとマゼンタのレイヤーの[描画モード]を
[乗算]にしてみます。

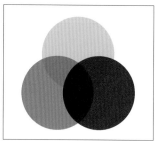

上のレイヤーを[乗算]にすると下のレイヤーに掛け合わせで合成されるようになります。

［不透明度］をコントロール

レイヤーの不透明度が変化する

［描画モード］とともに覚えておきたいのは［不透明度］の調整です。この調整でレイヤーを重ねる際の効果がコントロールできます。画像は前ページの画像❶と同様に［通常］で重ねていますが、［不透明度］を50%にしたため下のレイヤーが透けて見えるようになりました。Photoshopでの重要な調整項目といえるので、ぜひ覚えておきましょう。

［レイヤー］パネルで［不透明度］を50%に設定します。

［不透明度］の%を下げていけば、色は薄くなり、下が透けるようになります。

コントラストの変更に使う

Lesson 04 ▶ 4-3 ▶ 04_304.jpg

ドラマチックなイメージに演出

［描画モード］には多くの種類があるので、ひとつひとつの紹介はできませんが、実際に自分で切り替えてみれば、その効果を簡単に確認することができます。
たとえば写真であれば、レイヤーパネルの「背景」を［新規レイヤーを作成］ボタンにドラッグしてコピーを作成し❶、そのレイヤーの［描画モード］を切り替えてみるといいでしょう。
画像❷は［乗算］にしたので、下のレイヤーに掛け合わされ暗くなりました。また、画像❸では［焼き込みカラー］を使ったので、コントラストが高くなりはっきりとしたイメージになりました。どちらもその効果を調整するため、不透明度を少し下げています。
［描画モード］ではかなり特殊な効果がかかるものもありますが、ドラマチックな演出をしたい場合などに効果的なモードもあります。いろいろと切り替えて感覚をつかみ、［不透明度］で効果を調整しながら利用するといいでしょう。

コントラストが低めな元画像。

「背景」をコピーして「背景のコピー」レイヤーの［描画モード］を変更します。

［描画モード］を［乗算］にすると暗くなります。

［焼き込みカラー］を使うとコントラストが強くなります。

4-4 さまざまなレイヤーの機能

レイヤーには、単に画像を重ねて合成するというような使い方だけでなく、
ドロップシャドウをつける効果、テキストやベクトルデータを扱う、
色調補正をレイヤーとして保存するなど、さまざまな機能があります。

レイヤースタイル

レイヤーにさまざまな効果をかける

レイヤースタイルを使うとレイヤーに対して、影をつけたり、立体的に見せたり、光の効果を加えたり、さまざまなことが可能になります。基本は[描画モード]や[不透明度]の調整といった[レイヤー効果]ですが、その他にも[輪郭][シャドウ][光彩]などさまざまな効果が用意されていて、それらの効果を複合させながら扱うことができます。自分でカスタマイズした効果は[スタイル]として保存しておくことが可能なので、別のドキュメントに対しても、保存しておいたスタイルを読みだして適用すれば、簡単に同様の効果を与えることが可能です。
通常のピクセルレイヤーに対してこの効果をかけるのはもちろんですが、文字に対して効果をかけることにより、立体的なロゴをつくったりすることも可能になります。

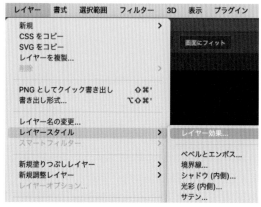

[レイヤー]メニューから[レイヤースタイル]→[レイヤー効果]を選ぶか、あるいはレイヤー自体をダブルクリックすることで[レイヤースタイル]ダイアログボックスが開きます。

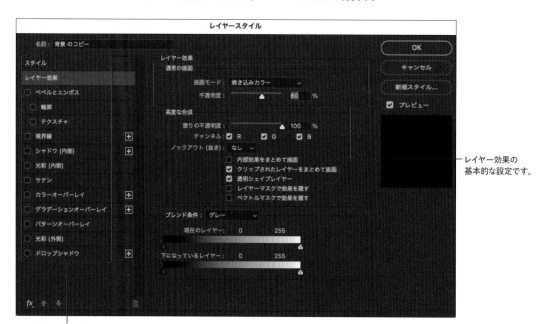

さまざまな効果の組み合わせが可能です。

レイヤー効果の基本的な設定です。

STEP 01 ドロップシャドウをかける

AFTER

レイヤーマスクを使って切り抜いた画像を利用して、ドロップシャドウをかけてみましょう。影をつける効果があります。レイヤースタイルの[ドロップシャドウ]を使います。

📥 Lesson 04 ▶ 4-4 ▶ 04_401.jpg

1 P.74で説明した、レイヤーマスクを使った切り抜き方と同じ方法で人形を切り抜きました。

黄色の「べた塗り」のレイヤーの上に、レイヤーマスクで切り抜いた人形の写真が乗っている状態です。

2 [レイヤー]パネルで影をつけたい写真のレイヤーをダブルクリックすると[レイヤースタイル]が表示されるので、[ドロップシャドウ]を選びます❶。

[角度]や[距離]等のパラメーターを画像を見ながら調整し、シャドウをつけます。[シャドウのカラーを設定]❷では、背景の色を暗くしたものに設定すると自然な影になります。

3 [ドロップシャドウ]はできたのですが、右横にできたシャドウが邪魔なので、これを消してみましょう。

4 人形の写真のレイヤーからドロップシャドウのレイヤーを切り分けます。

人形写真のレイヤーを選択した状態で、[レイヤー]メニューから[レイヤースタイル]→[レイヤーを作成]を選択します。

5 写真のレイヤーの下にできたドロップシャドウのレイヤーに[レイヤーマスク]を作成します。

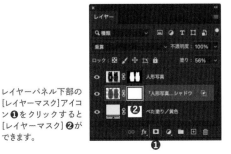

レイヤーパネル下部の[レイヤーマスク]アイコン❶をクリックすると[レイヤーマスク]❷ができます。

6 いらない影の部分をブラシツールを使って消していきます。

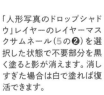

「人形写真のドロップシャドウ」レイヤーのレイヤーマスクサムネール(5の❷)を選択した状態で不要部分を黒く塗ると影が消えます。消しすぎた場合は白で塗れば復活できます。

テキストレイヤー

Lesson 04 ▶ 4-4 ▶ 04_402.psd

文字ツールを使うと
できるレイヤー

[横書き文字]ツールまたは[縦書き文字]ツールで画面内をクリックあるいはドラッグすることにより[テキストレイヤー]が作成され、文字の入力が可能になります。テキストレイヤーは書体やサイズ、字間、行間などのテキストとしての属性を保持できるのがポイントです。つまり、あとから書体やサイズなどの変更が自由にできます。簡単な設定はオプションバーから、複雑な設定は[文字]パネルから可能です。また、[段落]パネルでは、複数行に渡る文字組みの設定などができます。文字について詳しくはLesson05で解説します。

文字と文字の間にカーソルを置き、option（Alt）キー+左右のカーソルキーで、字間の調整ができます。

[テキスト]ツールの選択時にオプションバーから書体やサイズ等の設定ができます。

[文字]パネルでは、字間や行間、長体、平体などの設定もできます。

[段落]パネルでは、文字列の配置やインデントなど、書式に関する設定をすることができます。

シェイプレイヤー

Lesson 04 ▶ 4-4 ▶ 04_403.psd

ベクトルデータで
滑らかに描画するレイヤー

[シェイプレイヤー]ではベクトルデータが扱えます。ベクトルデータを扱うツールとしてはIllustratorが有名ですが、Photoshopでも機能は簡略化されていますが同じような操作が行えるということです。ベクトルデータの図形は大きく拡大しても滑らかな状態のままというのが大きな特長です。

[シェイプ]ツールまたは[ペン]ツールを選択し、オプションバーで[シェイプ]が選択された状態で図形を作成します。これも詳しくはLesson05で解説します。

この図形をピクセル画像にすることを「ラスタライズ」といい、[レイヤー]メニューの[ラスタライズ]から行います。

犬は[シェイプ]パネル[従来のシェイプとその他]→[2019シェイプ]→[家畜]に。

[シェイプレイヤー]上では滑らかな状態のまま図形の拡大・縮小や変形が可能です。

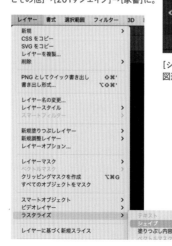

図形やテキストのラスタライズは[レイヤー]メニューの[ラスタライズ]より行います。一度ラスタライズしてしまうと、拡大・縮小や変形時に画質が劣化するようになります。

調整レイヤー

Lesson 04 ▶ 4-4 ▶ 04_404.psd

何度もやり直しができる色調補正のレイヤー

調整レイヤーは[トーンカーブ]や[レベル補正]などの[色調補正]をレイヤーとして扱うことができる機能です。

通常の[イメージ]メニューの[色調補正]は、補正後にファイルを閉じてしまえば、あと戻りをすることができません。この調整レイヤーはレイヤーとして色調補正の情報が保存されており、元の画像はそのままです。画像の非破壊編集ができ、いつでも調整のやり直しが可能です。

簡単な補正でやり直す可能性がない場合は別ですが、あと戻りをする必要がありそうな場合は、この調整レイヤーで作業を行うのがおすすめです。

❶[レイヤー]メニューの[新規調整レイヤー]から選択します。

❷[レイヤー]パネルの[塗りつぶしまたは調整レイヤーを新規作成]ボタンをクリックして選択することも可能です。これは[トーンカーブ]と[色相・彩度]の調整レイヤーを追加した[レイヤー]パネルの状態です。

❸[色調補正]パネルのアイコンでも選択できます。明るさ・コントラストをはじめレベル補正、トーンカーブ、露光量、自然な彩度、色相・彩度などの16種類の補正が選択できます。また調整プリセットには、ポートレイト、写真の修復、映画風などさまざまなプリセットメニューが用意されているのでチェックしてみるといいでしょう。

調整レイヤーの使い方

新規で色調補正レイヤーを作成する方法はいくつかあります。[レイヤー]メニューから[新規調整レイヤー]を選択する方法❶、[レイヤー]パネルの下部の[塗りつぶしまたは調整レイヤーを新規作成]ボタンから目的の調整を選ぶ方法❷、[色調補正]パネルから[調整アイコン]をクリックする方法❸です。

調整自体は[プロパティ]パネルを使って行います。[レイヤー]パネルで調整レイヤーを選択すれば何度でも調整し直すことが可能で、調整レイヤー自体を削除してしまえば、画質の劣化なく元の状態に戻せます。調整レイヤーもレイヤーなので、[描画モード]や[不透明度]を変更することが可能です。これにより通常の色調補正ではできないような効果も得られます。

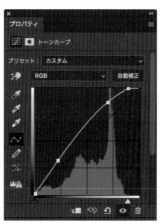

調整レイヤーの設定は[プロパティ]パネルで行います。[トーンカーブ]の調整をしているところです。

同様に[プロパティ]パネルで[色相・彩度]の調整をしているところです。

上の2つの調整レイヤーによって、この写真に対して色調補正を行ってみます。

[トーンカーブ]で全体に明るくし、[色相・彩度]で水色のチョコレートの色を変えてみました。

081

スマートオブジェクト

Lesson 04 ▶ 4-4 ▶ 04_405.psd

フィルターのあと戻りも可能

[スマートオブジェクト]は配置された画像を、元の画像はそのままに補正や編集ができる機能です。[スマートフィルター]と組み合わせることにより、画質を劣化させることなくさまざまなフィルター効果をかけることが可能です。

たとえば、[ゆがみ]や[ぼかし][アンシャープマスク]など、従来は効果をかけてファイルを閉じてしまうとあと戻りができませんでしたが、この[スマートオブジェクト]を利用すれば、あとからフィルター効果の調整や削除が簡単に行えます。

使い方はまず「背景」やレイヤーを[スマートオブジェクト]に変換します❶。あとは[フィルター]メニューから、適用したいフィルターをかけるだけです。[スマートフィルター]についてはLesson08の8-2で解説します。

Camera Rawフィルターがおすすめ

[スマートフィルター]ではさまざまなフィルターを適用できますが、[Camera Rawフィルター]❷は特におすすめです。[色温度]の調整などがしやすく、ホワイトバランスをうまく補正したい場合に便利です。[Camera Rawフィルター]についてはLesson10の10-9で解説します。

[スマートオブジェクト]化した画像に対して[フィルターギャラリー]でフィルターをかけた状態のレイヤーが❸です。フィルターのレイヤーをダブルクリックすれば、各フィルターのダイアログボックスが表示されるので、再度調整し直すことが可能です。

❶[スマートオブジェクト]化する方法はいくつかあります。これは[フィルター]メニューから[スマートフィルター用に変換]を選択する方法です。

[レイヤー]メニューの[スマートオブジェクト]から[スマートオブジェクトに変換]を選ぶ方法もあります。このほかに[レイヤー]パネルメニューからも[スマートオブジェクト]化できます。

❷[スマートオブジェクト]化し、[Camera Rawフィルター]をかけた場合の[レイヤー]パネルの状態です。

[Camera Rawフィルター]のダイアログボックス。露光量やコントラストの調整が簡単です。

❸[フィルターギャラリー]をかけた状態。再度調整したい場合は、フィルターのレイヤーをダブルクリックします。

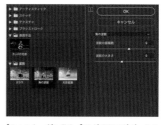

[フィルターギャラリー]のダイアログボックス。さまざまな効果が用意されています。

[Camera Rawフィルター]を適用。

元画像

[フィルターギャラリー]の[海の波紋]を適用。

STEP 02　非破壊的な切り抜き

BEFORE　　　　　AFTER

[切り抜き]には後戻りができない方法と、切り取った部分のデータを保持して後で切り抜き前の状態に戻せる方法があります。

Lesson 04 ▶ 4-4 ▶ 04_406.jpg

1 ツールバーから[切り抜き]ツールを選択し❶、オプションバーの[切り抜いたピクセルを削除]のチェックを外します❷。

2 ドラッグしてトリミングの範囲を決めます。周囲のハンドルの操作により細かい修正が可能です。

3 画面内をダブルクリックするか、return（Enter）キーで切り抜きが実行されます。「背景」が「レイヤー0」となり、周囲の画像が保持された状態になります。

4 切り抜き範囲を再度調整したい場合は、[切り抜き]ツールを選択して、画面内をクリックします。❷の切り抜き範囲選択の状態に戻すことが可能です。

画像を統合する

レイヤーを破棄してまとめる

非破壊的な切り抜きはレイヤーの状態でのみ可能です。ただし、余計な部分の画像を保持している状態なので、ファイルの容量は大きくなります。この部分を捨てて容量を小さくしたい場合は、[レイヤー]メニューから[画像を統合]を行います。[画像を統合]ではすべてのレイヤーがなくなり、1枚の「背景」になります。レイヤーを統一したい場合やレイヤーが使えないファイル形式で保存したい場合などに利用しましょう。

[レイヤー]メニューから[画像を統合]を選択します。レイヤーをまとめたい場合には、[レイヤーを結合]や[表示レイヤーを結合]とうまく使い分けましょう。

Q 人形の写真の色補正をし、その上に文字を乗せてみます。一番下は元の写真。その上にトーンカーブの調整レイヤーをつくって色補正をします。一番上にテキストレイヤーをつくり文字を入れてみましょう。

補正の仕方や書体、色等は好みで構いません。それよりもレイヤーがどんなものか知るためにレイヤーの順番を変えたり、レイヤーの目のアイコンで表示・非表示を切り替えてみましょう。

BEFORE

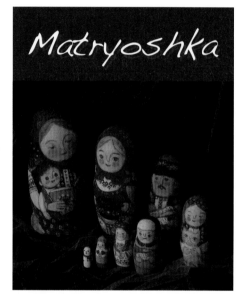

AFTER

A ❶[レイヤー]パネル下部の[塗りつぶしまたは調整レイヤーを新規作成]ボタンから[トーンカーブ]を選択します。写真に深みをだすためにカーブを少し下方向にドラッグします。[トーンカーブ]の扱いが難しければ[明るさ・コントラスト]や[色相・彩度]などを使って調整してみましょう。同時に複数の[調整レイヤー]を作成することが可能ですが、調整したいレイヤーを選択した状態で新規の調整レイヤーをつくることがポイントです。❷写真上部に赤い帯をつくります。[長方形選択]ツールで塗りつぶしたい部分を選択した状態で、[レイヤー]パネル下部の[塗りつぶしまたは調整レイヤーを新規作成]ボタンから[ベタ塗り]を選択します。カラーピッカーにより色が指定

できますが、写真の上に[スポイト]ツールを置いて任意の色をサンプリングすることも可能です。❸一番上にテキストレイヤーをつくります。ツールバーの[横書き文字]ツールを選択し、画像の上でクリックします。テキストレイヤーが作成されてカーソルが点滅したら「Matryoshka」と文字を入力します。文字の書体、サイズ、カラーはオプションバーで任意に設定してください。❹完成したらレイヤーの順番を変えてみたりしてみましょう。[レイヤー]パネルで「背景」の下にレイヤーは置けないので、「背景」の下に他のレイヤーを置きたい場合には、「背景」の右の鍵アイコンをクリックしてレイヤー化します。

文字とパス、シェイプ

Photoshopは、文字を入力すると、テキストレイヤーとして
［レイヤー］パネルに表示されます。入力したあとでも書体や
サイズ、色などの属性を変更することができます。文字を自
由に変形することもできます。また、［ペン］ツールやシェイ
プツールで描くパスやシェイプといったベクトルデータの作
成と編集についても解説します。

5-1 文字の入力と編集

文字の入力は、横組みの場合は［横書き文字］ツール、縦組みの場合は［縦書き文字］ツールで
画面上をクリックして文字を入力します。文字ツールのオプションバーや、
［文字］パネル、［段落］パネルを使用して文字の属性や文字の揃え方を設定します。

文字を入力する

Lesson 05 ▶ 5-1 ▶ 05_101.jpg

文字ツールの使い方

1 ツールバーから文字ツールを選択します（ここでは［横書き文字］ツール）
❶。オプションバーで［フォントの検索と選択］［フォントスタイルを設定］❷
で文字の種類とスタイル（太さや幅など）、［フォントサイズを設定］❸で文
字のサイズを設定します。文字の色は［テキストカラーを設定］❹をクリッ
クします。

2 ［カラーピッカー(テキストカラー)］ダイアログ
ボックスが表示されるので、任意の色を選ん
で［OK］をクリックします。オプションバーの
［テキストカラーを設定］が選んだ色になる
ので確認しておきましょう。

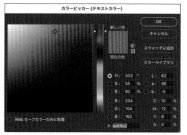

ツールバーの描画色と連動して
色が変更されます。

3 文字を入力したい位置でクリックするとカー
ソルか点滅するので❶、キーボードで文字を
入力します❷。入力後はオプションバーの
［確定］(○)❸をクリックするか、command
(Ctrl)+return(Enter)キーを押すと文字が
確定されます。

❶クリック
❷入力する

❸

4 文字ツールで画像上を
クリックすると同時に、
［レイヤー］パネルには
テキストレイヤーが作
成されます。

✔ CHECK!

余白をクリックして確定する

テキストを入力後、余白（空いている箇
所）をクリックすることでもテキストが確
定できます。

COLUMN

ポイントテキストと段落テキスト

単語や短い文章は、文字ツールでクリックして入力しますが、これを「ポイントテキスト」といいます。長文は、文字ツールをドラッグして表示されるテキストエリアの中に文字を入力します。これを「段落テキスト」といいます。

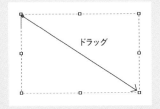

段落テキストで入力した文章は、テキストエリアのサイズに合わせて折り返されます。

文字を移動する

文字の移動は［移動］ツール❶を使用します。テキストレイヤーが選択されていることを確認してドラッグします❷。

文字を選択する

［レイヤー］パネルでテキストレイヤーのサムネールをダブルクリックすると❶、全体の文字が選択されます。

文字ツールで部分的に文字をドラッグすると❷、ドラッグした文字のみが選択できます。選択した文字は、修正することができます。

✔**CHECK!**

全体の文字を選択する

［移動］ツールで文字上をダブルクリックすると、文字全体が選択できます。

文字の設定

文字ツールのオプションバーとパネル

基本的な文字の設定は、文字ツールのオプションバーで設定できますが、[文字]パネルや[段落]パネルでも設定することができます。ここでは、オプションバーとパネルの基本的な使用方法を紹介します。[ウィンドウ]メニューから[文字]、[段落]を選択して[文字]パネル、[段落]パネルを表示します。

❶［テキストの方向の切り替え］
テキストレイヤーが選択された状態でクリックすると、横組みから縦組みへ、または縦組みから横組みに変更できます。

❷［フォントの検索と選択］
右端の∨をクリックすると、一覧から文字の種類が選択できます。

❸［フォントスタイルを選択］
クリックすると、太さや幅などスタイルを持つ文字が選択できます。

❹［フォントサイズを設定］
文字のサイズを設定します。

❺［アンチエイリアスの種類を設定］
文字の輪郭の見え方を設定します。

なし
✓ シャープ
鮮明
強く
滑らかに

❻左から［左揃え］［中央揃え］
　［右揃え］
行揃えの設定をします。

❼［テキストカラーを設定］
サムネールをクリックすると、[カラーピッカー(テキストカラー)]ダイアログボックスが表示され、文字の色が設定できます。

❽［文字］パネルと［段落］パネルの切り替え
クリックすると[文字]パネル、[段落]パネルが表示されます。

よく使う文字を登録する

頻繁に使う文字やお気に入りの文字を、[文字]パネルで登録することができます。

1 ［フォントを検索と選択］の右端の∨❶をクリックしてフォントリストを表示し、登録したい文字の左の星［☆］マークをクリックすると❷、星の色が黒になり文字が登録されます。

2 文字を呼び出すには、[フォントを検索と選択]の右端の∨❶をクリックして展開し、[お気に入りのフォントを表示]❷の星[★]マークをクリックすると、登録した文字が表示されます❸。クリックして選択すると使用することができます。

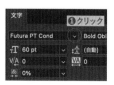

再び、[お気に入りのフォントを表示]❷の星[★]マークをクリックすると、通常のフォントリストに戻ります。

5-2 文字の変形

文字を歪ませるような変形を行うには、ワープテキスト機能を使用します。
変形後も文字列を修正することができます。また、パスの曲線に沿って文字を配置したり、
バウンディングボックスで文字の変形もできます。

STEP 01 ワープテキストで文字を変形する

Lesson 05 ▶ 5-2 ▶ 05_101.jpg

ワープテキストを適用する

入力したテキストを、さまざまな形に変形できるのが[ワープテキスト]です。
テキストレイヤーは、ベクトルデータのレイヤーなので、変形しても劣化することはありません。

1 テキストを選択するか、文字ツールで字間をクリックしてカーソルを挿入してから❶、オプションバーの[ワープテキストを作成]❷をクリックします。

❶ここでは、文字ツールで字間をクリックしています。

2 [ワープテキスト]ダイアログボックスが表示されます。[スタイル]❶から任意の項目を選択します。ここでは、[下弦]を選択しています。[カーブ][水平方向のゆがみ][垂直方向のゆがみ]のスライダーをドラッグして効果を調整することもできます。[OK]をクリックすると、ワープテキストが適用されます❷。

オプションバーの[確定]（○）をクリックするとワープテキストが確定されます。

ワープテキストを解除する

ワープテキストを解除するには、テキストを選択するか❶、文字ツールで字間をクリックしてカーソルを挿入します。再び、オプションバーの[ワープテキストを作成]をクリックして、[ワープテキスト]ダイアログボックスで[スタイル]から[なし]❷を選択し[OK]ボタンをクリックすると、元の文字列になります。

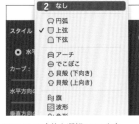

ここでは、[移動]ツールでワープテキスト上をダブルクリックして全体を選択しています。

文字ツールのオプションバーとパネル

Lesson 05 ▶ 5-2 ▶ 05_201.psd

1 [移動]ツールを選択し❶オプションバーの[バウンディングボックスを表示]❷にチェックを入れると、バウンディングボックスが表示されます❸。マウスポインタを四隅のハンドルに合わせると、カーソルの形状が斜めの両方向矢印に変わります（コーナーハンドル）❹。

❸バウンディングボックス

2 コーナーハンドルをドラッグすると、縦横の比率を保ちながら拡大・縮小できます。

ドラッグ

✔CHECK!

変形コマンド

テキストレイヤーを選択し、[編集]メニューの[自由変形]でも文字を変形することができます。command（Ctrl）+ T キーがショートカットキーです。

COLUMN

変形時の縦横比を固定する操作

拡大・縮小時に Shift キーを押すと縦横比を変更できます。従来の操作（Shift キーを押すと縦横比が固定される）に戻したい場合は、command（Ctrl）+ K キーで[環境設定]ダイアログボックスの[一般]の設定を表示し[従来の自由変形を使用]にチェックを入れます。

Shift+ドラッグ

Shift キーを使用すると、変形されてしまいます。

STEP **03** パスに沿って文字を入力する

Lesson 05 ▶ 5-2 ▶ 05_201.psd

1 [ペン]ツールでパスを作成します。

パスの作成については
5-4「パスの作成と編集」を
参照してください。

2 文字ツールをパス上に重ねると、カーソルの形状が変わります（パス上文字のマーク）❶。
パス上をクリックすると、パス上にカーソルが点滅します❷。パスに沿って文字を入力することができます。

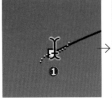

パスに沿った文字を移動する

[パスコンポーネント選択]ツール❶をパス上に重ねると、カーソルの
形状が変わります❷。カーソルをドラッグすると❸、パス上で文字の
位置を移動したり、パスの反対側に文字を移動することができます。

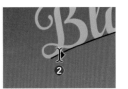

パス上で文字の位置を移動

パスの反対側に移動

COLUMN

文字のラスタライズ

テキストレイヤーに［フィルター］メニューの項目を実行しようとすると、「ラスタライズするか、
スマートオブジェクトに変換する必要があります」という警告が表示されます。

ラスタライズとは、ベクトルデータをビットマップデータに変換することをいい、文字の編集はできなくなります。あとから文字を編集するときのために、レイヤーのコピーを作成して❶❷❸、コピーしたレイヤーに［レイヤー］メニューから［ラスタライズ］→［テキスト］を選択して事前にラスタライズするとよいでしょう❹。

スマートオブジェクトに変換してのフィルター適用については、8-2「スマートフィルター」を参照してください。

❶のテキストレイヤーを［新規レイヤーを作成］ボタン❷にドラッグ＆ドロップすると、❸のコピーレイヤーが作成できます。ラスタライズすると、サムネールが変化します❹。

5-3 パスとシェイプ

「パス」と「シェイプ」は、[ペン]ツールや
各種シェイプツールを使用して作成できるベクトルデータです。
図形を描画するだけでなく、選択範囲やマスクを作成する際にも使用します。

パスとシェイプの特徴

Lesson 05 ▶ 5-3 ▶ 05_301.psd

パスやシェイプを使いこなすために、それぞれの特徴を理解しましょう。
主に、パスは選択範囲やマスクを作成する際に使用し、シェイプは色を設定した図形を作成する際に使用します。

パス

パスは、アンカーポイントと
セグメントで結ばれた図形
のことで、選択したときにだ
けパスが表示されます。

[ペン]ツールで描画する
とパスが作成され、[パス]
パネルには[作業用パス]
が表示されます。なお、[レ
イヤー]パネルには何も表
示されません。

[ペン]ツール、[フリーフォーム
ペン]ツール、[曲線ペン]ツー
ルでパスを描画し、[アンカー
ポイントの追加]ツール、[アン
カーポイントの削除]ツール、
[アンカーポイントの切り替え]
ツールで、アンカーポイントを
編集します。

シェイプ

シェイプは、シェイプツール
で作成された色の設定が
可能な図形のことで、[レイ
ヤー]パネルには「シェイプ
レイヤー」が作成されます。

オプションバーで、塗りや線などが
指定できます

シェイプツールでドラッグしてシェイプ
を作成すると、[レイヤー]パネルには
「シェイプ」レイヤー、[パス]パネルには
「シェイプ1シェイプパス」が表示され
ます。

パスやシェイプを描画する、これら
6つのツールを総称してシェイプツ
ールといいます。

パスとシェイプの切り替え

[ペン]ツールやシェイプツールを使用する際、オプションバ
ーの[ツールモードを選択]から[パス]として作成するのか、
[シェイプ]として作成するのかを選択することができます。
[ペン]ツールを選択していても、オプションバーで[シェイプ]
❶を選択するとシェイプを作成することができ、シェイプツー
ルを選択していても、オプションバーで[パス]❷を選択する
とパスを作成することができます。

[ペン]ツールは、通常[パス]の
設定でパスを作成しますが、[シ
ェイプ]を選択してシェイプの作
成もできます。

シェイプツールは、通常[シェイ
プ]の設定でシェイプを作成しま
すが、[パス]を選択してパスの
作成もできます。

パスとアンカーポイントの概要

⏬ Lesson 05 ▶ 5-3 ▶ 05_301.psd

パスオブジェクトを構成する要素

オブジェクトは、点(アンカーポイント)と線(セグメント)で構成されています。「セグメント」とは、2つのアンカーポイント間のひとつの線分のことで、すべてのアンカーポイントとセグメントのことを総称して「パスオブジェクト」(または「パス」)といいます。曲線の操作は、アンカーポイントから出ているハンドルをドラッグして行います。

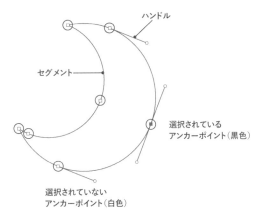

パスの種類

端点(始点と終点)が閉じているパスを「クローズパス」といい、端点が開いているパスを「オープンパス」といいます。Photoshop ではシェイプレイヤーを作成したり、パスを選択範囲として作成する場合が多いので、一般的にクローズパスのほうを多く利用します。

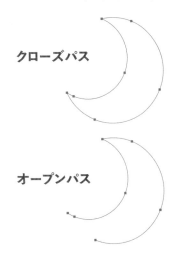

アンカーポイントの種類

曲線には2種類のアンカーポイントがあります。アンカーポイントから一直線の2本のハンドルがで出ていると、なめらかな曲線が描けます。このようなアンカーポイントを「スムーズポイント」といいます。それに対して、角になっているアンカーポイントを「コーナーポイント」といい、「独立して動く2本のハンドル」「ハンドルが1本」「ハンドルがない」の3種類のアンカーポイントになります。

スムーズポイント 2本のハンドルが一直線になっています。なめらかな曲線が描画できます。

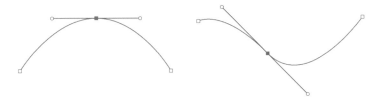

コーナーポイント ハンドルがこのような状態の場合は、パスに角ができます。

独立して動く2本のハンドル　　　　ハンドルが1本　　　　ハンドルがない

5-4 パスの作成と編集

パスを正確に描画するには、アンカーポイントの位置とセグメントの調整が重要です。
特に人物や商品など、被写体の輪郭をトレースして切り抜く場合は［ペン］ツールの正確な操作が
欠かせません。［ペン］ツールの基本操作をしっかりマスターしましょう。

STEP 01 ［ペン］ツールの基本操作

Lesson 05 ▶ 5-4 ▶ 05_401.psd

直線を描く

1 ［ペン］ツール❶を選択し、オプションバーで［パス］❷を選択していることを確認します。

3 ［パス］パネルには、［作業用パス］として表示されます。

2 直線の始点をクリックして離れた位置でクリックすると、その2点がつながり直線が描画されます。クリックを繰り返すと連続した直線が描画されます。

描画が終了したら、［ペン］ツールをクリックするか、[command]（[Ctrl]）キーを押して空いている箇所をクリックします。

> **✓ CHECK!**
> **水平、垂直、45度で直線を描く**
> ［ペン］ツールで直線を描画する際、[Shift]キーを押しながらクリックすると水平、垂直、45度線が描画できます。

クローズパスを描く

［ペン］ツールで線を描画し、最後に始点のアンカーポイントにカーソルを重ね、カーソルが変わったらクリックしてパスを閉じると、クローズパス（閉じた図形）になります。

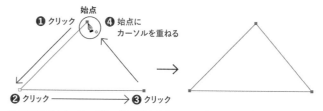

始点に重ねるとカーソルが○つきに変わります。クリックするとクローズパスになります。

アンカーポイントを追加する

1 ［パスコンポーネント選択］ツールで、パスをクリックして選択します。

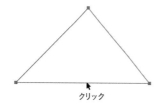

> **✓ CHECK!**
> **パスが表示されない**
> 描画したパスが表示されない場合は、［パス］パネルの［作業用パス］を選択し、［パスコンポーネント選択］ツールや［パス選択］ツールで選択してください。

2 ［アンカーポイントの追加］ツール❶を選択してセグメント上に
カーソルを重ね❷、クリックするとアンカーポイントが追加されます。

セグメント上に重ねるとカーソルが
「+」付きに変わります。クリックすると
アンカーポイントが追加されます。

3 追加したアンカーポイント
をドラッグすると曲線にな
ります。

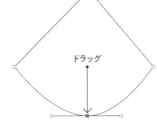

ドラッグ

COLUMN

パス選択ツールの使い分け

［パスコンポーネント選択］ツールはクリックしたパス全体を選択し、
［パス選択］ツールはクリックまたはドラッグしたセグメントやアンカーポイントだけを選択します。

パス全体を選択

セグメントを選択

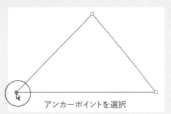

アンカーポイントを選択

アンカーポイントを削除する

［パスコンポーネント選択］ツールでパスをクリッ
クして全体を選択します❶。［アンカーポイントの
削除］ツール❷を選択してセグメント上にカーソルを重ね❸、
クリックするとアンカーポイントが削除されます。

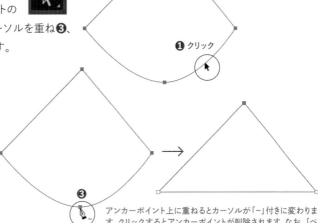

❶ クリック

❸

アンカーポイント上に重ねるとカーソルが「−」付きに変わりま
す。クリックするとアンカーポイントが削除されます。なお、［ペ
ン］ツールでも、セグメント途中のアンカーポイントに重ねると
［−］付きカーソルに変わり、クリックすると削除できます。

曲線を描く

1 [ペン]ツールを選択してドラッグすると、セグメントの方向と曲がり具合を調整するハンドルが表示されます。

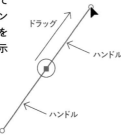

3 同様の操作を繰り返して、ドラッグでアンカーポイントのハンドルの長さと向きを調整しながら曲線を描き続けることができます。描画が終了したら、[ペン]ツールをクリックするか、command（Ctrl）キーを押して空いている箇所をクリックします。

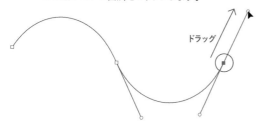

2 次のアンカーポイントを下向きにドラッグすると、山形の曲線が描画されます。

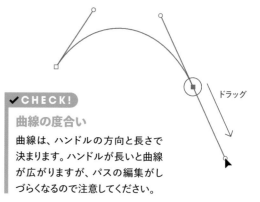

✔ **CHECK!**
曲線の度合い
曲線は、ハンドルの方向と長さで決まります。ハンドルが長いと曲線が広がりますが、パスの編集がしづらくなるので注意してください。

COLUMN

ハンドル
ハンドルは曲線を操作する補助線なので、印刷の際は表示されません。ハンドルの先端のポイントは●になっています。小さくて見にくいですが、アンカーポイントの□（選択時は■）と区別してください。

曲線から直線を描く

1 [ペン]ツールを選択して、下向きにドラッグしてハンドルを表示します。

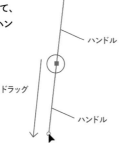

2 次のアンカーポイントを上向きにドラッグして、凹型の曲線を描画します。

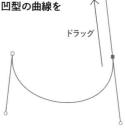

3 曲線から直線に変更するアンカーポイントを、option（Alt）キーを押しながらクリックします。

アンカーポイントに重ねるとカーソルが「∧」付きに変わります。

4 ハンドルが1本になります。これで直線に切り替わります。

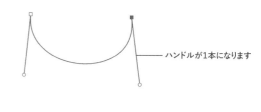

ハンドルが1本になります

5 少し離れた位置でクリックすると、直線が描画できます。なお、Shiftキーを押しながらクリックすると水平線が描画できます。

COLUMN

ラバーバンド

[ペン]ツールのオプションバーの[ペンやパスのオプションを追加設定]❶をクリックして[ラバーバンド]❷にチェックを入れると、次のアンカーポイントをクリックする前にセグメントが表示されます。

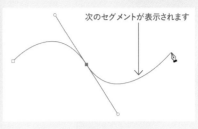

次のセグメントが表示されます

STEP **02** [フリーフォームペン]ツールでパスを描く

📥 Lesson05 ▶ 5-4 ▶ 05_402.jpg

フリーハンドでパスを描く

[フリーフォームペン]ツールは、フリーハンドでパスを描画するツールです。ドラッグした軌跡でパスが作成されます。形をおおざっぱに描いてあとで調整するような使い方ができます。

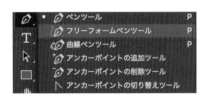

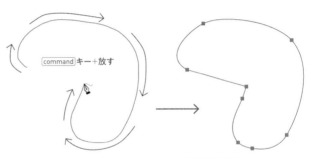

[フリーフォームペン]ツールでドラッグし、command（Ctrl）キーを押しながらマウスボタンを放すと、始点と終点が連結されてクローズパスになります。

マグネットオプション

オプションバーの[マグネット]にチェックを入れると、画像の輪郭をなぞるだけでパスが作成されます。始点をクリックしたあとはマウスボタンを放しても、なぞれば自動的にパスが作成されます。

1 [フリーフォームペン]ツールを選択して、オプションバーの[マグネット]にチェックを入れて❶、始点をクリックします❷。

2 輪郭をなぞるとパスが作成されます。ところどころクリックすると、綺麗に境界線にパスが作成できます。画像は被写体と背景のコントラストが高いほうが、輪郭のトレースが綺麗に仕上がります。

輪郭に沿ってマウスを移動

［フリーフォームペン］ツールの設定

❶［太さ］［カラー］
パス表示の太さと色を設定します。

❷［カーブフィット］
アンカーポイントの数を設定します。数値が大きいほど、アンカーポイントの数が少なくなり、パスが単純になります。

❸［マグネット］
チェックを入れると、境界線のトレースを行います。

❹［幅］
ポインターから指定した距離内にあるエッジだけが検知されます。

❺［コントラスト］
境界線と見なされる領域のピクセル間のコントラストを設定します。コントラストが低い画像の場合は、大きい数値を使用します。

❻［頻度］
固定のアンカーポイントの頻度を設定します。数値が大きいほど、固定のアンカーポイントが少なくなります。

❼［筆圧］
タブレットを使用している場合は、チェックを入れると筆圧が高いほど線が太くなります。

STEP 03　［曲線ペン］ツールでパスを描く

［曲線ペン］ツールは、クリックとダブルクリックで直線や曲線描画するツールです。曲線を描画する際、ハンドルは表示されず、アンカーポイントの操作のみで調整します。

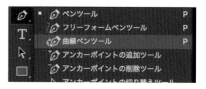

直線を描く

1 ［曲線ペン］ツールで始点をクリックし❶、次のアンカーポイントを❷ダブルクリックすると、直線でつながります❸。

　　2つめのアンカーポイントをクリックしても直線でつながりますが、次に直線を描くため、ここではダブルクリックしています。

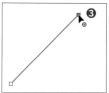

2 同様にアンカーポイントをダブルクリックして直線を描画します。終了時はクリックします（ダブルクリックでも可）。

　　描画が終了したら、［曲線ペン］ツールをクリックするか command （Ctrl）キーを押して空いている箇所をクリックします。

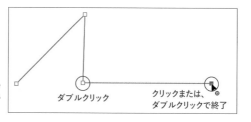

曲線を描く

1 ［曲線ペン］ツールで始点をクリックし❶、次のアンカーポイントをクリックして直線を描画します❷。

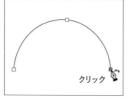

2 3つ目のアンカーポイントクリックすると、自動的に曲線が描画されます。続けて次のアンカーポイントをクリックして曲線を描画します。

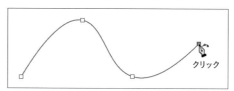

3 曲線を編集するには、[曲線ペン]ツールで、アンカーポイントやパスをドラッグします。

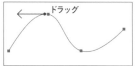 

ここでは、[パスコンポーネント選択]ツールでパス全体を選択してから、[曲線ペン]ツールで、目的のアンカーポイントをドラッグします。

4 [曲線ペン]ツールで、パスを移動するとアンカーポイントが追加され曲線が編集できます。

Lesson 05 文字とパス、シェイプ

COLUMN

曲線から直線へ（または、直線から曲線へ）変更する

[曲線ペン]ツールで、アンカーポイントをダブルクリックすると、曲線から直線へ（または、直線から曲線へ）変更できます。

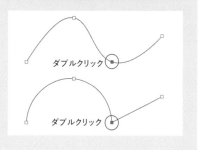

STEP 04　[パス]パネルの使用

📥 Lesson 05 ▶ 5 - 4 ▶ 05_404.psd

パスから選択範囲を作成する

[パス]パネルを使用して、選択範囲を作成したり境界線を描画することができます。STEP 02の画像で作成したパスを使用します。[パス]パネルのパスを選択❶、[パスを選択範囲として読み込む]ボタン❷をクリックすると、パスから選択範囲が作成できます。

[パス]パネルメニューの中の[選択範囲を作成]を選択しても、パスから選択範囲を作成できます。

パスの境界線を描画する

1 事前に[ブラシ]ツールを選択し、オプションバーの[ブラシプリセットピッカー]を開き、任意でブラシの設定と描画色の設定をしておきます。ここでは[直径]を「80」px❶、[Kyleの究極のパステルパルーザ]❷、描画色は白❸にしています。

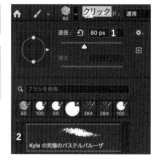

2 [パス]パネルのパスを選択し❶、[ブラシでパスの境界線を描く]ボタン❷をクリックすると、境界線を描画できます。

COLUMN

ツールを選んで境界線を描く

[パス]パネルのパネルメニューの中の[パスの境界線を描く]を選択すると、[パスの境界線を描く]ダイアログボックスが表示されます。ここで任意のツールを選択し[OK]をクリックしても、境界線を描画できます。

5-5 シェイプツールの使い方

シェイプツールには［長方形］ツール、［楕円形］ツール、［三角形］ツール、
「多角形］ツール、［ライン］ツール、［カスタムシェイプ］ツールの6つのツールがあります。
基本はドラッグして図形を描画します。

シェイプレイヤーを作成する

Lesson 05 ▶ 5 - 5 ▶ 05_501.jpg

［カスタムシェイプ］ツールの使い方

シェイプレイヤーは、パスでマスクされた塗りつぶしのレイヤーです。色や不透明度、
スタイルなどが設定でき、あとからパスを編集することもできます。［カスタムシェイ
プ］ツールは、プリセットに登録されているシェイプから選んで図形を作成します。

1 ［カスタムシェイプ］ツール❶を選択し、描画色を黒❷
に設定します。次に、オプションバーの［ツールモード
を選択］が［シェイプ］❸、［塗り］が［黒］❹に設定され
ていることを確認し、［シェイプ］の▽ボタン❺をクリッ
クして［カスタムシェイプピッカー］を表示し、任意の
シェイプを選択します。ここでは［野生動物］グループ
内の［ヒョウ］を選択しています。

2 画面上をドラッグしてシェイプを描きます。Shiftキー
を押しながらドラッグすると、縦横の比率を保ちなが
ら図形が描
けます。

3 ［レイヤー］パネルには
シェイプレイヤー（「ヒョ
ウ1」）❶が表示され、
［パス］パネルには、シ
ェイプパス（「ヒョウ1
シェイプパス」）❷が
表示されます。

4 シェイプレイヤーのサムネー
ル❶をダブルクリックすると、
［カラーピッカー（べた塗りの
カラー）］ダイアログボックス
が表示されるので❷、色を変
更することができます。

5 レイヤーの[不透明度]を変更したり❶、[パス選択]ツール❷を使って、パスを編集することができます❸。

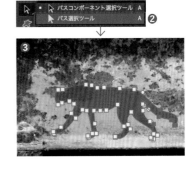

6 [レイヤースタイルを追加]ボタン❶をクリックしてレイヤースタイルを追加することもできます❷。

レイヤースタイルについてはLesson09「よく使う作画の技法」を参照してください。

従来のシェイプを使用する

初期設定のシェイプのほかにも、さまざまなシェイプグループが用意されています。
従来のシェイプグループを追加してみましょう。

1 [シェイプ]パネルメニューの中の[従来のシェイプとその他]❶を選択すると、[シェイプ]パネルと[カスタムシェイプピッカー]に[従来のシェイプとその他]シェイプグループが表示されます❷。グループを開くと[2019シェイプ][従来のすべてのデフォルトシェイプ]の2つの従来のシェイプグループが表示されます。

2 [シェイプ]パネル❶からは、シェイプを画像にドラッグ&ドロップして配置できます。オプションバーの[カスタムシェイプピッカー]❷で、シェイプを選んでから画像上をクリックすると[カスタムシェイプを作成]ダイアログボックスが表示され、[幅]と[高さ]を設定して配置できます。

> ✔**CHECK!**
>
> **シェイプグループの削除**
>
> 不要になったシェイプグループは、[シェイプ]パネルで、シェイプグループを選択し、[シェイプを削除]（ゴミ箱のアイコン）をクリックします。続けて、グループとそのシェイプを削除するための警告が表示されるので[OK]をクリックします。連動して、[カスタムシェイプピッカー]のシェイプグループも削除されます。
>
>

Lesson 05　練習問題

Lesson 05 ▶ Exercise ▶ 05_Q 01.jpg

Q フレンチトーストの写真を使ってPOPをつくりましょう。パスを作成して写真を切り抜き、文字はパスに沿った配置と、ワープテキストを使います。

BEFORE

AFTER

A

❶[ペン]ツールで皿の輪郭をトレースします。少し内側にアンカーポイントを置くと綺麗に切り抜くことができます。

❷[パス]パネルで「作業用パス」を選択し、パネル下部の[レイヤーマスクを追加]ボタンを command（Ctrl）キーを押しながらクリックすると皿が切り抜かれます。[レイヤー]パネルでは「背景」が「レイヤー0」になり、ベクトルマスクが追加されています。

❸背景に色を敷きます。[レイヤー]パネル下部の[塗りつぶしまたは調整レイヤーを新規作成]ボタンから[ベタ塗り]を選びます。カラーピッカーで色を選び（ここではR「173」G「215」B「173」）[OK]を押します。作成された「ベタ塗り1」を「レイヤー0」の下にドラッグして配置します。

❹[ペン]ツールで、皿の外の上側に円弧状のパスを描きます。[横書き文字]ツールで描いたパス上をクリックして「Good Morning!」と入力すると、パスに沿って文字が配置されます。作例はフォント[Samantha Italic Bold]、サイズ「48pt」、文字色はR「119」G「208」B「243」です。

❺[レイヤー]パネルで、「Good Morning!」レイヤーをダブルクリックします。[レイヤースタイル]ダイアログボックスが表示されたら、左側で[境界線]をクリックして選択し、右側で[サイズ：

3pt]、[位置：外側]に設定して[OK]を押します。文字に輪郭線が加わります。

❻[横書き文字]ツールで皿の下側をクリックして「FRENCH TOAST」と入力します。作例ではフォント[Futura PT Cond Bold]、サイズ「48pt」、文字色はR「255」G「244」B「92」です。文字を編集状態にして、オプションバーの[ワープテキストを作成]をクリックし[ワープテキスト]ダイアログボックスで、[スタイル：下弦][カーブ：36％]に設定し[OK]を押します。

❼[カスタムシェイプ]ツールを選択し、オプションバーの[カスタムシェイプピッカー]から[従来のシェイプとその他]→[従来のすべてのデフォルトシェイプ]→[ハートカード]を選択します。描画色をR「288」G「0」B「127」に設定して、トーストの中央でドラッグして配置します。[レイヤー]パネルで「ハートカード1」のレイヤーの[不透明度]を「50％」にして半透明にします。

Lesson 06

グラデーションと
パターン

グラデーションやパターンは、オリジナルで登録することができ、背景を塗りつぶしたり、画像の上にグラデーションやパターンを重ねた画像を作成することができます。この Lessonでは、グラデーションとパターンの描画と登録方法を紹介します。

6-1 グラデーションの描画

2色以上の色相が変化するグラデーションは、[グラデーション]ツールを使用します。
描画色と背景色を基本として、グラデーションの色数やスタイルを変更するなど
さまざまな表現ができます。

基本的なグラデーションの使い方

Lesson 06 ▶ 6-1 ▶ 06_101.jpg

描画色から背景色のグラデーションを描く

描画色から背景色に変化するグラデーションを作成します。もっとも基本的なグラデーションの描き方です。

1 [グラデーション]ツール❶を選択し、描画色と背景色を設定します❷。オプションバーでグラデーションのサムネール右側の[グラデーションプリセットを選択および管理]（ボタン）❸をクリックして[グラデーションピッカー]を表示し、[基本]グループの[描画色から背景色へ]❹を選択します。

ここでは描画色をR「246」G「191」B「159」、
背景色はR「219」G「138」B「222」にしています。

2 画面を上から下にドラッグします。Shiftキーを押すとグラデーションが垂直に描けます。ドラッグした方向に描画色から背景色へのグラデーションが描画され、背景の写真は見えなくなります。

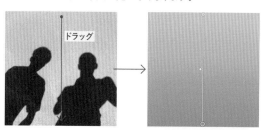

3 グラデーションレイヤーを選択した状態では、ウィジェットと呼ばれるガイドが表示されます。直線の両端にある○をドラッグすると、グラデーションの方向や長さを自由に変更することができます。また途中にある[カラー中間点]の◆をドラッグすると2つの色が切り替わる位置を変更することができます。それぞれドラッグして試してみましょう。

[レイヤー]パネルを確認すると、レイヤーマスクがついた「グラデーション1」というレイヤーが追加されています。

4 オプションバーの[グラデーションピッカー]から、[基本]グループの[描画色から透明へ]を選択します。すると、終了点に行くにしたがってグラデーションが透明になり、背景の写真が見えるようになります。

104

5 ガイドの直線の終了点の○をダブルクリックします。[カラーピッカー]が表示されて、終了点の色を変更することができます。ここでは、R「255」G「244」B「92」にして[OK]してみると、徐々に黄色に変わりながら透明になります。

ダブルクリック

6 [プロパティ]パネルで、グラデーションの設定が確認できます。さらに細かい調整ができます。[グラデーションコントロール]のバーにグラデーションの色が表示され、右端の[カラー分岐点]の○は、いま設定した黄色になっています。この○をダブルクリックしても[カラーピッカー]が表示されて、色を変更することができます。

7 [グラデーションコントロール]の下にある[不透明度のコントロール]では、不透明度の設定が変更できます。バーの下にある[不透明度の中間点]の◆を右にドラッグして、[位置:75]に移動してみましょう。画像を確認すると、グラデーションの透明になる位置が終了点に近づいています。

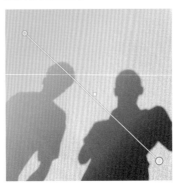

✔CHECK!

グラデーションレイヤーを新規作成してもよい

[グラデーション]ツールでドラッグする代わりに、[レイヤー]パネルの下部にある[塗りつぶしまたは調整レイヤーを新規作成]ボタンから[グラデーション]を選択しても同じです。グラデーションレイヤーが作成されるので、[グラデーション]ツールを選択して、同様にグラデーションを編集することができます。

グラデーションをプリセットとして保存する

編集したグラデーションをプリセットに保存して、呼び出して使えるようにします。

1 グラデーションレイヤーで編集したら、[プロパティ]パネルで、[クイックアクション]にある[プリセットを保存]ボタンをクリックします❶。[グラデーション名]ダイアログボックス❷で任意の名前をつけて[OK]を押します。

2 [プリセットピッカー]を表示すると、下部に保存したプリセットが表示されます。[グラデーション]パネルにも同様に追加されます。

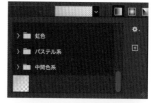

✔CHECK!
プリセットの整理
[プリセットピッカー]や[グラデーション]パネルで、保存したプリセットをドラッグしてグループに重ねると、グループに入れて整理することができます。また、不要なプリセットを選択して[グラデーション]パネル下部の[グラデーションを削除]ボタンを押すと削除することができます。

グラデーションのスタイル

5種類のグラデーションのスタイルが用意されています。

❶[線形グラデーション]
基本形のグラデーション。始点から終点に向かって直線的に変わるグラデーションを作成します。

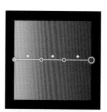

ここでは、プリセットの[紫色系]グループの[紫_22]を使っています。

❷[円形グラデーション]
始点から終点に向かって同心円状のグラデーションを作成します。

❹[反射形グラデーション]
始点を中心に同じ線形グラデーションを左右に反射させます。

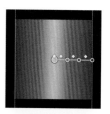

❸[円錐形グラデーション]
始点の周囲で反時計回りに円錐状のグラデーションを作成します。

❺[菱形グラデーション]
中心から四方に向かって菱形のグラデーションを作成します。

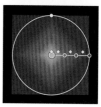

［グラデーション］ツールのオプションバー

グラデーションの設定は、［プロパティ］パネルでもオプションバーでも行うことができます。

❶［クラシックグラデーション］に切り替えることができます（COLUMN参照）。

❷［グラデーションプリセットを選択および管理］
クリックすると［グラデーションピッカー］が表示されます。

❸グラデーションのスタイル（左ページ）を設定します。

❹［逆方向］
チェックを入れると、グラデーションの向きが逆になります。
［プロパティ］パネルの［反転］と同じです。

❺［ディザ］
チェックを入れると、ムラの少ない滑らかなブレンドになります。

❻［方法］
グラデーションの補完方式を選択します。
通常は［知覚的］で問題ありません。

［知覚的］現実世界の自然なグラデーションが人間の目に映るように、自然に仕上げます。

［リニア］知覚的と同様に、人間の目が自然界の光を認識するように限りなく近づけます。

［クラシック］2021までの補完方式です。従来と同じ外観を維持できます。

［従来のデフォルトグラデーション］の［赤、緑］で比較しています。

Lesson06　グラデーションとパターン

COLUMN

クラシックグラデーションを使用する

オプションバーで［グラデーション］のプルダウンから［クラシックグラデーション］を選ぶと❶、従来方式（2022以前）に切り替わり「現在のレイヤーにグラデーションを適用する」ことができます。この方式では、オプションバーの表示が少し変わり、❷の［クリックでグラデーションを編集］をクリックすると［グラデーションエディター］ダイアログボックス❸が表示されて、グラデーションを編集したり、プリセットに登録したりできます。従来方式で、不透明度を設定したグラデーションを使用する場合は［透明部分］にチェックします。
2023以降の標準［グラデーション］は、グラデーションレイヤーが新規作成され、カンバス上でライブプレビューしながらウィジェットを使って方向や距離を変更でき、［プロパティ］パネルで各種設定を編集して登録できます。グラデーションレイヤーは非破壊編集なので何度でもやり直しや調整ができ、使い勝手が向上しています。

6-2 グラデーションの編集と登録

プリセットとしてあらかじめ［グラデーションピッカー］に登録されているグラデーションのほかに、
好みのグラデーションを作成して登録することができます。
ここでは［グラデーションエディター］でグラデーションを編集して登録する方法を紹介します。

グラデーションを作成する

グラデーションの色を設定する

グラデーションの開始と終了、あるいは中間にある［カラー分岐点］の色を変更します。

1 ［グラデーション］パネルを表示して、下部にある
［グラデーションを新規作成］ボタン❶をクリック
します。［グラデーションエディター］ダイアログ
ボックスが表示されます❷。最初は［白、黒］の
グラデーションが表示されますが、上の［プリセ
ット］から近い色のグラデーションを選んで❸編
集していくと簡単です。

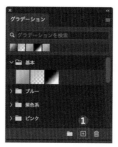

ここでは、プリセットの［ピンク］グループの
［ピンク_06］を使って編集しています。

2 バーの下にある［カラー分岐点］❶をダブルクリックするか、選択
してから下の［カラー］の色❷をクリックすると［カラーピッカー］ダ
イアログボックスが表示されてその分岐点の色を変更できます。

色の幅を設定する

グラデーションの中でそれぞれの色の占める幅や変化の階調を変えることができます。
同じ開始色と終了色でも、どこで色が変化するかは［カラー中間点］で設定することができます。

1 ［カラー分岐点］はドラッグして移動できます。この場
合、左端の［カラー分岐点］より左側は指定した色の
べた塗りになります。

2 グラデーションバーの下にある◆の［カラー中間点］を
ドラッグすると、左側の色から右側の色へとグラデー
ションが変わる中間点の位置を変更できます

[カラー分岐点]の追加と削除

左端の[カラー分岐点]と右端の[カラー分岐点]の間に、中間の[カラー分岐点]を追加すると、3色以上のグラデーションを作成することができます。[カラー分岐点]はいくつでも追加できます。

1 グラデーションバーの下をクリック❶すると[カラー分岐点]が追加されます。開始または終了の[カラー分岐点]と同様に色を設定します❷

2 [カラー分岐点]を削除するには、バーから下向きにドラッグします。[不透明度の分岐点]も同様にドラッグで削除できます

不透明度の設定

色とは別にグラデーションに不透明度の設定をすることができます。

1 バーの上側の[不透明度の分岐点]❶をクリックすると[不透明度]❷に数値を入力できます。

2 [不透明度の分岐点]も追加できます。途中で不透明度を変化させることが可能です。バーの上をクリックして追加し❶、不透明度の設定をします❷。

グラデーションを登録する

1 編集が終わったら[グラデーション名]を入力し❶、[新規グラデーション]ボタン❷を押すと[プリセット]に登録されます❸。

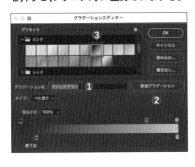

2 [プリセットピッカー]を表示すると、登録したプリセットが表示されます。[グラデーション]パネルにも同様に追加されます。

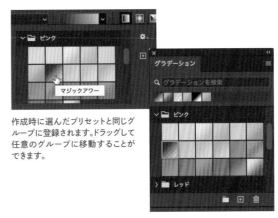

作成時に選んだプリセットと同じグループに登録されます。ドラッグして任意のグループに移動することができます。

✔CHECK!

[プロパティ]パネルでの編集操作も同じ

ここで説明したグラデーションの編集操作は、グラデーションレイヤーを選択して[プロパティ]パネルで、[カラー分岐点][カラー中間点][不透明度][不透明度の分岐点]を編集する場合でも同じです。[カラー分岐点]を示すアイコンが円になっているだけです。

6-3 部分的にグラデーションを使う

グラデーションは画面全体に使うことはまれで、使いたい部分だけに適用することで、
効果的に演出することができます。
ここでは、グラデーションを部分的に適用する方法をいくつか紹介します。

必要な部分にだけグラデーションを適用する 📥 Lesson 06 ▶ 6-3 ▶ 06_101.jpg

描画モードを変更する

描画モードを変えるだけでも、
適用範囲を限定することができます。

画像を開き、[グラデーション]ツールで[Shift]
キーを押しながら画面の下から上にドラッ
グし、グラデーションレイヤーを作成します。
[レイヤー]パネルで、描画モードを[比較
(暗)]に変更します。影の暗い部分は写真
がそのまま表示されます。ほかにも[乗算]な
どを選択して変化を試してみましょう。

ここでは、プリセットの[紫色系]グループの[紫_22]を使っています。

レイヤーマスクを利用する

グラデーションレイヤーのレイヤーマスクで、適用範囲を変えることができます。

1 画像を開き、[被写体選択]ツールを使って人
の影の部分だけをドラッグし、選択範囲にし
ます。次に、[command]([Ctrl])+[Shift]+[I]キー
を押して[選択範囲を反転]すると、砂浜が選
択範囲になります。

2 [グラデーション]ツールを使って、画面の下から上へドラッ
グします。[レイヤー]パネルを確認すると、グラデーション
レイヤーが作成され、レイヤーマスクサムネールが砂浜の
部分だけ白くなっています。黒い部分はマスクされて人の
影がそのまま表示されま
す。レイヤーマスクサム
ネールをクリックして選
択します。

クリックして選択
グラデーション1
レイヤーマスクサムネール

レイヤーマスクの編集
についてはLesson07
で解説しています。

3　[イメージ] メニューから [色調補正] → [階調の反転] を選択します。すると、レイヤーマスクの白黒が反転して砂浜がマスクされ、今度は人の影に対してグラデーションが適用されます。

[階調の反転] のショートカットキーは、
command ([Ctrl]) + [I] です。

シェイプにグラデーションを適用する

📥 **Lesson 06 ▶ 6 - 3 ▶ 06_302.jpg**

個別にグラデーションを適用する

1　[カスタムシェイプ] ツールを使ってプリセットの [吹き出し 1] を描き、塗りに同じグラデーションを適用します。下のグラデーションとは独立してシェイプの大きさに対して適用されます。

2　別のシェイプ [話 4] の吹き出しを描いて、塗りに違うグラデーションを適用してみます。やはり個別にシェイプに適用されます。

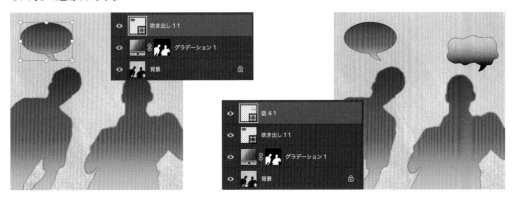

2つのシェイプ全体にグラデーションを適用する

1　2つのシェイプ全体に対してグラデーションを適用したい場合は、[レイヤー] パネルで2つのシェイプレイヤーを [Shift] キーを押しながら選択して、パネルメニューから [シェイプを統合] を選択します。

2　シェイプが1つに統合されて、シェイプ全体の範囲に対して同じグラデーションが適用されます。

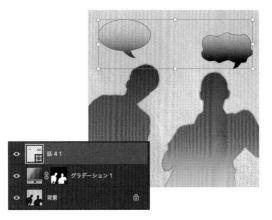

Lesson06　グラデーションとパターン

6-4 パターンの描画

3-2 「[塗りつぶし]ツールを使用する」の「パターンで塗りつぶす」で
パターンの塗りつぶしを紹介しましたが、標準のパターンではなく、
画像の一部をパターンとして登録し描画することもできます。

パターンの登録と利用

Lesson 06 ▶ 6-4 ▶ 06_401.jpg

オリジナルのパターンを登録する

画像の一部を矩形の選択範囲で指定して、パターンとして定義します。

1 パターンにしたい部分を [長方形選択] ツール❶でドラッグして、矩形の選択範囲を作成します❷。[編集] メニューの [パターンを定義] ❸を選択します。

長方形、正方形などの矩形の選択範囲を作成します。

❷ ドラッグ

2 [パターン名] ダイアログボックスが表示されます。任意の名前を入力して [OK] をクリックすると、パターンとして定義されます。

ここでは「花束」と入力します。

オリジナルのパターンで塗りつぶす

塗りつぶしにはさまざまな方法がありますが、ここでは [塗りつぶし]
ツールを使用して、背景をパターンで塗りつぶします。

1 [塗りつぶし] ツール❶を選択し、オプションバーの [塗りつぶし領域のソースを設定] を [パターン] ❷に設定します。パターンのサムネール（もしくは☑ボタン）❸をクリックします。[パターンピッカー] が表示されますので、登録したパターンをクリックして選択します❹。

2 適当な大きさの新規ドキュメントを作成し、画面上をクリックするとパターンで塗りつぶされます。

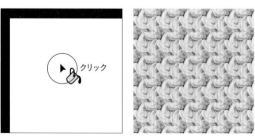

クリック

パターンを利用できる機能

📷 Lesson 06 ▶ 6-4 ▶ 06_401.jpg

パターンを定義し登録すると、次のような機能でパターンを使用することができます。

塗りつぶし

[編集]メニューから[塗りつぶし]を選択すると、[塗りつぶし]ダイアログボックスが表示されます。[内容]で[パターン]❶を選び、[カスタムパターン]で登録したパターンを選びます❷。

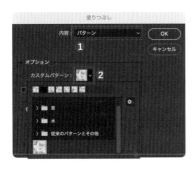

パスの塗りつぶし

[パス]パネルで作成したパスを選択し❶、パネルメニューの[パスの塗りつぶし]❷を選択します。[パスの塗りつぶし]ダイアログボックスが表示されますので、[内容]で[パターン]を選び❸、[カスタムパターン]❹で登録したパターンを選びます。

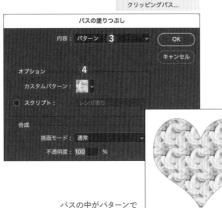

パスの中がパターンで
塗りつぶされます。

レイヤースタイル

レイヤーを選択し、[レイヤー]パネルの[レイヤースタイルの追加]ボタン❶をクリックし、[レイヤー効果]❷を選択して[レイヤースタイル]ダイアログボックスを表示します。左のスタイルで[テクスチャ]❸または[パターンオーバーレイ]❹を選択するとパターンが使用できます。

[テクスチャ]の文字部分をクリックすると右側が[テクスチャ]の設定になります。[パターン]から目的のパターンを選択します。

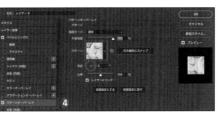

[パターンオーバーレイ]の文字部分をクリックすると右側が[パターンオーバーレイ]の設定になります。[パターン]から目的のパターンを選択します。

[パターンスタンプ]ツールで描画

[パターンスタンプ]ツール❶で、登録したパターンを使用して描画することができます。オプションバーの[ブラシプリセットピッカー]でブラシの[直径]や[硬さ]などを設定し❷、パターンのサムネール（もしくは▼ボタン）❸をクリックして[パターンピッカー]から登録したパターンを選択します❹。

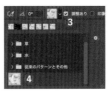

練習問題

Lesson 06 ▶ Exercise ▶ 06_Q01.jpg

花束の写真に、薄いピンクとイエローのグラデーションを重ねて、より華やかにしてみましょう。その際、主役となる中央の花5つはグラデーションがかからないようにマスクします。グラデーションはプリセットの[ピンク_06]で、円錐形グラデーションを使用します。

BEFORE

AFTER

❶[被写体選択]ツールを使って中央の5つの花を選択します。花の上にカーソルを重ねると選択対象の輪郭が表示されるので、Shift キーを押しながら順にクリックしてすべて選択します。うまく輪郭が表示されない場合は、目的の花をShiftキー+ドラッグして選択範囲に追加します。

❷command（Ctrl）+ Shift + I キーを押して[選択範囲を反転]すると、5つの花以外が選択範囲になります。

❸[グラデーション]ツールを選択し、オプションバーで[グラデーションピッカー]から[ピンク]グループの[ピンク_06]を選び、スタイルは[円錐形グラデーション]にします。

❹画像の中央付近から下に向かってドラッグします。5つの花の周辺だけに、ピンクから黄色に変わる円錐形グラデーションが描かれます。

❺[レイヤー]パネルで「グラデーション1」レイヤーの描画モードを[オーバーレイ]にします。画面上でウィジェットを操作してグラデーションの位置や大きさを調整して完成です。

Lesson 07

マスクと切り抜き

Photoshopでの画像編集の鍵となるのが「マスク」です。マスク機能を使わなくても画像の編集はできますが、使えるようになると作業がとても簡単になったり、さらに高度な画像編集ができるようになります。編集結果の画像ではマスクは直接目にすることがありませんので、慣れないうちは概念を理解するのが難しいかもしれませんが、ぜひマスターしましょう。

7-1 マスクとは

マスク（mask）とは「覆う」、「覆い隠す」という意味です。画像処理では、
一部を隠すという意味で使われます。Photoshopにはさまざまなマスク機能がありますが、
ここではマスクによる画像処理の効果について確認しておきましょう。

マスク機能を理解する

画像の一部だけを見せる

マスクの基本的な考え方は、画像の「一部を隠す」、ある
いは逆に「一部だけを見せる」というものです。写真の一
部を穴の空いた紙などで隠せば、穴以外の部分は見え
なくなりますが、それこそがマスクした状態です。

写真を穴の空いた紙で覆うと、
穴の部分しか見えなくなります。

穴の形で写真が見えます

穴の空いた紙で覆うと…

写真

Photoshopのマスク機能

Photoshopでもともとマスクと呼ばれていたのは「アル
ファチャンネル」（P.119）や「クイックマスク」（P.117）で
す。これらは機能的には「選択範囲を作成したり保存し
たりする」ためのものです。マスクと選択範囲は相互に
情報をやり取りできる親和性の高い機能です。一方、「レ
イヤーマスク」（P.123）は隠すという機能が直感的にわ
かりやすく、また利便性も高い機能として定着していま
す。最近では「アルファチャンネル」や「クイックマスク」
よりも「レイヤーマスク」を利用するケースが多くなってき
ています。

マスクによる画像合成

マスクを使った画像合成の例です。2つの画像を、一方
を背景にして、もう一方の画像はマスクで一部だけを見
せて重ねることで合成画像が得られます。

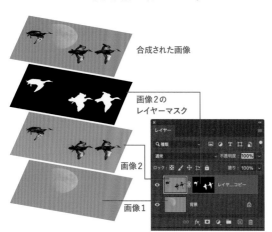

合成された画像

画像2の
レイヤーマスク

画像2

画像1

レイヤーマスクを使った部分補正

調整レイヤーにもレイヤーマスク機能が用意されていま
す。補正の効果を画像の一部分だけに適用することが
できます。

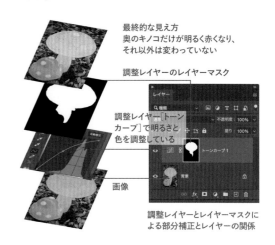

最終的な見え方
奥のキノコだけが明るく赤くなり、
それ以外は変わっていない

調整レイヤーのレイヤーマスク

調整レイヤー［トーン
カーブ］で明るさと
色を調整している

画像

調整レイヤーとレイヤーマスクに
よる部分補正とレイヤーの関係

7-2 クイックマスク

クイックマスクとは、ブラシツールや塗りつぶしツールなどの描画系のツールで
描画した範囲を選択範囲にするためのモードのことです。
難しく考えず、選択範囲を作成するための機能と考えてください。

STEP 01 クイックマスクで選択範囲を作成する

📥 Lesson 07 ▶ 7-2 ▶ 07_201.jpg

クイックマスクの基本操作

1 画像を開き❶、ツールバーの[クイックマスクモード
で編集]ボタンをクリックします❷。

2 選択範囲にしたい部分を描画系のツールで描画し
ます❶。ここでは描画色を黒とした[ブラシ]ツールで
天秤のオブジェをなぞっています。なぞった範囲は、
初期設定では透明な赤で描画されます(COLUMN
参照)。

クイックマスクでは黒で描画した範囲をマスクする(選択範囲外
にする)ので、この場合は背景が選択範囲になります。

3 [クイックマスクモードを終了]ボタンをクリックして
❶、画像編集モードに戻るとオブジェ以外が選択範
囲になります❷。オブジェを選択範囲にしたいので
[選択範囲]メニューから[選択範囲を反転]を選んで
❸、オブジェを選択範囲にします❹。

クイックマスクを編集する

選択範囲とクイックマスクは相互に変換することができます。画像編集モードで選択範囲を編集したり、クイックマスクモードでクイックマスクを編集したりすれば、その結果を相互に反映させることができます。

1 選択範囲が作成された状態のまま、再び[クイックマスクモードで編集]ボタンをクリックします。クイックマスクモードに切り替わり、オブジェ以外が半透明の赤で描画されます。

2 描画色を白とした[ブラシ]ツールでオブジェの中央の隙間をドラッグすると、赤い描画が消えます。

3 今度は描画色を黒として、**2**で白くなった部分を描画しなおすと、再び赤で描画されます。このようにしてクイックマスクを編集することができます。

4 [クイックマスクモードを終了]ボタンをクリックすると、中央の隙間の半分が除外されたオブジェの選択範囲が作成されます。必要な選択範囲が作成されたら、次節で解説する「アルファチャンネル」として保存しておけば、何度でもその選択範囲を呼び出すことができます。

クイックマスクの利用例

クイックマスクは単に選択範囲を作成するための機能です。自動系の選択ツールではうまく選択範囲が作成されない場合などに利用します。あとは、その選択範囲に対して部分補正を行ったり、選択範囲内の画像をコピー&ペーストしたりする作業になります。

たとえば、先ほどのオブジェの選択範囲が作成された状態で、[イメージ]メニューの[色調補正]→[明るさ・コントラスト]で[明るさ]をマイナス調整すると❶、オブジェだけを暗くすることができます❷。

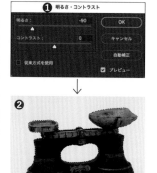

7-3 アルファチャンネル

アルファチャンネルとは、選択範囲を保存しておく記憶領域のことです。アルファチャンネルを追加すると、RGB画像の場合、R/G/Bの各チャンネル以外に追加のチャンネルが作成されます。256階調のグレーのチャンネルで、これが本来的な「マスク」と言えるでしょう。保存してあるアルファチャンネルを呼び出すと、選択範囲になります。

STEP 01 アルファチャンネルを作成する

 Lesson07 ▶ 7-3 ▶ 07_301.jpg

アルファチャンネルの作成

1 画像を開き、ツールバーの[オブジェクト選択]ツールを選び❶、オプションバーで[長方形]ツールを選びます❷。左のオブジェを覆うようにドラッグして❸、選択範囲を作成します❹。

2 [選択範囲]メニューから[選択範囲を保存]を選びます❶。[選択範囲を保存]ダイアログボックスで[保存先]欄の[ドキュメント]はそのまま、[チャンネル]は[新規]、[名前]は空欄のままで、さらに[選択範囲]欄で[新規チャンネル]を選んで[OK]をクリックします❷。

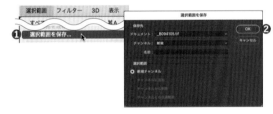

3 [チャンネル]パネルを確認すると、R/G/Bのチャンネル以外に左のオブジェの形をした「アルファチャンネル1」が作成されていることが確認できます。選択範囲が残っているので、command（Ctrl）+Dで選択範囲を解除します。

4 [チャンネル]パネルで図のように「アルファチャンネル1」をクリックすると❶、他のRGBチャンネルは非表示になり「アルファチャンネル1」が表示されます❷。これがマスクの状態を示しています。このマスクを選択範囲として呼び出すことができ、その際は、白い部分が選択範囲になります。

5 元の画像の状態に戻すには、[チャンネル]パネルで「RGB」をクリックします。

アルファチャンネルの追加

1 追加のアルファチャンネルを作成してみましょう。[オブジェクト選択]ツールで今度は2つのオブジェを覆うようにドラッグして、2つ同時に選択範囲を作成します。

2 [選択範囲]メニューから[選択範囲を保存]を選び、新規チャンネルとして保存します。すると[チャンネル]パネルに「アルファチャンネル2」が追加されます。このようにして必要な形の選択範囲を個別のアルファチャンネルとして作成・保存することができます。

3 [チャンネル]パネルで「アルファチャンネル2」を選ぶと、このようなマスクが確認できます。

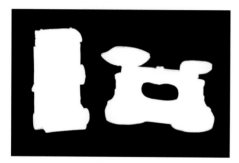

確認したら、[チャンネル]パネルで「RGB」をクリックして通常の画像表示に戻しておいてください。

✔CHECK!

**チャンネルパネルから
選択範囲を直接呼び出す**

[チャンネル]パネルのアルファチャンネルを command（Ctrl）+クリックすると、そのアルファチャンネルを選択範囲としてダイレクトに呼び出すことができます。

アルファチャンネルを選択範囲として呼び出す

1 選択範囲がない状態で[選択範囲]メニューから[選択範囲を読み込む]を選択します❶。[チャンネル]で「ファルファチャンネル2」を選んで❷、[OK]をクリックします❸。

2 アルファチャンネルとして保存されていたマスクが選択範囲として呼び出されます。

確認したら command（Ctrl）+Dキーで選択範囲を解除しておきます。

アルファチャンネルを編集する

1 [チャンネル]パネルで編集したいアルファチャンネルをクリックして選択します❶。白黒の画像ではわかりにくいので、「RGB」の目のアイコンをクリックし❷、画像も同時に表示させます。すると選択範囲以外は赤で表示されます❸。

2 左のカメラのオブジェの選択範囲を編集してみましょう。描画色を黒とした[ブラシ]ツールで、左のカメラのオブジェを上半分ほどドラッグします❶。これはその部分がマスクされたことを意味します。[チャンネル]パネルの「アルファチャンネル2」のサムネールが変わっていることも確認してください❷。

3 マスクを元に戻します。描画色を白とした[ブラシ]ツールで先ほど描画した部分を描画し直します❶。[チャンネル]パネルの「アルファチャンネル2」のサムネールが変化したことも確認してください❷。

4 編集が終わったら「アルファチャンネル2」の目のアイコンをクリックして非表示にし❶、「RGB」チャンネルのサムネールをクリックして通常の画像表示状態に戻します❷。

アルファチャンネルの利用例

アルファチャンネルを選択範囲として呼び出すことで、部分補正やその範囲の画像をコピー&ペーストすることなどができます。以下は、カメラのオブジェの「アルファチャンネル1」を選択範囲として呼び出し、[イメージ]メニューの[色調補正]→[レンズフィルター]で着色した例です。

Lesson07 マスクと切り抜き

7-4 パスから選択範囲を作成する

輪郭が直線や滑らかな曲線で構成されているオブジェクトに対しては、その直線や曲線を
きれいに切り抜くために、いったんパスを作成し、そのパスを元に選択範囲やマスクを作成しましょう。
最終的に合成する場合など、より綺麗な輪郭で仕上げることができます。

パスを選択範囲にする

Lesson 07 ▶ 7-4 ▶ 07_401.psd

1 画像を開き、[ペン]ツールの[パス]でマスキングテープの輪郭に対してパスを作成します。パスの作成方法については5-4「パスの作成と編集」を参照してください。

ファイル07_401.psdにはすでにパスが作成されています。

3 作成された選択範囲をアルファチャンネルとして保存しておきましょう。[選択範囲]メニューから[選択範囲を保存]を選び、[選択範囲を保存]ダイアログボックスでそのまま[OK]をクリックします。[チャンネル]パネルでマスキングテープの形をした「アルファチャンネル1」が作成されたことを確認します。

2 [パス]パネルで、作成した「作業用パス」をクリックして選択し、[パス]パネルメニューから[選択範囲を作成]を選びます❶。[選択範囲を作成]ダイアログボックスが表示されます。必要に応じて[ぼかしの半径]の調整や❷、ジャギーを減らす[アンチエイリアス]のチェックを入れます❸。[OK]をクリックします。

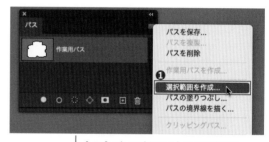

[パス]パネル下部にある[パスを選択範囲として読み込む]ボタンをクリックすると、ダイレクトにパスが選択範囲に変換されます。

COLUMN

ショートカットを利用する

パスから選択範囲を作成するにはショートカットを利用することもできます。[パス]パネルで「作業用パス」を command（Ctrl）+クリックすると、パスが選択範囲に変わります。その際は、直前に行った（行っていなければ初期値の）[選択範囲を作成]の設定が適用されます。設定値の適用は[パス]パネルの[パスを選択範囲として読み込む]ボタンを利用する場合も同様です。

7-5 レイヤーマスクによる切り抜き合成

切り抜き合成の方法には、選択範囲をコピー＆ペーストする方法や、レイヤーマスクを使う方法などがあります。ここではレイヤーマスクを使って切り抜き合成する方法を紹介します。
この方法のメリットは、元画像が残っているので、編集のやり直しができることです。

STEP 01 画像をレイヤーに重ねてレイヤーマスクで切り抜く

BEFORE　　　　　　　　　　　　　　AFTER

📥 Lesson 07 ▶ 7-5 ▶ 07_501a.jpg 07_501b.jpg

レイヤーマスクによる合成

1 月の画像（07_501a.jpg）とカモの画像（07_501b.jpg）の2つを同時に開きます（タブで開かれている場合はタブを分離してください）。[移動]ツール❶で Shift キーを押しながら、カモの画像を月の画像にドラッグ＆ドロップします❷。2つともサイズが同じなので、ピッタリと重なります。月の画像にカモの画像がレイヤーとして重なったら❸、カモの画像（07_501b.jpg）は閉じてかまいません。

タブを分離する方法はP.13を参照してください。

2 [クイック選択]ツールで3羽のカモの選択範囲を作成します❶。細かな部分はオプションバーの[直径]の値を小さくする❷などして対処してください。選択範囲が作成できたらオプションバーの[選択とマスク]ボタンをクリックします❸。

3 [選択とマスク]モードに切り替わったら、[表示モード]欄の[表示]メニューで[レイヤー上]に切り替えます。こうすると、切り抜き後の状態を確認しながら作業ができます。

4 [グローバル調整] 欄の [ぼかし] を「0.5px」程度❶、[コントラスト] を「20%」程度❷、[エッジをシフト] を「−10%」程度❸にします。

5 画像を拡大し、カモの境界線部分に不自然な箇所や不具合がないかを確認します。不自然な箇所が見つかった場合は、ツールバーにある3つのブラシ系ツールで修正します。ここでは [境界線調整ブラシ] ツールを使います❶。修正したい箇所の大きさに合わせ、オプションバーの [直径] ❷を適宜調整し、修正したい箇所をドラッグします❸。作例では輪郭部の小さな白い点が消えています。

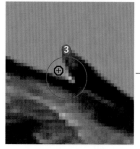
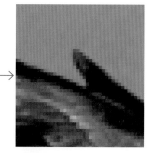

6 不自然な箇所を修正したら [出力設定] 欄の [出力先] に [新規レイヤー(レイヤーマスクあり)] を選んで❶「OK」をクリックします。カモの画像の周囲が透明になり、背景の月の画像と合成されます❷。[レイヤー] パネルは❸のようになります。

STEP 02 レイヤーマスクの編集   📥 **Lesson 07 ▶ 7-5 ▶ 07_502.jpg**

半透明になるレイヤーマスク

レイヤーマスクは「黒で画像を隠す」と「白で画像を表示する」ほかに、「グレーで半透明にする」こともできます。
マスクに使えるグレーは256階調で、グレーの濃さによって画像の見え方を加減することができます。

1 [レイヤー] パネルでレイヤーマスクをクリックして選択します。

2 ツールバーの [描画色を設定] をクリックし、カラーピッカーでRGBの各値が「127」程度になるようにし、グレーを指定します。

3 [ブラシ]ツールでいずれかのカモの輪郭の内側をドラッグして描画すると、カモが半透明になるのがわかります。作例は左端のカモのレイヤーマスクを編集しています。

4 [チャンネル]パネルで「レイヤー1のコピー」をクリックして選択し❶、目のアイコンをクリックして表示し❷、「RGB」の目のアイコンをクリックして非表示にすると❸、グレーのマスクの状態を確認できます❹。

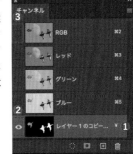

❹

5 マスクが表示された状態のままでもレイヤーマスクの編集は可能です。今度は、グレーの濃さを変えて描画してみましょう。描画色のRGBの各値を「60」程度にして、カモの上半分をドラッグします。

6 画像を確認してみましょう。[チャンネル]パネルで「RGB」チャンネルをクリックすると、マスクチャンネルは非表示となり❶、通常の画像が表示されます。画像の状態は❷のように、濃いグレーで塗った上側は青空がよりはっきりし、下側はカモの画像がより鮮明に見えています。このように、グレーが濃いほどカモの画像は隠され、グレーが薄いほどカモの画像ははっきりと見えるようになります。

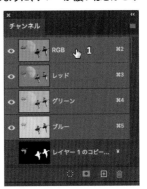

レイヤーマスクを一時的に無効にする

[Shift]キーを押しながらレイヤーマスクのサムネールをクリックすると、レイヤーマスクが一時的に無効になります。その際、レイヤーマスクのサムネールには赤い「×」が表示されます。これは、レイヤーマスクがない、または全面が白の状態と同じで、画像がそのまま表示されます。レイヤーマスクを有効にするには、再度[Shift]キーを押しながらレイヤーマスクのサムネールをクリックします。

❷

半透明にしたカモを元に戻す（レイヤーマスクを編集し直す）

レイヤーマスクの編集の基本は、黒、白、グレーで描画することです。
必要な範囲が適切に表示され、それ以外は非表示になるように、
描画系のツールや選択範囲などを援用します。

1 画像は❶のような状態になっているはずです。このカモを再びきれいに表示するには、レイヤーマスクに対してカモの内側を白の描画色で塗りつぶすのが1つのオーソドックスな方法です。ここでは、もっと簡単に処理できる選択範囲を使う方法を紹介します。

2 ［レイヤー］パネルで「レイヤー1のコピー」のサムネールをクリックして選択します❶。ツールバーで［オブジェゥト選択］ツールを選び❷、左端のカモをドラッグして選択範囲にします❸。

3 ［レイヤー］パネルで「レイヤー1のコピー」のレイヤーマスクのサムネールをクリックして選び❶、描画色を白として［ブラシ］ツールを選びます❷❸。その［ブラシ］ツールで選択範囲が作成されたカモをドラッグすると❹、半透明だったカモが鮮明に見えるようになります。選択範囲を作成しているので、選択範囲外に描画が漏れることはありません。レイヤーパネルには、グレー部分がなくなったレイヤーマスクのサムネールが表示されます❺。最後に、command（Ctrl）＋Dキーで選択範囲を解除してください。

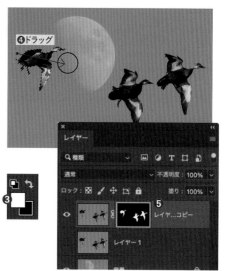

❹ドラッグ

レイヤーマスクを削除する

不要になったレイヤーマスクを削除するには、レイヤーパネルでレイヤーマスクのサムネール❶を［レイヤーを削除］ボタン❷にドラッグ＆ドロップします。その際、「マスクを適用するか否か」の確認画面が表示されるので、目的に応じて［適用］あるいは［削除］を選んでください。

［適用］すると、カモの画像以外は透明なレイヤーになります。

7-6 グラデーション状の レイヤーマスクを利用する

レイヤーマスクはグラデーション状の濃淡もマスクとして反映可能です。
グラデーション状のマスクを使うことで、複数の画像の境目が目立たないように合成することができます。
ここでは［線型グラデーション］を使って雲の画像を合成します。

STEP 01 位置を合わせ、雲の画像を合成する

BEFORE

AFTER

見下ろした街にかかるどんよりした厚い雲を、軽やかな雲の画像に置き換えます。
グラデーション状のマスクを利用すると、合成の境目がわかりにくく自然な感じに仕上がります。

📥 Lesson07 ▶ 7-5 ▶ 07_601a.jpg 07_601b.jpg

レイヤーによる合成

1 街の画像（07_601a.jpg）と雲の画像（07_601b.jpg）の2つを同時に開きます（タブで開かれている場合はタブを分離してください）。［移動］ツール❶で雲の画像を街の画像にドラッグ＆ドロップします❷。Shift キーを押しながら操作すると、画像は中央に配置されます。2つの画像のサイズを揃えているので、ピッタリと重なります。ここで雲の画像（07_601b.jpg）は閉じてかまいません。

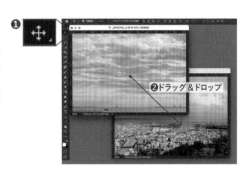
❶
❷ドラッグ＆ドロップ

2 ［レイヤー］パネルには雲の画像は「レイヤー1」として配置されます。それが選択された状態で［不透明度］を「50%」ほどに下げて❶「背景」が見えるようにします。雲の画像の水平線と「背景」の画像の地平線（陸と海の境）が重なる付近に、Shift キーを押しながら［移動］ツールで雲の画像をずらします❷。位置合わせが終わったら［不透明度］を「100%」に戻します❸。

❷ Shift＋ドラッグ

❸

レイヤーマスクを追加して編集する

1 [レイヤー]パネルで「レイヤー1」が選ばれた状態❶で、[レイヤーマスクを追加]ボタンをクリックします❷。「レイヤー1」にレイヤーマスクが追加されます❸。

2 [グラデーション]ツールを選び❶、[描画色]を白、[背景色]を黒とします❷。オプションバーの[グラデーションプリセットを選択および管理]をクリックして[基本]から「描画色から背景色へ」を選びます❸。また[線型グラデーション]を選び❹、[不透明度]は「100%」にします❺。

3 「レイヤー1」のレイヤーマスクをクリックして選択し❶、画像の水平線付近で上から下にドラッグします。ドラッグ中に[Shift]キーを押すと15度刻みで方向がロックされます。垂直になるようにドラッグしてください❷。すると、ドラッグの下方向は雲の画像が隠れ、「背景」の街の画像が現れます。境目が不自然な場合は、ドラッグを開始する位置やその長さを変えてドラッグをやり直します。[レイヤー]パネルでは、「レイヤー1」のレイヤーマスクが上が白、下が黒であることを確認できます❸。

[グラデーション]ツールのモードが「クラシックグラデーション」の場合は、[Shift]キーを押しながらドラッグすると45度刻みで方向がロックされます。

マスクの状態を確認する

レイヤーマスクの状態を可視化してみましょう。いずれかの選択ツールを選び、オプションバーで[選択とマスク]を選びます。[表示モード]の[表示]メニューで「白黒」❶や「オーバーレイ」❷を選ぶと、マスクを確認することができます。「白黒」の場合、白い部分が表示される範囲、黒い部分が隠れる範囲で、グレーの部分が漸次的に不透明度が変化する範囲です。レイヤーの状態を確認したら[キャンセル]をクリックして[選択とマスク]から通常モードに切り替えます。

7-7 調整レイヤーでのレイヤーマスクの利用法

調整レイヤーの作成時に自動的にレイヤーマスクが追加されます。
このレイヤーマスクを利用することで、
部分的な明るさ補正や色補正が可能になります。

STEP 01 あらかじめ選択範囲を作成しておく方法

BEFORE　　AFTER

調整レイヤーによる部分補正では、あらかじめ選択範囲を作成しておく方法と、あとからレイヤーマスクを編集する方法があります。STEP01ではあらかじめ選択範囲を作成する方法を紹介します。

📥 Lesson 07 ▶ 7-7 ▶ 07_701.jpg

1 画像を開いたら[クイック選択]ツールで白っぽいキノコのオブジェの選択範囲を作成します。

2 [レイヤー]パネルの[塗りつぶしまたは調整レイヤーを新規作成]ボタンをクリックし❶、[トーンカーブ]を選びます❷。[トーンカーブ]の属性パネルで❸❹のように明るさと色を調整します。

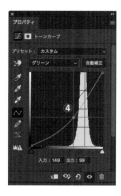

3 以上の操作によって、選択範囲を作成した白っぽいキノコのオブジェだけ、明るさと色みが変わります❶。あらかじめ選択範囲が作成された上で調整レイヤーを作成し、何らかの調整を行うと、その選択範囲内だけに調整が及びます。[レイヤー]パネルを確認すると、調整レイヤーのレイヤーマスクサムネールがキノコの形になっていることがわかります❷。

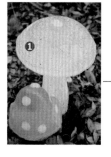

→

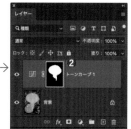

4 同様の手順で小さなキノコのオブジェの色味も変えてみましょう。[全レイヤーを対象]にした[クイック選択]ツールで左下の小さなキノコの選択範囲を作成します。

5 [レイヤー]パネルで[塗りつぶしまたは調整レイヤーを新規作成]ボタンをクリックし❶、[色相・彩度]を選びます❷。[色相・彩度]パネルで❸のように[色相]のスライダーを右にずらして色みを変更します❸。左下の小さなキノコの色が変わり、レイヤーパネルには[色相・彩度]の調整レイヤーが追加され❹、その小さなキノコの形をしたレイヤーマスクサムネールも確認できます❺。

6 最後に選択範囲の境界をチェックし、不自然な点があれば修正します。ここでは、小さなキノコの左側で少しだけ選択範囲がはみ出し、地面の枯葉まで色が変わっていたのでレイヤーマスクを編集し修正します。小さなキノコの色を変えた[色相・彩度]の調整レイヤーのレイヤーマスクをクリックして選択します❶。描画色を黒とした[ブラシ]ツールではみ出した部分をなぞり❷、元の状態に戻します。

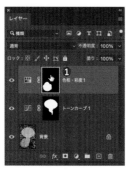

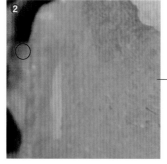

レイヤーマスクの編集前

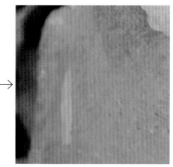

レイヤーマスクの編集後

STEP 02 調整レイヤーの作成後にレイヤーマスクを編集する方法

1 STEP02では、レイヤーマスクを後から編集してみます（考え方や操作方法としてはSTEP01の6と同じになります）。画像ファイルを開いたときの状態に戻します。[ヒストリー]パネルでファイル名をクリックするか❶、レイヤーパネルで2つの調整レイヤーをレイヤーを削除アイコンにドラッグ&ドロップして削除します❷。

2 [レイヤー]パネルで[塗りつぶしまたは調整レイヤーを新規作成]ボタンで❶、[トーンカーブ]の調整レイヤーを選択し❷、[トーンカーブ]の属性パネルで❸❹のようにカーブを調整します。画像全体が変化します❺。

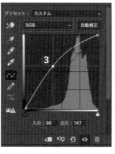
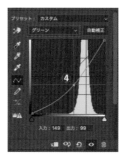

3 [レイヤー]パネルでトーンカーブの調整レイヤーのレイヤーマスクのサムネールをクリックして選びます❶。[ブラシ]ツールを選び❷、描画色を黒とし❸、その[直径]や[硬さ]は適宜変更し、[不透明度]と[流量]は「100」%として❹❺、大きなキノコのオブジェの周囲をドラッグします。❻❼は大きなキノコの向かって左側をドラッグした状態です。

4 キノコのオブジェの輪郭部は画像を拡大表示し、また[ブラシ]ツールの[サイズ]や[硬さ]を変更しつつ丁寧にドラッグします❶。キノコのオブジェの内側までドラッグした場合は、描画色を白にしてその部分をドラッグし直します。大きなキノコの周囲全体をドラッグし終えたのが❷❸の状態です。同じ要領で左下の小さなキノコについても処理をしてください。

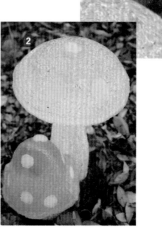

131

練習問題

Lesson 07 ▶ Exercise ▶ 07_Q01.jpg

Q ブリキのロボットの背景を赤いグラデーションに変更してください。
選択範囲の作成には［ペン］ツールを使います。

BEFORE　　　　　　　　　　　　AFTER

A ❶［ペン］ツールで、ロボットの外周とアンテナや脚のすき間の輪郭を描くパスを作成します。
❷［パス］パネルで作成した「作業用パス」を選択した状態で、［パスを選択範囲として読み込む］ボタンを押して、パスを選択範囲に変換します。選択範囲をコピーして、「レイヤー1」としてペーストします。
❸描画色を白、背景色を薄い赤［#ff8282］にし

た上で、［レイヤー］パネルの［塗りつぶしまたは調整レイヤーを新規作成］ボタンから［グラデーション］のレイヤーを新規作成し、グラデーションの［プリセット］の［基本］から［描画色から背景色へ］を選び、［スタイル］は［線形］、［角度］は「90」°、［比率］を「70％」にして、［OK］をクリックします。［レイヤー］パネルでこのレイヤーを「背景」の上に配置します。

Lesson 07 ▶ Exercise ▶ 07_Q02.jpg

Q カメラのオブジェの背景のラッピングペーパーのみ、色を黄色に変えてください。
選択範囲の作成には［オブジェクト選択］ツールを使います。

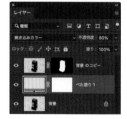

BEFORE　　　　　　　　　　　　AFTER

A ❶［オブジェクト選択］ツールでドラッグして、カメラを選択範囲にします。
❷オプションバーから［選択とマスク］モードに切り替えます。カメラの輪郭の過不足を［ブラシ］ツールで修正します。さらに［グローバル調整］欄の［ぼかし］を「0.3pixel」程度、［コントラスト］を「＋20％」程度、［エッジをシフト］を「−10％」程度にし、［出力設定］で［新規レイヤー（レイヤ

ーマスクあり）］にして［OK］をクリックします。
❸［レイヤー］パネルの［塗りつぶしまたは調整レイヤーを新規作成］ボタンから［ベタ塗り］のレイヤーを新規作成し、薄めの黄色［#ffdc7f］を指定して「背景」の上に配置します。
❹［描画モード］を［焼き込みカラー］にし、［不透明度］を「80％」ほどにします。

フィルター

ぼかしやシャープネス処理のような基本のレタッチから、画像を浮き彫りにしたり、タイルを敷き詰めたように見せる特殊効果を適用できるのが、フィルター機能です。このLessonでは、フィルターの使い方や利用頻度の高いフィルターについて紹介します。

8-1 フィルターの基本操作

フィルターは、画像全体や選択範囲にさまざまな加工を適用し、
画像を印象的に見せるための機能です。
フィルターは、レタッチから特殊効果までさまざまな種類があり、重ねて適用することもできます。

フィルターの使用

Lesson 08 ▶ 8-1 ▶ 08_101.jpg

[フィルター]メニューをすべて表示する

フィルターは、[フィルター]メニューから目的の項目を
選択して使用します。初期状態では[フィルター]メニ
ューの項目がすべて表示されていませんので、[環境設
定]ですべて表
示するようにし
ます。

[Photoshop]([編集])メニューの[環境設定]→[プラグイン]を選択し、
[環境設定]ダイアログボックスのプラグインの設定を表示します。[フィル
ター]の[すべてのフィルターギャラリーグループと名前を表示]にチェック
を入れて[OK]をクリックすると、すべての[フィルター]メニューの項目が
表示されます。

基本的なフィルターの使い方

ここでは[ピクセレート]フィルターの[水晶]を
使用してみましょう。ファイルを開いて、[フィル
ター]メニューの[ピクセレート]→[水晶]を選
択します。[水晶]ダイアログボックスが表示さ
れるので、プレビュー画像を見ながら[セルの
大きさ]をスライダーを移動したり❶、数値を入
力します。表示領域やプレビュー倍率を変更
することもできます❷。[OK]をクリックすると、
フィルター加工が実行されます。

元画像

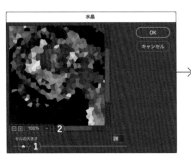

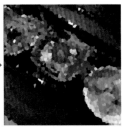

COLUMN

別の画像に同じ設定値のフィルターを適用する

フィルターを使用すると、[フィ
ルター]メニューの一番上に最
後に使用したフィルター名が
表示されます。別の画像を開
き、そのフィルターを選択する
だけで、同じ設定値のフィルタ
ーが適用されます。

フィルターギャラリー

Lesson 08 ▶ 8-1 ▶ 08_101.jpg

[フィルターギャラリー]を使用する

フィルターは種類が多く、使用に迷ってしまうと思いますが[フィルターギャラリー]ダイアログボックスを使用すれば、プレビュー画像で確認しながら複数のフィルターを試すことができます。

1 ファイルを開き、[フィルター]メニューの[フィルターギャラリー]❶を選択して、[フィルターギャラリー]ダイアログボックスを表示します（最後に使用したフィルター名のダイアログボックスが表示されます）。ここでは、プレビュー倍率の[+]❷をクリックして[200%]に設定しています。
中央のカテゴリー別のフォルダの右向きの三角形ボタン❸をクリックして開きます。

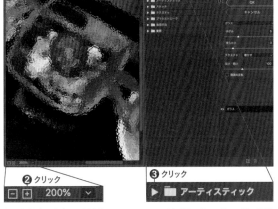

フィルター	3D	表示	プラグイン	ウィン
水晶				⌃⌘F
スマートフィルター用に変換				
ニューラルフィルター...				
フィルターギャラリー...	**1**			
広角補正...				⌥⇧⌘A
Camera Raw フィルター...				⇧⌘A

❷ クリック
⊟ ⊞ 200% ∨

わかりやすいように、200%で表示しています。

❸ クリック
▶ 🖿 アーティスティック

ここでは、[アーティスティック]の三角形ボタンをクリックしています。

2 使用したいフィルターをクリックすると❶、そのフィルターに合わせてプレビュー画像と設定表示が切り替わります。プレビュー画像を見ながら数値を変更することができます❷。

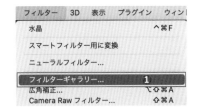

ここでは、[塗料]を選択しています。

3 別のカテゴリーのフォルダを開き❶、使用したいフィルターをクリックすると❷、そのフィルターに合わせてプレビュー画像と設定表示が切り替わります。[OK]の左にある⤬ボタンをクリックすると❸、中央のカテゴリー別のフォルダの表示がなくなり、プレビュー画像が大きく表示されます。

❹ ⤵

ここでは、[変形]の[ガラス]を選択しています。

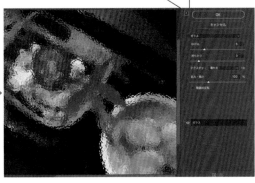

同じ位置のボタン❹をクリックすると、元の表示に戻ります。

複数のフィルターを組み合わせる

複数のフィルターを組み合わせる場合は、[フィルターギャラリー] ダイアログボックスの右下にある[エフェクトレイヤー]を重ねます。

1 [フィルターギャラリー] ダイアログボックスで、フィルターを選択すると❶、[エフェクトレイヤー] ❷が作成されます。

ここでは [変形] の [ガラス] を選択しています。

2 フィルターを組み合わせる場合は、目的のフィルターを option (Alt) キーを押しながらクリックすると❶、[エフェクトレイヤー] ❷が重なります。

ここでは [アーティスティック] の [粗いパステル画] を選択しています。

3 目のアイコン ([エフェクトレイヤーの表示・非表示]) をクリックすると、フィルターの適用を非表示にすることができます❶。また、[エフェクトレイヤー] を選択して❷ [エフェクトレイヤーを削除] ボタン❸をクリックすると削除できます。

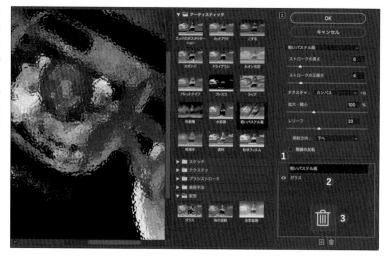

4 [エフェクトレイヤー]をドラッグすると❶順番が入れ替わり、プレビューも変わります❷。
下にあるフィルターが先に適用されます。

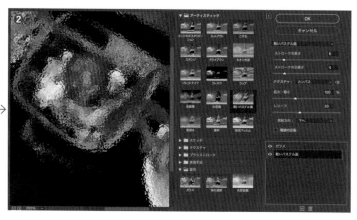

8-2 スマートフィルター

フィルターは直接画像に実行されるため、修正などの編集が困難になります。
また、フィルターを使用すると画像の劣化が起こります。
[スマートフィルター]は、元の画像を保持したままフィルターを使用する機能です。

フィルターの使用

Lesson08 ▶ 8-2 ▶ 08_201.jpg

[スマートフィルター]の操作

複数のフィルターを組み合わせていく過程で、「個々の
フィルターの設定値を変更したい」「ほかのフィルターと
組み合わせを比較したい」「画像の劣化を防ぎたい」
「元の画像に戻したい」といった、さまざまな問題が発生
します。それらを解決するのが[スマートフィルター]とい

う機能です。
[スマートフィルター]を利用すると、個々のフィルターの
数値を再設定したり、一時的に非表示できるのでフィル
ターの編集にとても便利です。

[スマートオブジェクト]に変換して[スマートフィルター]を使用する

[スマートフィルター]を使用するには、レイヤーを[スマートオブジェクト]に変換する必要があります。

1 画像を開き、[フィルター]メニューの[スマートフィル
ター用に変換]❶を選択します。続けて[スマートオ
ブジェクト]に変換する確認のダイアログボックスが
表示されるので[OK]をクリックします。

2 レイヤーが[スマートオブジェクト]に変換され、[スマ
ートオブジェクト]を示すマークが表示されます

[スマートオブジェクト]に変換されると「背景」は「レ
イヤー0」に変換されます。

3 [スマートオブジェクト]レイヤーを選択してフィルターを実行すると、レ
イヤーの下に[スマートフィルター]と適用したフィルター名が表示され
ます。

ここでは[フィルター]メニューから[ピクセ
レート]→[水晶]を適用しました。

4 [レイヤー]パネルの目のアイコン
❶をクリックして表示／非表示を
切り替えることで、フィルターの効
果をオン／オフできます。

フィルター効果を削除するには[レイヤーを削除]ボ
タン❷にドラッグ&ドロップします。

［スマートフィルター］の効果を変更する

［スマートフィルター］は、あとからフィルターの数値を変更したり、
［描画モード］や［不透明度］を設定することができます。

1 フィルター名をダブルクリックすると❶、フィルターのダイアログボックス（ここでは［水晶］ダイアログボックス❷）が表示され、数値を変更できます。

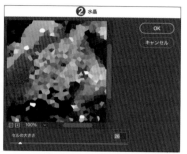

2 ［フィルターギャラリー］ダイアログボックスで複数のフィルターを組み合わせると、［レイヤー］パネルには［フィルターギャラリー］と表示されます。［フィルターの描画オプションを編集］アイコン❶をダブルクリックすると、［描画オプション］ダイアログボックスが表示されます。ここで［描画モード］❷と［不透明度］❸が設定できます。

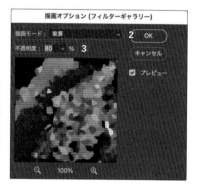

［スマートフィルターマスク］の使用

1 ［スマートフィルター］の効果をマスクして、画像の一部だけに適用することができます。［レイヤー］パネルで［スマートフィルターマスクサムネール］をクリックして選択します。

スマートフィルターマスクはレイヤーマスクと同様の
256階調のグレースケールです。フィルターをかけ
ない部分を黒、かける部分を白で塗ります。

2 描画色を黒、背景色を白に設定します❶。［ブラシ］ツール❷を選択し、オプションバーの［ブラシプリセットピッカー］を表示してブラシの［直径］や［硬さ］❸などを設定します。

3 画面上を任意でドラッグすると❶、その部分はマスクされてフィルターが非適用となります。［スマートフィルターマスク］のサムネールには、ブラシで描画したところが黒で表示されます❷。

ここでは料理の部分をドラッグして
スマートフィルターを解除しました。

8-3 定番のフィルター

レタッチ系の［シャープ］フィルター、［ノイズ］フィルター、
［ぼかし］フィルターは利用頻度の高いフィルターです。
ここでは、これら定番のフィルターの使い方と設定の方法を説明します。

［シャープ］フィルター

Lesson08 ▶ 8-3 ▶ 08_301.jpg

元画像

［シャープ］フィルターは、ぼんやりした画像を鮮明にするフィルターで、ピントが合っていないぼけた画像に使用すると、はっきりした印象になります。［シャープ］フィルターで利用度の高いのが［アンシャープマスク］と［スマートシャープ］です。［スマートシャープ］のほうが、輪郭を過度に強調することなく際立たせることができます。

［アンシャープマスク］

画像の輪郭をシャープにします。

［量］：数値が大きいほど輪郭が強調されます。
［半径］：シャープ処理する範囲のことで、数値が大きいほど全体が強調されます。
［しきい値］：半径に含まれるピクセルのコントラスト差のことで、「0」にすると、すべてのピクセルが対象になります。

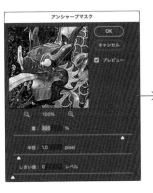

［スマートシャープ］

画像の輪郭をシャープにします。［アンシャープマスク］よりも詳細に設定できます。

［量］［半径］で大きな数値にしても、［ノイズを軽減］でノイズが抑えられます。［シャドウ］［ハイライト］では、シャドウ部とハイライト部に対してそれぞれシャープ処理できます。

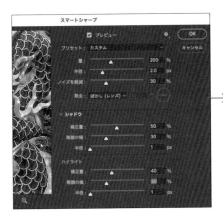

［ノイズ］フィルター

Lesson 08 ▶ 8-3 ▶ 08_302.jpg, 08_303.jpg

［ノイズ］フィルターは、ノイズを軽減するものが4つと［ノイ
ズを加える］があります。ここでは、利用頻度の高い［ダス
ト&スクラッチ］と［ノイズを加える］を紹介します。

ノイズ	▶	ダスト&スクラッチ...
ピクセレート	▶	ノイズを加える...
ビデオ	▶	ノイズを軽減...
ブラシストローク	▶	明るさの中間値...
ぼかし	▶	輪郭以外をぼかす

［ダスト&スクラッチ］

周囲と類似性のないピクセルを判断し、ぼ
かして目立たないようにします。ゴミやノイ
ズを周囲のピクセルとなじませて目立たな
くできるので、レタッチ作業で使用されてい
ます。

元画像

ゴミのある部分に選択範囲を作成します。
ここでは［楕円形選択］ツールで Shift キー
を押しながら選択範囲を作成しています。

［半径］：ノイズをぼかすために同類でないピ
クセルを探す範囲を指定します。
［しきい値］：ノイズの明度を指定します。［プレ
ビュー］を見ながら、ゴミやノイズが消えるまで
数値を上げてください。「0」にすると、すべて
のピクセルが対象になります。

command（Ctrl）+D キーで選択が解除できます。

［ノイズを加える］

画像にランダムなピクセルを適用し、高感
度フィルムで写真を撮ったような効果にな
ります。

［均等に分布］：全体的にノイズを分布します。

元画像

[ガウス分布]：不規則にノイズが斑点状に分布します。

[グレースケールノイズ]：色を変更せずに階調だけにグレースケールノイズを適用します。上図は［ガウス分布］を選択し、[グレースケールノイズ]にチェックを入れています。

［ぼかし］フィルター

Lesson 08 ▶ 8-3 ▶ 08_304.jpg

[ぼかし]フィルターは、画像をぼかして柔らかく見せる効果があります。背景をぼかして被写体を強調したり、ソフトフォーカスに見せるなど、レタッチ作業に欠かせないフィルターです。[ぼかし][ぼかし(強)]は、繰り返し実行することで効果が高まります。ここでは、利用頻度の高い[ぼかし(ガウス)]を紹介します。

元画像

［ぼかし（ガウス）］

指定したピクセル値で画像をぼかします。

[半径]：ぼかし具合を設定します。数値が大きいほど効果が高くなり、広範囲にかすんだような効果になります。

8-4 フィルターの効果

フィルターは内容ごとにカテゴリーされています。
必要なフィルターがどのカテゴリーにあるのか、一覧から探してみましょう。
ここでは、各フィルターの特徴と効果について紹介します。

フィルター一覧

Lesson08 ▶ 8-3 ▶ 08_401.jpg

フィルターは、8bitでRGBカラーでの作業が基本になります。CMYKカラーでは使用できないフィルターもあるので注意してください。[フィルター]メニューの項目をすべて表示するには、P.134を参照してください。

フィルター	3D	表示	プラグイン	ウィン

フィルターの再実行　　　　　　　^⌘F

スマートフィルター用に変換

ニューラルフィルター...

フィルターギャラリー...
広角補正...　　　　　　　　　⌥⇧⌘A
Camera Raw フィルター...　　　⇧⌘A
レンズ補正...　　　　　　　　　⇧⌘R
ゆがみ...　　　　　　　　　　　⇧⌘X
消点...　　　　　　　　　　　　⌥⌘V

3D　　　　　　　　　　　　　　　>
アーティスティック　　　　　　　 >
シャープ　　　　　　　　　　　　 >
スケッチ　　　　　　　　　　　　 >
テクスチャ　　　　　　　　　　　 >
ノイズ　　　　　　　　　　　　　 >
ピクセレート　　　　　　　　　　 >
ビデオ　　　　　　　　　　　　　 >
ブラシストローク　　　　　　　　 >
ぼかし　　　　　　　　　　　　　 >
ぼかしギャラリー　　　　　　　　 >
表現手法　　　　　　　　　　　　 >
描画　　　　　　　　　　　　　　 >
変形　　　　　　　　　　　　　　 >
その他　　　　　　　　　　　　　 >

元画像

[フィルター]メニューの赤枠部分のフィルターを順に解説していきます。なお[3D]機能は廃止されて使えなくなります。

✔CHECK!

お使いのコンピューターのグラフィックプロセッサーまたはそのドライバーがPhotoshopと互換性がない場合は、フィルター機能などが動作できない可能性があります（その場合はグレー表示になります）。詳しくは、https://helpx.adobe.com/jp/photoshop/kb/photoshop-cc-gpu-card-faq.html をご覧ください。

[アーティスティック]のカテゴリーのフィルター（15種類）

絵画のような効果やユニークな効果を表現します。

[エッジのポスタリゼーション]
輪郭を黒で強調し、絵の具で描いたような画像にします。

[カットアウト]
色紙を無造作に切って貼り付けたような画像にします。

[こする]
短い斜線で、暗い部分をこすったような画像にします。

[スポンジ]
濡れたスポンジで、にじませたような画像にします。

[ドライブラシ]

ドライブラシ手法（水彩と油彩の中間）で描いたような画像にします。

[ネオン光彩]

描画色と背景色を使用して、ネオン管が発光しているような画像にします。

[パレットナイフ]

パレットナイフで油絵を描いたような画像にします。

[フレスコ]

短く丸いタッチを重ねたような粗い画像にします。

[ラップ]

ラップフィルムをかけたような画像にします。

[色鉛筆]

色鉛筆で描いたような画像にします。

[水彩画]

水彩画のような画像にします。

[粗いパステル画]

パステル画のような画像にします。

[粗描き]

テクスチャを適用した背景に、にじみやぼかしを使って描いたような画像にします。

[塗料]

さまざまな大きさや種類のブラシで描いたような画像にします。

[粒状フィルム]

粒状のパターンを適用したような画像にします。

[シャープ]のカテゴリーのフィルター（5種類）

隣接するピクセル間のコントラストを強調し、シャープにします。

[アンシャープマスク]

画像の輪郭をシャープにします。[量][半径][しきい値]で設定します。

[シャープ]

画像の輪郭をシャープにします。

[シャープ（強）]

[シャープ]よりも、強いシャープ効果になります。

[シャープ（輪郭のみ）]

画像の輪郭のみをシャープにします。

[スマートシャープ]

画像の輪郭を詳細に設定してシャープにします。

［スケッチ］のカテゴリーのフィルター（14種類）　絵画のような手描きのタッチを表現します。

［ウォーターペーパー］

湿った繊維質の紙に、絵の具を塗りつけたような画像にします。

［ぎざぎざのエッジ］

描画色と背景色を使用して、輪郭をぎざぎざに破った紙切れのような画像にします。

［グラフィックペン］

描画色と背景色を使用して、細いペンで描いたような画像にします。

［クレヨンのコンテ画］

描画色と背景色を使用して、クレヨンで描いたコンテ画のような画像にします。

［クロム］

磨き上げたクロムの表面のような画像にします。

［コピー］

描画色と背景色を使用して、画像をコピーしたような画像にします。

［スタンプ］

描画色と背景色を使用して、ゴム製または、木製のスタンプを押したような画像にします。

［チョーク・木炭画］

描画色と背景色を使用して、チョークや木炭で描いたような画像にします。

［ちりめんじわ］

描画色と背景色を使用して、フィルム膜面の収縮や変形を加えたような画像にします。

［ノート用紙］

描画色と背景色を使用して、手製の紙で作成したような画像にします。

［ハーフトーンパターン］

描画色と背景色を使用して、網点を用いたような画像にします。

［プラスター］

描画色と背景色を使用して、立体のプラスター（漆喰）から型どりしたような画像にします。

［浅浮彫り］

描画色と背景色を使用して、浅い浮彫りにしたような画像にします。

［木炭画］

描画色と背景色を使用して、木炭画のような画像にします。

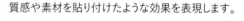

［テクスチャ］のカテゴリーのフィルター（6種類）　質感や素材を貼り付けたような効果を表現します。

［クラッキング］

ひび割れて溝が入ったような画像にします。

［ステンドグラス］

ステンドグラスに描かれたような画像にします。

［テクスチャライザー］

特定のテクスチャを適用した画像にします。

［パッチワーク］

パッチワーク（手芸のつぎはぎ細工）のような画像にします。

[モザイクタイル]
並べたタイルに描かれたような画像にします。

[粒状]
多様な粒子状のノイズを加えたような画像にします。

[ビデオ]のカテゴリーのフィルター（2種類）

動画からの画像補正を行います。

[NTSC カラー]：色域をテレビで再現可能な範囲に制限する機能です。過剰な彩度のカラーがテレビの走査線でにじむのを防ぎます。

[インターレース解除]：動画から取り込んだ静止画の偶数または、奇数の走査線を削除して滑らかにする機能です。

[ノイズ]のカテゴリーのフィルター（5種類）　ノイズ（ピクセル）の追加や削除を行います。

[ダスト&スクラッチ]
周囲と類似性のないピクセルを判断し、ぼかして目立たないようにします。

[ノイズを加える]
画像にランダムなピクセルを適用し、高感度フィルムで写真を撮ったような画像にします。

[ノイズを軽減]
画像の品質を保持したままノイズを減らします。

[明るさの中間値]
ピクセルの明るさを中和してノイズを減らします。

[輪郭以外をぼかす]
画像の輪郭を判断して、輪郭以外のすべてのノイズを減らします。繰り返すと効果が高まります。

[ピクセレート]のカテゴリーのフィルター（7種類）　カラー値の近いピクセルを凝集させて、さまざまな効果を表現します。

[カラーハーフトーン]
拡大した網点を用いたような画像にします。

[ぶれ]
手ぶれしたような画像にします。

[メゾティント]
銅板画に使用されるような、メゾティント技法で描いたような画像にします。

[モザイク]
モザイク画のような画像にします。

[水晶]
ピクセルを単色の多角形に分割したような画像にします。

[点描]
点描画のような画像にします。

[面を刻む]
単色や近似色をブロックの集まりのように配置し、手描き風のような画像にします。繰り返し実行することで効果が高まります。

［ブラシストローク］のカテゴリーのフィルター（8種類）

さまざまなブラシやインクの表現効果を使用して、絵画のような効果を表現します。

［インク画（外形）］
細い線で輪郭を描いたような画像にします。

［エッジの強調］
エッジを強調したような画像にします。

［ストローク（スプレー）］
スプレーで描いたような画像にします。

［ストローク（暗）］
明暗のコントラストを強調して筆でこすったような画像にします。

［ストローク（斜め）］
斜めに描いたような画像にします。

［はね］
エアブラシで絵の具を吹き付けたような画像にします。

［墨絵］
和紙に墨で描いたような画像にします。

［網目］
網目のテクスチャを適用したような画像にします。

［ぼかし］のカテゴリーのフィルター（11種類）

画像にぼかしの効果を加えます。

［ぼかし］
効果の少ない軟らかいぼかしで、繰り返し実行することで効果が高まります。

［ぼかし（ガウス）］
指定したピクセル値で画像をぼかします。

［ぼかし（シェイプ）］
選択したシェイプの形状で画像をぼかします。

［ぼかし（ボックス）］
隣接するピクセルのカラーの平均値で箱状に画像をぼかします。

［ぼかし（レンズ）］
カメラのレンズのように被写界深度を浅くし、一部のみをはっきりと表示し残りの部分をぼかします。ぼかす部分を指定するには、選択範囲を作成します。なお、スマートオブジェクトに変換していると、使用できないので注意しましょう。

［ぼかし（移動）］
指定した角度と距離で画像をぶれているようにします。

［ぼかし（強）］
［ぼかし］の3〜4倍の効果で画像をぼかします。

［ぼかし（詳細）］

［半径］［しきい値］［画質］［モード］の設定で画像をぼかします。

［ぼかし（表面）］

輪郭を保持して画像をぼかします。

［ぼかし（放射状）］

カメラをズームしたり、回転したように画像をぼかします。

［平均］

画像の平均値の色で単色に塗りつぶします。

［ぼかしギャラリー］のカテゴリーのフィルター（5種類）

右側に［ぼかしツール］パネルが表示され、制御点を動かして、直感的にぼかしができます。

［フィールドぼかし］

指定した位置ごとに、ぼかしの範囲や量を設定します。

［虹彩絞りぼかし］

円形状の領域で、ぼかしの範囲や量を設定します。

［チルトシフト］

帯状の領域で、ぼかしの範囲や量を設定します。

［パスぼかし］

パスに沿ってぼかしの範囲や量を設定します。

［スピンぼかし］

回転してぼかしの範囲や量を設定します。

［表現手法］のカテゴリーのフィルター（10種類）

ピクセルの置き換えや、画像のコントラストを強調して絵画のような効果を表現します。

［エッジの光彩］

画像の輪郭を抽出して、ネオンのように光った画像にします。

［エンボス］

画像の輪郭を抽出し、グレースケールの壁に浮き彫りしたような画像にします。

［ソラリゼーション］

ネガ画像とポジ画像を合成し、現像中に露光させたような画像にします。

［押し出し］

画像を分割して押し出したような画像にします。

［拡散］

ピクセルを拡散させたような画像にします。

［風］

風が吹いているような画像にします。

［分割］

タイルのように分割したような画像にします。

［油彩］

油彩で描いているような画像にします。

［輪郭のトレース］
明るさが大きく変化する部分を検出して、各チャンネルごとに輪郭を描きます。

［輪郭検出］
画像の輪郭を検出して各チャンネルごとに輪郭を描きます。［輪郭のトレース］よりも、画像の境界がはっきりします。

［描画］のカテゴリーのフィルター（8種類）

炎、フレーム、木の生成、繊維、雲のテクスチャや逆光などを作成します。

［炎］
パスを描画して炎を自動生成します。

［ピクチャフレーム］
フレームを自動生成します。

［木］
木を自動生成します。

［ファイバー］
描画色と背景色を使用して、繊維のようなテクスチャを作成します。

［雲模様 1］
描画色と背景色を使用して、雲のようなテクスチャを作成します。

［雲模様 2］
描画色と背景色を使用して、雲のようなテクスチャを作成し、元画像と［差の絶対値］モードで合成します。

［逆光］
逆光写真のように、画面の向こうから光が射しているような効果を加えます。

［照明効果］
照明が当たっているような効果を加えます。

［変形］のカテゴリーのフィルター（12種類）

画像を幾何学的に歪めます。

［ガラス］
ガラスを通して見ているように変形します。

［シアー］
曲線に沿って変形します。

［ジグザグ］
同心円の波紋状に変形します。

［つまむ］
中心または外に向かって絞ったように変形します。

［渦巻き］

渦巻き状に変形します。

［海の波紋］

ランダムな間隔の波紋を加え、水面下にある画像を見ているように変形します。

［球面］

球面状に変形します。

［極座標］

直交座標から極座標または、極座標から直交座標に変形します。

［光彩拡散］

背景色を白に設定すると、ソフトな［拡散］フィルターを通して見ているような効果にします。

置き換えマップ画像

［置き換え］

置き換えマップと呼ばれる画像を使用して変形します。

［波形］

波打つパターンを詳細に設定して変形します。

［波紋］

池の水面にできた、さざ波のように変形します。

［その他］のカテゴリーのフィルター（6種類）

独自のフィルター効果の作成、フィルターによるマスクの変形、画像内の選択範囲のスクロール、迅速な色補正などを行うことができます。

［HSB/HSL］

RGB、HSB、HSLの色空間を相互に変換できます。

［カスタム］

独自のフィルター効果を作成します。

［スクロール］

画像を水平、垂直に移動します。

［ハイパス］

色の変化が大きい部分を輪郭として判別し、暗い部分をグレーで抑えます。

［明るさの最小値］

指定した範囲のピクセルの明るさの値を、もっとも暗い（最小値）レベルに置き換えます。

［明るさの最大値］

指定した範囲のピクセルの明るさの値を、もっとも明るい（最大値）レベルに置き換えます。

✓CHECK!

HSB、HSLとは

HSB（Hue＝色相、Saturation＝彩度、Brightness＝明度）
HSL（Hue＝色相、Saturation＝彩度、Lightness/Luminance＝輝度）

8-5 ニューラルフィルター

ニューラルフィルターは、AdobeのAIを使ったフィルターです。専用のワークスペースで、
複数の便利なフィルターを選んで適用できます。フィルターモジュールがクラウドで提供され、
必要なものをダウンロードして使います。随時、新しいフィルターが追加されています。

ニューラルフィルターを使用する

📥 Lesson 08 ▶ 8-5 ▶ 08_501.jpg

ニューラルフィルターのワークスペース　　[フィルター]メニューから[ニューラルフィルター]を選択すると
ニューラルフィルターのワークスペースが開きます。

❶[ツールバー]上から[選択に追加] [現在の選択範囲から一部削除] [手のひら] [ズーム]です。

❷[オプションバー]ツールバーで選んだツールのオプションが表示されます。

❸[ニューラルフィルター]利用できるフィルターの一覧が表示されます。右の青いスイッチでオン／オフします。クラウドのマークはダウンロードが必要です。[ポートレート] [クリエイティブ] [カラー] [写真] [復元]のグループに分かれています。ベータ版のほかにも[待機リスト]に追加予定の一覧が表示されます。

❹フィルターの説明が表示され、ダウンロードボタンをクリックするとフィルターが利用できるようになり、各種パラメーターを調整する設定パネルが表示されます。

❺[出力]結果の出力先を指定します。以下の5つが選べます。再編集を考えると[スマートフィルター]がおすすめです。

　[現在のレイヤー] 現在のレイヤーを上書きします。
　[新規レイヤー] 新しいレイヤーとして出力します。
　[マスクされた新規レイヤー] 選択範囲のマスクつきで新しいレイヤーに出力します。
　[スマートフィルター] スマートフィルターとして出力します。再編集が可能です。
　[新規ドキュメント] 新しいドキュメントに出力します。

なお、フィルターによっては出力先の選択肢が限られる場合があります。

❻[元の画像を表示]フィルター適用前の画像に切り替えます。

❼[レイヤープレビュー]すべてのレイヤーを表示するか、選択中のレイヤーのみを表示するかを切り替えます。

ニューラルフィルターの使い方

フィルターをオンにするだけで自動的に適用してくれます。右側のパラメーターを変更すると、プレビューにすぐ反映されます（多少時間がかかる場合もあります）。選択範囲をつくってからワークスペースを開くとフィルターマスクになり、[選択に追加][現在の選択範囲から一部削除]ツールで適用範囲を調整できます。

顔専用やクリエイティブな機能もありますが、写真一般に利用できるものとして、解像度を落とさないように一部を拡大してくれる[スーパーズーム]、JPEGの圧縮ノイズを目立たなくしてくれる[JPEGノイズを除去]などは便利でしょう。ここでは、ある画像の色調を別の写真に適用する[カラーの適用]を使ってみます。

❶[カラーの適用]をダウンロードして、右側のスイッチをオンにします。

❷カラーの元となる画像を選びます。[プリセット]のほかに[カスタム]で自分の好きな画像を使用することもできます。

❸カラーの設定を手動で変更します。[カラーの強さ][彩度][色相][明るさ]などが調整できます。

❹出力先を選びます。[OK]を押してフィルターを適用するとここでは新規レイヤーになります。

おすすめのニューラルフィルター

白黒写真を自動でカラーにしてくれる[カラー化]は、人間の手で行うと膨大な時間がかかるようなことを、ほぼ一瞬で処理してくれます。疑似的なボケで奥行きをつくる[深度ぼかし]や、古い写真のコントラストや傷を修復する[写真を復元]も従来より省力化が可能です。

古い写真をスマートフォンのカメラで撮影して[カラー化]を適用してみました。肌の色などは自然に再現されています。服や背景の色は、実物がないのでもちろん本当の色かどうかはわかりませんが、ここから記憶や資料に基づいて色を調整していくことはできます。個別に選択範囲をつくって、いちから色を指定していくよりはるかに簡単です。

COLUMN

従来のフィルターや機能との使い分け

ニューラルフィルターは「目的別」の加工をすばやく行ってくれます。目的に必要なフィルターを考えたり探したりする必要がなく、たくさんあるフィルターの効果がわからない初心者でも、必要な結果が簡単に得られます。プロでも従来行っていた加工作業を大幅に省力化できるメリットがあります。一方、AIの特性として一見してそれらしい結果を出してくれますが、細かい点は最終的には人の目で見て調整が必要になることに注意しましょう。目的を達成するやり方がわからない場合、あるいはやり方はわかっても手順を省力化したい場合は、ニューラルフィルターを探してみるといいでしょう。

Q 正方形の新規ファイルを作成し、[雲模様1][雲模様2][エンボス][ノイズを加える]の4つのフィルターを使用して、少しシワのある紙のテクスチャを作成しましょう。
スマートフィルターを利用して、あとからフィルターの数値を再編集できるように作成します。

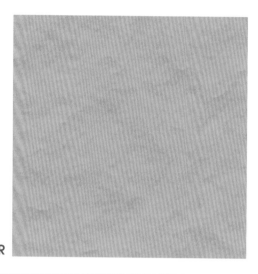

AFTER

A

❶RGBモードで正方形のドキュメントを作成します。ここでは600×600pixelにします。

❷フィルターを再編集できるように、[フィルター]メニューから[スマートフィルター用に変換]を選択します。

❸描画色を黒、背景色を白に設定してから、[フィルター]メニューから[描画]→[雲模様1]を選択、続けて[雲模様2]を選択して雲のテクスチャを作成します。

❹紙のしわ感を再現します。[フィルター]メニューから[表現手法]→[エンボス]を選択して[エンボス]ダイアログボックスを表示します。[角度:90度][高さ:3pixel][量:60%]に設定して[OK]をクリックします。

❺紙にざらざらした質感を加えます。[フィルター]メニューから[ノイズ]→[ノイズを加える]を選択して[ノイズを加える]ダイアログボックスを表示します。[量:1.5%][分布方法:ガウス分布]、[グレースケールノイズ]にチェックを入れて[OK]をクリックします。

❻最後に紙の色をつけます。[レイヤー]パネル下の[レイヤースタイルを追加]ボタンから[カラーオーバーレイ]を選択します。[レイヤースタイル]ダイアログボックスで[描画モード:オーバーレイ]を選択し、右の色をクリックして[カラーピッカー]で好きな色を選んで[OK]をクリックします。

❼スマートフィルターとレイヤースタイルは、ダブルクリックしてあとから設定が変更できることを確認しましょう。

よく使う作画の技法

このLessonでは、デザインでよく用いられるシャドウやあし
らいのパーツを、レイヤースタイルやブラシ、パターンを使
って作成する方法を解説します。シンプルなデザインでは目
をひくあしらいに、要素が多いときには読みやすさををを助け
ます。1つ1つは小さな効果ですが、全体の仕上がりを左右
するデザインの名脇役たちです。

9-1 レイヤースタイルで つくる表現

[レイヤースタイル]は、レイヤーに影響を与えず、擬似的な見た目をつくり出してくれる機能です。
あとから再編集でき、複製や移動もできるため、
デザインの中で繰り返し使うパーツづくりに重宝します。

レイヤースタイルの操作

レイヤースタイルは、レイヤーに付加するさまざまな見た目の
効果です。[レイヤー]パネル下の[レイヤースタイルを追加]
(fx)ボタンから、効果を選んで追加できます。[レイヤー]パネ
ルで、レイヤーに追加された[効果]をダブルクリックすると再
編集できます。レイヤースタイルは、非表示にしたり、削除した
り、ほかのレイヤーに移動・複製が簡単にできるのが特長で
す。文字の装飾やボタンのデザインなどによく用いられます。

レイヤースタイルは組み合わせで広がる

レイヤースタイルは、1つ1つは単純ですが、組み合
わせると表現が広がります。[スタイル]パネルを開
くと、複数のプリセットが用意されています。その中
からどれか1つを適用して[レイヤー]パネルで確認
してみると、多くのレイヤースタイルを組み合わせ
てつくられていることがわかります。いちからつくる
のは難しく感じますが、つくりたいイメージに近い表
現を見つけて、効果を変更していくのも手軽で勉強
になる方法です。

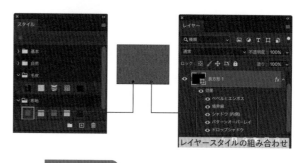

レイヤースタイルの組み合わせ

✓ **CHECK!**

[スタイル]は新規登録できる
何度も使用するレイヤースタイルのセットは、[スタイル]
に登録すると適用も楽で、再編集もしやすくなります。

レイヤースタイルの操作

レイヤースタイルの移動・複製

[レイヤー]パネルで、レイヤー下に表示されている[効果]や[スタイル名]か、レ
イヤー右の[fx]アイコンを、適用させたいレイヤーまでドラッグすると移動できま
す。option (Alt)キーを押しながらドラッグするとコピーできます。

レイヤースタイルのコピー＆ペースト

レイヤーがドラッグしにくい場合は「スタイルのコピー＆ペースト」が便利です。
[レイヤー]メニューから[レイヤースタイル]→[レイヤースタイルをコピー]を選
択します。続いて適用させたいレイヤーに移動し、[レイヤー]メニューから[レイ
ヤースタイル]→[レイヤースタイルをペースト]でスタイルがペーストされます。

9-2 シャドウをつける

ドロップシャドウや内側のシャドウは、2次元のデザインに奥行きをつけて立体感を生み出します。
シャドウの使い方は「影」だけでなく、
白やカラーを使ったポップな引き締めの表現にも使えます。

STEP 01 基本のシャドウ

BEFORE

AFTER

ドロップシャドウやエンボスなどのレイヤー
スタイルを使って、1つのデザインで違う表
現をつくります。

⬇ Lesson09 ▶ 9-2 ▶ 09_201.psd

ドロップシャドウとシャドウ（内側）でつくるスタンダードなボタン

1 ファイルを開きます。[レイヤー]パネルで「左」フォル
ダの「円」レイヤーを選択します❶。[レイヤー]パネ
ル下の[レイヤースタイルを追加]ボタンから[ドロッ
プシャドウ]を選択します❷。

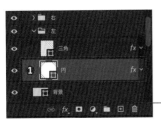

2 [レイヤースタイル]ダイアログボックスが開いたら、
[描画モード：乗算]❶、[カラー：#000000]❷、[不
透明度：30%]❸、[角度：140]❹、[包括光源を使用：
チェックあり]❺、[距離：10px]❻、[スプレッド：0%]
❼、[サイズ：20px]❽に設定し、[OK]を押します。

✓ **CHECK!**

**レイヤースタイルは
複数設定できる
ものがある**

レイヤースタイルは、1つの
レイヤーに対して1つとは
限りません。[レイヤースタ
イル]ダイアログボックス
を開いて、左側のメニュー
に[＋]がついているスタイ
ルは、複数設定できます。

複数設定できる

1つだけできる

3 次に三角に内側のシャドウをつけます。[レイヤー]パ
ネルで「三角」レイヤーを選択し❶、[レイヤースタイル
を追加]ボタンから[シャドウ(内側)]を選択します❷。

155

4 [レイヤースタイル]ダイアログボックスで、[描画モード:乗算]❶、[カラー:#000000]❷、[不透明度:20%]❸、[角度:140]❹、[包括光源を使用:チェックあり]❺、[距離:3px]❻、[スプレッド:0%]❼、[サイズ:5px]❽に設定し、[OK]を押します。

✔ **CHECK!**

［包括光源を使用］とは

チェックを入れると、カンバスの中のすべてのシャドウの光源の角度が統一されます。チェックを外すと、他に影響せずに独自の角度を設定できます。

ベベルでつくる隆起したボタン

1 [レイヤー]パネルで「右」フォルダの「円」レイヤーを選択します❶。[レイヤー]パネル下の[レイヤースタイルを追加]ボタンから[ベベルとエンボス]を選択します❷。

2 [レイヤースタイル]ダイアログボックスで、[スタイル:ベベル(外側)]❶、[テクニック:滑らかに]❷、[深さ:100%]❸、[方向:上へ]❹、[サイズ:20px]❺、[ソフト:0px]❻、ハイライトの[不透明度:80%]❼、シャドウの[不透明度:30%]❽に設定し、[OK]を押します。

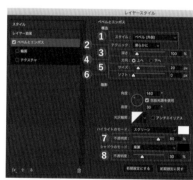

3 次に三角に内側のベベルをつけます。[レイヤー]パネルで「三角」レイヤーを選択し❶、[レイヤースタイルを追加]ボタンから[ベベルとエンボス]を選択します❷。

4 [レイヤースタイル]ダイアログボックスで、[スタイル:ベベル(内側)]❶、[テクニック:ジゼルハード]❷、[深さ:100%]❸、[方向:下へ]❹、[サイズ:15px]❺、[ソフト:10px]❻、ハイライトの[不透明度:80%]❼、シャドウの[不透明度:30%]❽に設定し、[OK]を押します。

156

STEP 02 表現としてのドロップシャドウ

BEFORE

AFTER

ドロップシャドウをデザインの表現に取り入れてグリッチ感のあるビジュアルに仕上げてみましょう。レイヤースタイルで複数のドロップシャドウを設定します。

⬇ Lesson 09 ▶ 9-2 ▶ 09_202.psd

1 ファイルを開くと、中央上にある「GO TO THE FUTURE」のグレーのテキストに赤いドロップシャドウが適用されています。[レイヤー]パネルの[ドロップシャドウ]をダブルクリックして[レイヤースタイル]ダイアログボックスを開きます。[描画モード：スクリーン][カラー：#ff0000][角度：118][包括光源を使用：チェックなし][距離：5px]に設定されています。

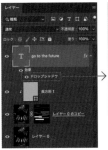

2 ダイアログボックス左側の[ドロップシャドウ]の右にある[+]を押すと❶、ドロップシャドウが複製されます。複製したほうを[カラー：#00ff00]❷[角度：-142]❸に設定します。

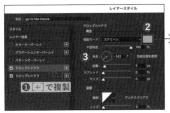
❶[+]で複製

3 再び[+]を押して❶、ドロップシャドウを複製します。複製したほうを[カラー：#0000ff]❷[角度：44]❸に設定し、[OK]を押して閉じます。これで赤・緑・青の3つのドロップシャドウができました。

❶[+]で複製

4 [レイヤー]パネルでテキストのレイヤーを選択した状態で[塗り：0%]にします。テキストのグレーの色が消えて、赤・緑・青の3色が重なったところが白くなるテキストのデザインが完成です。

✔CHECK!

レイヤーの[塗り]と[不透明度]

[塗り]と[不透明度]の違いは、レイヤースタイルを表示するかどうかです。[塗り]を0%にすると、レイヤー自体は非表示になり、レイヤースタイルは表示されます。[不透明度]を0%にすると、レイヤー自体とレイヤースタイル、どちらも非表示になります（P.239 COLUMN参照）。

9-3 レイヤースタイルの組み合わせ

ベベルとエンボスは、2次元のデザインに奥行きをつけて立体感を生み出します。
光を感じさせるグラデーションオーバーレイを組み合わせて、
質感のあるシーリングスタンプとリボンをつくってみましょう。

STEP 01 シーリングスタンプの形をつくる

AFTER

立体感のあるシーリングワックスの溶けた形をつくりましょう。
レイヤースタイルのベベルとエンボスを使います。

---

1 command (Ctrl) + N キーで [新規ドキュメント作成] のダイアログボックスを開き、[幅500px] ❶ [高さ800px] ❷ [アートボード：チェックなし] ❸ [カラーモード：RGBカラー] ❹ にして [作成] します。

2 ツールバーから [楕円形] ツールを選択し、オプションバーで [シェイプ] を選び ❶ [塗り：#c60000] ❷ に設定します。

---

3 カンバスの上をクリックして、[楕円を作成] ダイアログボックスに [幅：250px] [高さ：250px] と入力して [OK] を押します。作成された円を [移動] ツールで、中央より少しだけ上に配置します。

4 [曲線ペン] ツールを選択して、オプションバーで [シェイプ] にします。先ほど作成した円の少し外側をジグザクとクリックしながら描いていき、シーリングワックスが溶けたような形をつくります。形ができたら [レイヤー] パネルで、レイヤーを「楕円形1」シェイプの下に移動します。

クリック

✔CHECK!

[曲線ペン] ツール

ペンツールのようにハンドルを引き出すことなく、クリックしていくだけでなめらかな曲線が描けるツールです。

5 [レイヤー]パネルで「シェイプ1」レイヤーを選択し、パネル下の[レイヤースタイルを追加]ボタンから[ベベルとエンボス]を選択します。

6 [レイヤースタイル]ダイアログボックスが開いたら、[スタイル:ベベル(内側)]❶[テクニック:滑らかに]❷[深さ:100%]❸[方向:上へ]❹[サイズ:20px]❺[ソフト:16px]❻と設定して[OK]を押します。

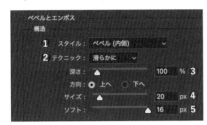

7 [レイヤー]パネルで「楕円形1」のレイヤーを選択し、同じく[レイヤースタイルを追加]ボタンから[ベベルとエンボス]を選択します。ダイアログボックスに先ほどの設定が残っているので、[スタイル:ベベル:(内側)]❶[方向:下へ]❷[サイズ:13px]❸[ソフト:8px]❹に変更します。

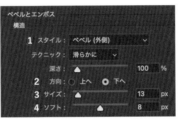

8 ダイアログボックス左側の[グラデーションオーバーレイ]をクリックしてチェックを入れます。右側で[描画モード:乗算]❶[不透明度:20%]❷[グラデーション:黒、白]❸[逆方向:チェックあり]❹[スタイル:円形]❺[比率:150%]❻と設定して[OK]を押します。

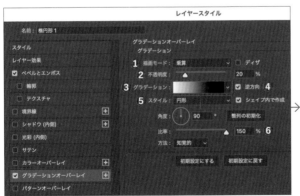

9 [レイヤー]パネルで[グラデーションオーバーレイ]をダブルクリックします。レイヤースタイルのダイアログボックスが開いた状態で、カンバス上を左上へドラッグしてグラデーションの中心を円の左上に移動します。位置が決まったらOKします。

ダブルクリック

開いた状態で

左上へドラッグ

STEP 02　文字を入れる

スタンプの文字を入力し、同様にベベルとエンボスで立体的に加工します。ここではAdobe Fontsの[Lust Display]というフォントを使います。

AFTER

1. 13-3 STEP01を参考に、https://fonts.adobe.com/ にアクセスし、検索フォームに「Lust」と入力して、表示された中から[Lust Display]というフォントをアクティベートしておきます。

2. [文字]パネルで[フォント:Lust]❶[ウェイト:Display]❷[フォントサイズ:200px]❸[カラー:#c60000]❹と設定します。[横書き文字]ツールを選択し、楕円形の上で Shift キーを押しながらクリックし、「A」と入力します。

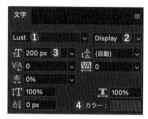

✔CHECK!

シェイプの上に文字を入力するときは Shift キーを押しながら

シェイプの上で[横書き文字]ツールのカーソルをクリックしてしまうと、シェイプの中にテキストを流し込む設定になってしまいます。Shift キーを押しながらクリックすると、新規テキストレイヤーとして入力できます、

3. テキストレイヤーを選択し、[レイヤー]パネル下部の[レイヤースタイルを追加]ボタンから[ベベルとエンボス]を選択します。[スタイル:ベベル(外側)]❶[深さ:300]❷[方向:上へ]❸[サイズ:5px]❹[ソフト:2px]❺と設定して[OK]を押します。

4. [レイヤー]パネルで「楕円形1」のレイヤーを選択し、command (Ctrl) +J で複製します。複製したレイヤーを command (Ctrl) +T キーの自由変形で、option (Alt) キーを押しながら一回り縮小します。

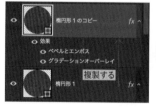

5. [レイヤー]パネルで、「楕円形1のコピー」の[ベベルとエンボス]をダブルクリックして、[❶スタイル:ピローエンボス][❷サイズ:10px][❸ソフト:2px]に設定して[OK]を押します。

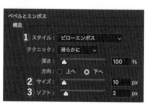

STEP 03 リボンをつくる

AFTER

ループ状にしたリボンを作成し、シーリングスタンプの背後に配置します。

Lesson 09 ▶ 9-3 ▶ 09_303.psd

1 [長方形] ツールを選択し、オプションバーで [塗り：#c60000] に設定します。カンパスの上をクリックして、ダイアログボックスで [幅：110px] [高さ：680px] に設定して [OK] を押します。作成された長方形を command ([Ctrl]) + T キーで自由変形し、オプションバーに [回転：-25] と入力して return ([Enter]) キーで確定します。

2 [パス選択] ツールを選択します。左上のアンカーポイントをクリックして選択し、リボンの幅は変えないように下の方に移動させます。

「この操作を行うと、ライブシェイプが標準のパスに変わります。続行しますか?」と表示されたら [はい] を押します。

3 [ペン] ツールを選択し、セグメントに近づけて2つのアンカーポイントを追加します。

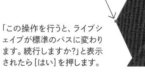

クリックして追加

クリックして追加

4 [パス選択] ツールで、リボンの先端の2つのアンカーポイントを [Shift] キーを押しながら複数選択します。選択したアンカーポイントを右側にドラッグで動かします。4つのポイントのハンドルを操作して曲線を滑らかに整えます。

5 「長方形1」レイヤーを選択して command ([Ctrl]) + J キーで複製し、さらに [編集] メニューから [変形] → [水平方向に反転] を選択して、反対側のリボンをつくります。[移動] ツールで左右のリボンの重なり位置を調整します。

6 [長方形] ツールを選択し、オプションバーで [塗り：#680000] に設定し、左右のリボン上部の間を埋めるようにドラッグして長方形をつくります。

クリックして上にドラッグ

7 [曲線ペン] ツールで、長方形の上辺を上に引き上げて曲線にします。下辺も同様に引き上げて曲線にします。[レイヤー] パネルで「長方形2」レイヤーを左右のリボンのレイヤーの下に移動させ、形や位置を整えます。

161

9-4 ブラシでつくる表現

［ブラシ］はPhotoshopで活躍する場面の多いツールです。
絵の具のようなアナログ表現から、紙吹雪や雪を散らす、スタンプのようなブラシまで実現できます。
ブラシの基本を理解して、さまざまな表現を手に入れましょう。

STEP 01 ブラシツールの仕組み

Photoshopでは、くっきりしたペンのようなブラシから、スプレーのように飛び散るブラシまで、さまざまなブラシが用意されています。すべてのブラシは「ブラシ先端のシェイプ」と、それを「どのように連続させるかの設定」の組み合わせでできています。なめらかな「線」を描いているように見えるブラシも、「ブラシ先端のシェイプ」を連続させることで線のように見せています。ブラシの設定はユーザーが自由に調整でき、つくったブラシを新規登録することもできます。

基本の［ハード円ブラシ］を、［ブラシ設定］パネルで［ブラシ先端のシェイプ］の［間隔］を0%にしたものが上の線、200%にしたものが下の線です。

［不透明度］と［流量］

［ブラシ］ツールを使う上でつかみにくいのが［不透明度］と［流量］です。どちらも数値を下げるほど、ブラシでクリックしたときの描画色は同じように薄くなりますが、ドラッグして線を引くと違いがわかります。［不透明度］は色に水を加えて薄くしたイメージで、ひと筆で描いた色は均一の濃さになります。「流量」は色をスプレーする量を減らすイメージで、ひと筆で描いて重なったところは濃くなっていきます。同じブラシでも、不透明度と流量を使い分けることで、違った表現が可能になります。

不透明度100／流量100 ／ 流量100／不透明度100
不透明度50／流量100 ／ 流量50／不透明度100
不透明度10／流量100 ／ 流量10／不透明度100
不透明度20／流量100 ／ 流量5／不透明度100
ひと筆で均一に薄くなる ／ ひと筆で重なる部分は濃くなる

サイズと硬さを簡単に変更する

［ブラシ］や［消しゴム］ツールを使用しているとき、ブラシのサイズや硬さを変えたい場面は度々あります。ショートカットを覚えてパネルを操作する時間を減らしましょう。

［ブラシ］や［消しゴム］ツールを選んだ状態で、カンバス上で、Macは control + option キーを押しながらドラッグ、Windowsは Alt キーを押しながら右ボタンでドラッグします。上下にカーソルを動かすと硬さ（ぼかし）が変化し、左右にカーソルを動かすとサイズが変化します。

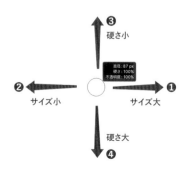

STEP 02 紙吹雪のブラシをつくる

Lesson 09 ▶ 9-4 ▶ 09_402.psd

1 ツールバーで [描画色：#000000] に設定します。[長方形]ツールを選択して、カンバス上をクリックし、ダイアログボックスで [幅：50 px] ❶、[高さ：50 px] と入力し、四角形のシェイプをつくります。

2 シェイプを選択したまま [編集] メニューから[パスの自由変形] を選択します。バウンティングボックスが現れますので、Shift キーを押しながら45度回転させて、ひし形をつくります。

3 [レイヤー] パネルのサムネールを command（Ctrl）キーを押しながらクリックし、ひし形の選択範囲をつくります。

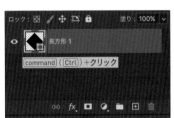

4 [編集] メニューから [ブラシを定義] を選択します。[ブラシ名]ダイアログボックスが開きますので、[ブラシ名：紙] として [OK] を押します。

5 [ブラシ設定]パネルを開きます。ブラシ先端のシェイプ ❶で、先ほどつくったブラシ❷を選択した状態で [直径：30 px] ❸ [間隔：200%] ❹にします。これで先端のシェイプの描かれる間隔が広くなりました。

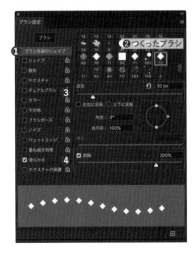

6 [シェイプ] を選択してチェックを入れ❶、[サイズのジッター：50%] ❷ [角度のジッター：100%] ❸にします。これで先端のシェイプの大きさと角度がばらつくように変更できました。

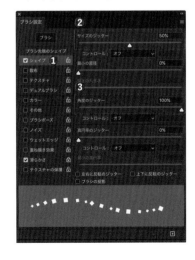

7 [散布]を選択してチェックを入れ❶、[散布:600％]❷にします。これでさまざまな方向に散ります。

8 [カラー]を選択してチェックを入れ❶、[描点ごとに適用]❷にチェックを入れます。[色相のジッター:80％]❸にします。これでブラシの色が、描点ごとに変更されます。

9 [レイヤー]パネルで[新規レイヤーを作成]して、ツールバーで[描画色:#8cd1e8]にして、ブラシでぐるっと描いてみます。描画色の水色から、色相やサイズ、角度が変更され、カラフルな四角が散布された紙吹雪のような表現ができました。ブラシのサイズを変更して重ねると遠近感も出ます。好きな文字を入れるとカードのできあがりです。

作成したブラシを保存する

設定を変更したブラシは、このままでは消えてしまいます。
繰り返し使いたい場合は新たに保存しましょう。

1 [ブラシ設定]パネルの下の[新規ブラシを作成](+)ボタンをクリックします。

2 [新規ブラシ]ダイアログボックスが開きますので、[名前:紙吹雪]と入力し❶、❷〜❹は作成したブラシに合わせて選び、[OK]を押しましょう。

❷にチェックを入れると、ブラシを選択したときに、設定したサイズにセットされます（変更はできます）。❸にチェックを入れると、[ブラシ]のみで使え、[消しゴム]など他のツールでは使用できなくなります。❹は、❸にチェックが入っている状態で、ブラシの色の初期設定を保存できます。

STEP 03 雪のブラシをつくる

Lesson 09 ▶ 9-4 ▶ 09_403.psd

基本の[ハード円ブラシ]からサイズや透明度をランダムに変えて、遠近感のある雪のブラシをつくりましょう。

1 [ブラシ]パネルから[汎用ブラシ]→[ハード円ブラシ]を選択します。

2 [ブラシ設定]パネルを開き、[ブラシ先端のシェイプ]❶で、[直径:30px]❷、[間隔:1000%]❸に設定します。

3 [シェイプ]を選択してチェックを入れ❶、[サイズのジッター:100%]❷、[真円率のジッター:20%]❸に設定します。これで雪粒の遠近と、風に流れる雪の少し潰れた円を表現します。

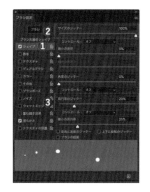

4 [散布]を選択してチェックを入れ❶、[散布:1000%]❷[両軸:チェックあり]❸にします。[数:2]❹に設定します。間隔を広くとったので、ここで雪の数を増やしておきます。

5 [その他]を選択してチェックを入れ❶、[不透明度のジッター:80%]❷に設定します。

6 ファイルを開き、[レイヤー]パネル下の[新規レイヤーを作成]ボタンで新規レイヤーを作成して、「雪」と名前をつけます。[ツール]パネルで[描画色:#ffffff]に、[ブラシ]パネルで[直径:20px]に設定し、雪を描いてみましょう。サイズや円の形、不透明度がランダムに変わる雪のブラシができました。

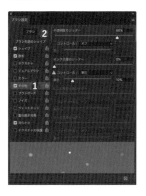

✔CHECK!

この時点ではブラシは保存されていない

[ブラシ]の選択がオレンジになっている場合、元のブラシからカスタマイズされている状態です。設定は保存されていませんので、繰り返し使う場合はパネル下部の[新規ブラシを作成]ボタンを押してブラシを保存しましょう。

このブラシをカスタマイズ中

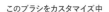

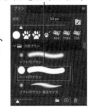

重ねて雪っぽさを出す

1 [レイヤー]パネル下の[新規レイヤーを作成]ボタンで新規レイヤーを2つ作成し、「前面」「背面」と名前をつけて、先ほどの「雪」レイヤーの上下に配置します。

2 「背面」レイヤーには、[ブラシ]パネルで[直径：10px]にして、後ろの細かい雪を描きます。「前面」レイヤーには[直径：50px]にして、手前の大きな雪を描きます。

3 各レイヤーにぼかしをかけます。「前面」レイヤーを選択し、[フィルター]メニューから[ぼかし（ガウス）]を選択します。[ぼかし（ガウス）]ダイアログボックスで[半径：7.0px]にして[OK]を押します。同様に、「雪」レイヤーは[半径：5.0px]、「背面」レイヤーは[半径：2.0px]に設定しフィルターをかけます。ぼかしの強弱によって、遠近感のある雪になりました。

✓CHECK!

スマートフィルターなら再編集できる

レイヤーを[スマートオブジェクト]にしておくと、フィルターが[スマートフィルター]になり、レイヤースタイルのように再編集可能になります。

▶COLUMN

進行方向や筆圧で変化するブラシもつくれる

ペンタブレットなどのデバイスを使用する場合、筆圧に応じて散布や色などを変化させることもできます。マウスでも進行方向は感知できますので、たとえば足跡のような描画方向で変化するブラシもつくれます。

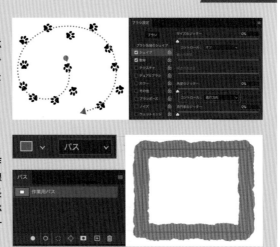

マウス操作が苦手ならパスでもブラシが描ける

ブラシをうまく使うには、マウスやペンタブレットの操作が必須と思われがちですが、パスを利用してブラシの線を引くこともできます。描きたい形を[ペン]ツールや[長方形]ツールで作成し、新規レイヤーを作成して[パス]パネル下にある[ブラシで境界線を描く]ボタンをクリックすると、描画色でパスに沿って線を描くことができます。

9-5 ブラシとテクスチャを使った表現

水彩絵の具や油絵のようなにじみを表現できるブラシが用意されていますが、
素材感をプラスすることで、
よりリアルな表現をつくることができます。

STEP 01　レイヤースタイルでテクスチャを重ねる

📷 Lesson 09 ▶ 9-5 ▶ 09_501.jpg

1 紙のテクスチャなど、パターンとして使いたい画像を開きます。どんな色にも合うように、色をなくしてモノクロにします。[レイヤー]メニューから[モード]→[グレースケール]を選択します。

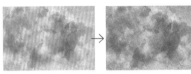

「カラー情報を破棄しますか?」という確認のダイアログボックスが表示されるので[破棄]を押します。

2 テクスチャのコントラストが強いほうが使いやすいので、[イメージ]メニューから[色調補正]→[レベル補正]を選択し、[レベル補正]ダイアログボックスで、左右のシャドウとハイライトのスライダーをヒストグラムの山の端に合わせて移動させて、[OK]を押します。コントラストが上がります。

STEP02で利用するので、「texture.jpg」という別名で保存します。

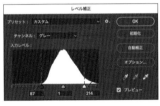

3 command (Ctrl) + A キーで画像を全選択して、[編集]メニューから[パターンを定義]を選択します。[パターン名]ダイアログボックスで、「水彩テクスチャ」と名前をつけて[OK]を押します。

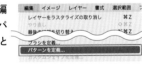

4 [幅:1000px]×[高さ:1000px]の新規ドキュメントを作成し、新規レイヤーを作成します。[ブラシ]パネルで[ウェットメディアブラシ]→[Kyleのインクボックス-典型的なカトゥーニスト]❶を選択し、[直径:300px]❷とします。オプションバーで[流量:30%]❸に設定し、[描画色:#0096ff]で丸を描きます。

5 ブラシで塗ったレイヤーを選択し、[レイヤー]パネル下の[レイヤースタイルを追加]ボタンから[パターンオーバーレイ]を選びます。[描画モード:オーバーレイ]❶、[不透明度:50%]❷、[パターン]をクリックして先ほど作成した「水彩テクスチャ」❸を選択して[OK]を押します。

このときカンバス上をドラッグして移動させるとパターンが移動します。

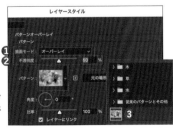

1 [幅：1000px]×[高さ：1000px]の新規ドキュメントを作成し、新規レイヤーを作成します。[ブラシ]ツールの[ウェットメディアブラシ]の[Kyleのリアルな油彩-01]❶を選択します。このブラシは[混合ブラシ]ツール専用のブラシなので、ブラシを選ぶと自動的に[混合ブラシ]ツールに切り替わります。[サイズ：150px]❷、[オプション]バーで[流量：50%]❸にします。

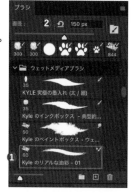

Lesson 09 ▶ 9-5 ▶ 09_502.psd

2 [混合ブラシ]ツールは色を混色できます。まず1色目、ツールバーの[描画色]をピンク系の色にして、にじみが出るように円を描きます。続いて、[描画色]をブルー系に変更し、ピンクの一部に重なるように描きます。重なり合う部分が混色しました。

3 描画にテクスチャを重ねます。STEP01で保存した「texture.jpg」をキャンバスにドロップすると、スマートオブジェクトレイヤーとして追加されます。

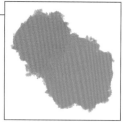

4 「texture」レイヤーを選択し、[レイヤー]パネルメニューから[クリッピングマスクを作成]を選択します。[レイヤー]パネルで「テクスチャ」の左に直角の下矢印が表示され、ブラシで描いた領域にだけテクスチャが表示されます。

下矢印がクリッピングマスクの目印

5 テクスチャ画像はモノクロですが、[レイヤー]パネルで[描画モード]を[焼き込みカラー]に変更すると、ブラシの描画色にテクスチャの陰影が重なる表現になります。ブラシの色やテクスチャのコントラストによって描画モードを選び、さまざまな表現を試してみましょう。

焼き込みカラー　　　　　スクリーン　　　　　オーバーレイ

STEP 03　クリッピングマスクにテクスチャを重ねる

Lesson 09 ▶ 9-5 ▶ 09_503.jpg

元画像

1 ファイルを開いて、[レイヤー]パネルで「背景」を右クリックして[スマートオブジェクトに変換]を実行します(「レイヤー0」になります)。[フィルター]メニューから[シャープ]→[シャープ(輪郭のみ)]を選択して適用します。

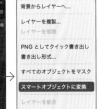

2 [レイヤー]パネルで、「シャープ(輪郭のみ)」の右にあるアイコン❶をダブルクリックします。[編集オプション]ダイアログボックスが表示されるので、[描画モード:オーバーレイ]❷にして[OK]を押します。

3 「water.jpg」をカンバスにドラッグし、全体を覆うようにサイズを調整して配置します❶。[レイヤー]パネルで、「water」を[描画モード:オーバーレイ]❷に変更すると、写真にテクスチャが適用されます。

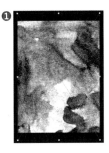

4 [レイヤー]パネル下の[新規レイヤーを作成]ボタンをクリックしてレイヤーを追加します。[ブラシ]ツールを選択し、オプションバーで[KYLE究極の墨入れ(太/細)]❶[直径:150px]❷に設定します。描画色はなんでもOKなので、「レイヤー1」にブラシでジグザクと描きます❸。描き終わったら[レイヤー]パネルで「レイヤー1」を一番下に移動します。

5 「water」と「レイヤー0」を Shift キーを押しながら複数選択し❶、[レイヤー]パネルメニューから[クリッピングマスクを作成]を選択します❷。ブラシでジグザグ描いたところだけ写真が表示されます❸。

練習問題

⬇ Lesson 09 ▶ Exercise ▶ 09-Q01.psd, dot.png

Q 左のテキストに、ドットのパターンとレイヤースタイルの
[シャドウ（内側）]を使って、右のように仕上げてみましょう。

BEFORE

AFTER

A

❶「dot.png」を開き、[編集]メニューから[パターンを定義]を選択します。[パターン名]のダイアログボックスで「ドット80」と名前をつけて[OK]を押します。

❷「09-Q01.psd」を開きます。[レイヤー]パネルで「DOT」レイヤーを選択して、パネル下の[レイヤースタイルを追加]ボタンから[パターンオーバーレイ]を選択します。

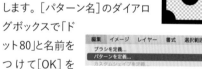

❸[レイヤースタイル]ダイアログボックスが開いたら、[不透明度：10%]❶[パターン：ドット80]❷[比率：10%]❸に設定します。

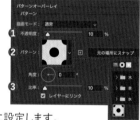

❹続いて、ダイアログボックス左側の[シャドウ（内側）]を選択してチェックを入れ、右側で[描画モード：乗算]❶[不透明度：50%]❷[距離：0px]❸[チョーク：0%]❹[サイズ：20px]❺に設定して[OK]を押します。

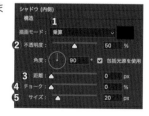

写真の色を補正する

Photoshopはその名の通り、写真の補正をするために生まれたアプリケーションです。ここでは、そのもっとも中心的な機能である、写真の補正の方法について学びます。撮影に失敗した写真をうまく補正して利用できるようにしたり、いまひとつの写りの写真をプロが撮ったように美しく見せることができるようになります。

10-1 明るさ・コントラストを調整する

[明るさ・コントラスト]はその名称どおり、明るさとコントラストを手軽に調整できる機能です。
明るさの調整では、画像を明るく、または暗くすることができます。
コントラストの調整では、画像のメリハリ感を調整します。

STEP 01 画像を明るくする

BEFORE

AFTER

画像の明るさを調整するには[明るさ]のスライダーを左右にドラッグします。左方向にドラッグすると暗く、右方向にドラッグすると明るくなります。数値欄にキーボードから直接数値を入力することもできます。調整範囲は±150です。

Lesson10 ▶ 10-1 ▶ 10_101.jpg

[イメージ]メニューの[色調補正]から[明るさ・コントラスト]を選びます。[明るさ・コントラスト]ダイアログボックスで、[明るさ]のスライダーをドラッグして調整します。ここでは右方向に「60」の値までスライダーを動かし、明るくしています。

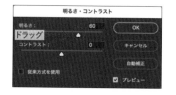

STEP 02 コントラストを調整する

BEFORE

AFTER

次にコントラストを調整してみましょう。コントラストとは「明暗比」のことで、明るい部分と暗い部分の差がはっきりしているほどコントラストが強い（メリハリ感が強い）状態といえます。調整幅は−50から+100です。

Lesson10 ▶ 10-1 ▶ 10_102.jpg

STEP01と同様に操作し[明るさ・コントラスト]ダイアログボックスで、[コントラスト]のスライダーをドラッグして調整します。ここでは右方向に「90」の値までスライダーを動かし、メリハリ感を強めています。

COLUMN

[従来方式を使用]とは

[従来方式を使用]にチェックが入っていると、[明るさ]や[コントラスト]の調整結果がより強調されます。下の作例は[従来方式を使用]にチェックを入れた状態で[コントラスト]を「90」としたもので、かなりコントラストが強調されています。通常の操作で効果が不足するような場合に使うとよいでしょう。

[従来方式を使用]にチェックを入れて[コントラスト]を強めた例。

10-2 レベル補正で階調を補う

[レベル補正]は主に画像の階調の幅を調整するために使います。[レベル補正]画面に現れる
ヒストグラムを参考にしながら、スライダーを調整することで、適度な明るさやコントラストの画像に
することができます。調整による画像の変化だけでなくヒストグラムの変化も確認してください。

STEP 01 シャドウ階調を補う

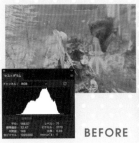 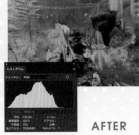

BEFORE　　　AFTER

[ヒストグラム]パネルで確認すると、この画像
はシャドウ側とハイライト側の成分が不足して
いることがわかります。それがぼんやりした印
象の原因です。そこでこれらの階調の不足を
補います。まずはシャドウ側を調整します。

📥 Lesson10 ▶ 10-2 ▶ 10_201.jpg

[イメージ]メニューの[色調補正]から[レベル
補正]を選びます。[入力レベル]欄のシャドウ
側のスライダーをヒストグラムの左端の立ち上
がり付近までずらします。この操作によってシャ
ドウが引き締まります。

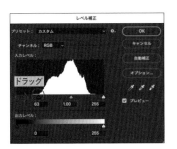

STEP 02 ハイライト階調を補う

AFTER

STEP01で落ち着きのある画像に
できました。一方のハイライト側の
調整を行います。これによりヌケ
のよいすっきりとした印象の画像
にすることができます。ここではシ
ャドウとハイライトの両方を調整し
ていますが、画像によってはどち
らか一方ですむ場合もあります。

📥 Lesson10 ▶ 10-2 ▶ 10_202.jpg

次に[入力レベル]欄の右側の、ハイラ
イトのスライダーをヒストグラムの右
端の立ち上がり付近までずらすと、明
るくなる分だけ画像のヌケがよくなり
ます。シャドウとハイライトの階調を補
うと、適度なコントラストも得られます。

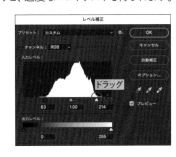

10-3 トーンカーブで明るさやコントラストを自由に調整する

[トーンカーブ]は明るさやコントラストを調整するのにとても重宝する機能です。他に類似の機能もありますが、調整の自由度が高いということが大きな特徴です。さらに明るさだけでなく色の調整もできるため、ケースによっては[トーンカーブ]だけで明るさ、コントラスト、色の調整をすませることも可能です。

STEP 01 トーンカーブの主な操作

[トーンカーブ]で調整するには、[イメージ]メニューの[色調補正]→[トーンカーブ]を選びます。
表示される[トーンカーブ]でカーブの形を変えることで明るさやトーンの調整が可能になります。

トーンカーブの調整方法

トーンカーブは調整後のカーブが滑らかなほど画質劣化（階調飛び）が少なくなります。カーブが急激に変化しやすい[描画してトーンカーブを変更]ではなく、滑らかなカーブを描きやすい[ポイントを編集してトーンカーブを変更]を利用しましょう。トーンカーブは最初は直線ですが、その線のどこかをつかんでドラッグすると、それに合わせてカーブ全体が変化します。この変化によって画像が明るくなったり暗くなったりします。つかんだところにはポイントが生じますが、そのポイントを移動しての再調整も可能です。また複数のポイントを置くことで複雑なカーブを描くこともできます。トーンカーブの調整結果はすぐに画像に現れるので、効果を確認したら[OK]をクリックして調整を確定します。

❶チャンネル
明るさを調整したい場合、チャンネルは[RGB]（CMYK画像の場合は[CMYK]）を選びます。それ以外を選ぶと、選んだチャンネルに応じて、明るさではなく色の補正が可能になります。

❷[ポイントを編集してトーンカーブを変更]／[描画してトーンカーブを変更]
カーブの調整方法を切り替えます。鉛筆マークの[描画してトーンカーブを変更]はフリーハンドでカーブを描きます。通常は波形マークの[ポイントを編集してトーンカーブを変更]で操作を行います。

❸トーンカーブの操作画面
最初は右45度の直線ですが、この線を操作して変更する（線を描き直す）ことで、明るさやコントラストの調整ができます。操作して生じたポイントは、ポイントを操作画面の外へドラッグ&ドロップすることで削除できます。

❹グラフ軸の単位
データの種類に応じて使い分けます。RGB画像の場合は[光量]を、CMYK画像の場合は[色材量]を選びます。

❺グリッドサイズ
トーンカーブの操作画面に表示されるグリッド（方眼線）のサイズを選びます。

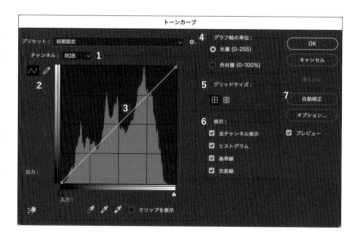

❻表示
トーンカーブの操作画面の表示オプションを指定します。[全チャンネル表示][ヒストグラム][基準線][交差線]の表示の有無が選べます。

❼自動補正
[自動補正]ボタンをクリックすると、画像の状態を判断してPhotoshopが自動的に明るさやコントラストを調整します。

STEP 02　画像の全体的な明るさの調整をする

BEFORE　　　　　　AFTER（明るく）　　　　　　AFTER（暗く）

[トーンカーブ]を使って画像全体を明るくするには、上に弧を描くようにカーブをドラッグして調整します。逆に画像全体を暗くするにはカーブが下に弧を描くようにします。カーブの度合いが大きいほど画像に対する効果も強くなります。

📥 Lesson10 ▶ 10-3 ▶ 10_302.jpg

全体的に画像を明るくする

トーンカーブの中央付近を上方にドラッグします。ドラッグする距離が長いほど明るくなります。

全体的に画像を暗くする

トーンカーブの中央付近を下方ドラッグします。ドラッグする距離が長いほど暗くなります。

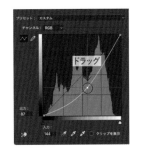

✓CHECK!

トーンカーブの操作をやり直す

[キャンセル]ボタンは option（Alt）キーを押すと[初期化]ボタンに変わります。操作中のトーンカーブを最初からやり直す場合には、この方法で初期化します。

COLUMN

画像上をドラッグして調整する

人さし指のボタン（画面セレクターの表示切り替えツール）を押した状態にすると、画像上でマウスを上下にドラッグして明るさを調整することができます。ドラッグした領域の明るさに応じたポイントがトーンカーブ上に作成されます。

STEP 03　特定の階調を明るく（暗く）する

ハイライト側を明るくした例

シャドウ側を明るくした例

AFTER

[トーンカーブ]は、初期の直線状態から曲線に変化した階調にだけ影響を及ぼします。そのため初期状態の一部を固定し、その他を変化させれば特定の階調にだけ調整の効果を与えることができます。

📥 Lesson10 ▶ 10-3 ▶ 10_302.jpg

1 ここでは明るい部分をより明るくしてみましょう。option（Alt）キーを押しながら[初期化]ボタンを押していったんカーブをリセットします。次に、シャドウ側の線上をクリックして固定用のポイントを置きます。作例では3つの固定用ポイントを置いています。

2 次にハイライト側のカーブを上に持ち上げると、シャドウ側（画像ではテーブルの茶色など）には影響を与えず、犬やギターの白い部分が明るくなります。このように、明るい部分や暗い部分、あるいは中間調といった特定の階調の明るさ調整が可能です。

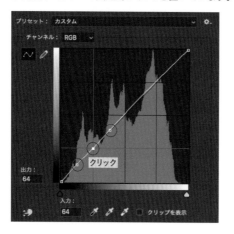

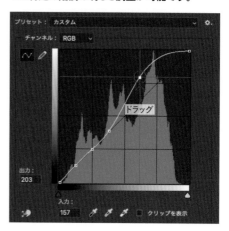

STEP 04　コントラストを調整する

BEFORE　　　　　　AFTER（コントラストを強める）　　　　AFTER（コントラストを弱める）

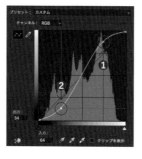

[トーンカーブ]を使ってコントラストを調整するには、カーブのシャドウ側とハイライト側で上下逆方向にカーブを操作します。一般的に「S」字状にカーブが操作された場合はコントラストは強くなり、「逆S」字状にカーブが操作された場合はコントラストは弱くなります。また、カーブの傾斜角が大きいほどコントラストは強まり、逆に傾斜角が水平に近づくほどコントラストは弱くなります。

⬇ Lesson10 ▶ 10-3 ▶ 10_302.jpg

コントラストを強める

option（Alt）キーを押しながら[初期化]ボタンを押してカーブをリセットします。コントラストを強めるにはハイライト側のカーブを持ち上げ❶、シャドウ側のカーブを引き下げて❷、「S」字状のカーブを描きます。コントラストとは明暗比のことなので、明るい部分をより明るく、暗い部分をより暗くすることでコントラストは強まります。

コントラストを弱める

option（Alt）キーを押しながら[初期化]ボタンを押してカーブをリセットします。コントラスト弱めるには「逆S」字状にカーブを描くようにします。具体的には、ハイライト側のカーブを引き下げ❶、シャドウ側のカーブを持ち上げます❷。中間調付近のカーブが水平に近づくほどコントラストは弱まります。

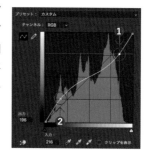

STEP 05 トーンカーブで色補正を行う

BEFORE

AFTER

[トーンカーブ]でもチャンネルを[レッド]
[グリーン][ブルー]に切り替えることで
色補正を行うことができます。ここでは青
かぶりした画像を例に色補正を行います。
青かぶりの場合、主に「ブルー」と「レッド」
のチャンネルの操作となります。

⬇ Lesson10 ▶ 10-3 ▶ 10_305.jpg

1 色補正を行うにはチャンネルを切り替える必要があ
ります。当初は[RGB]となっているはずです。ここで
は青かぶりを補正するのでまず[ブルー]に切り替え
ます。

2 [ブルー]チャンネルに切り替わります。青かぶりの補
正なのでブルーを弱めるように操作します。ここでは
中間付近を引き下げただけでなく❶、ハイライト端も
引き下げて❷、強調された
青を抑えました。なお[ブ
ルー]チャンネルでカーブ
を引き下げるという操作
は、結果的に黄色を強め
ることになります(青と黄
色は補色の関係のため)。

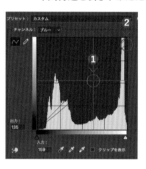

3 青かぶり補正の場合、[レッド]チャンネルで赤みを強
めることで、色かぶりのない、より自然な色合いにす
ることができます。
[レッド]チャンネ
ルに切り替え❶、
画像の変化の様
子を見ながらカー
ブを引き上げます
❷。

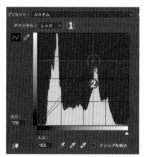

4 色補正を行うとたいてい明るさも変わります。ここま
での調整で多少暗くなってしまったので明るさを補
います。[RGB]チ
ャンネルに切り替
え❶、カーブを持
ち上げて❷明るさ
を補います。最後
に[OK]をクリック
して確定します。

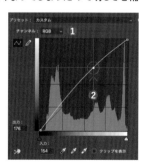

✔**CHECK!**

補色とは

補色というのは混ぜ合わせると無彩色になる色の組み合わせ
のことです。色補正では、かぶっている色を抑えるということは
補色を強めるということでもあります。補色の代表的な例として
「赤⇔シアン」「緑⇔マゼンタ」「青⇔黄色」といった組み合わせ
があります。[トーンカーブ]の[レッド][グリーン][ブルー]の
各チャンネルで操作を行った場合、カーブを持ち上げればそ
のチャンネル色が強まり、引き下げると補色が強まります。

各チャンネルのカーブを非表示にする

チャンネルを[レッド][グリーン][ブルー]に切り
替えて操作を行うと、[RGB]チャンネルに戻った
ときに、各チャンネルで操作したカーブが同時に
表示されるため、操作画面が見にくくなることが
あります。そのような際は、[トーンカーブ]画面
の右にある[全チャンネル表示]のチェックを外し
ます。

10-4 シャドウ・ハイライトで階調を調整する

[シャドウ・ハイライト]では、シャドウ階調を明るくしたり、ハイライト階調を暗くしたりすることができます。
白飛び気味や黒潰れ気味の階調を取り戻して、被写体のディテールを復元する効果が期待できます。
完全に白飛びや黒潰れしている部分に対しては効果はありません。

STEP 01 シャドウ・ハイライトの主な操作

[イメージ]メニューの[色調補正]→[シャドウ・ハイライト]を選び、表示される[シャドウ・ハイライト]ダイアログボックスで各パラメーターを設定します。より細かなコントロールをするために[詳細オプションを表示]に ❶ チェックが入った状態で作業するとよいでしょう。

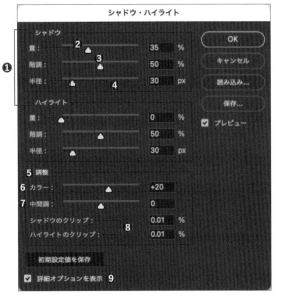

❶[シャドウ]欄と[ハイライト]欄

[シャドウ]欄および[ハイライト]欄の調整項目は同じものです。異なるのはそれぞれの調整の効果がシャドウに効くかハイライトに効くかの違いです。なお、[シャドウ・ハイライト]を開くと自動的に[シャドウ]の[量]が「35」%になります。

❷量

[シャドウ]の場合は、シャドウ階調を明るくする強さを、[ハイライト]の場合は、ハイライトの階調を暗くする強さを調整します。0〜100%の間で調整が可能です。

❸階調

[シャドウ]の場合は、シャドウ側からどれだけ明るい部分までを調整するか、[ハイライト]の場合は、ハイライト側からどれだけ暗い部分までを調整するかをそれぞれ指定します。[量]を調整すると有効になります。0〜100%の間で調整が可能です。

❹半径

調整するピクセルの範囲を指定します。被写体の細かさに応じて調整します。ディテールに十分な効果を与えたい場合は小さめの値にします。輪郭部に明るさのにじみが出た場合、この値を大きめにするとにじみをぼかすことができます。[量]を調整すると有効になります。0〜2500pxの間で調整が可能です。

❺[調整]欄

[シャドウ]と[ハイライト]の調整によって画像がねむくなったり、色彩感(彩度)が低下したりすることがあります。その場合、この欄のパラメーターの調整でリカバーできます。

❻カラー

[シャドウ]と[ハイライト]を調整すると彩度が弱まって見えることがあります。[カラー]をプラス側に調整すると、低下した彩度を補うことができます。逆にマイナス側に調整すると彩度は低下します。−100〜+100の調整幅があります。

❼中間調

[シャドウ]と[ハイライト]の調整によってコントラストが低下することがありますが、気になる場合は[中間調]をプラス側に調整します。マイナス側に調整するとコントラストは低下します。−100〜+100の調整幅があります。

❽シャドウのクリップ、ハイライトのクリップ

ここでいうクリップとは階調の切り捨てのことです。シャドウの場合はどれだけ黒つぶれさせるか、ハイライトの場合はどれだけ白飛びさせるかを指定します。値を大きくするほど切り捨てられる階調が広がります。

❾詳細オプションを表示

[詳細オプションを表示]にチェックが入っていないと、[シャドウ]欄[ハイライト]欄ともに[量]だけが調整可能になります。

STEP 02 シャドウとハイライトを調整する

BEFORE　　　　AFTER

樹の幹や枝葉が影になっているため暗く写っています。その一方、遠景の青空や草原は明るめで色が浅く感じられます。［シャドウ・ハイライト］で調整することにより、幹や枝葉のディテールが再現され、空や雲や草原は色が乗り落ち着いた印象の写真に変わります。ただし、不自然な結果になりやすいので調整のしすぎには注意が必要です。

Lesson10 ▶ 10-4 ▶ 10_402.jpg

1 ［イメージ］メニューの［色調補正］から［シャドウ・ハイライト］を選びます。まず［シャドウ］欄を調整します。［量］を「40」%、［階調］を「60」%、［半径］を「30」pxとしました。幹や枝葉の細部がきちんと見えるようになります。

2 次に［ハイライト］を調整しましょう。［量］を「40」%、［階調］を「50」%、［半径］を「30」pxとします。青空や雲、草原などが落ち着いた印象に変わります。少しハロが出ていますが、この画像の場合、この程度の調整がちょうどいい落とし所です。

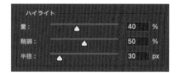

3 最後に［調整］欄で全体的な印象を整えます。色味を補強するために［カラー］を「+40」とし、コントラストを調整する［中間調］は「+20」としました。［OK］をクリックして確定します。

COLUMN

「ハロ」に注意

［シャドウ］および［ハイライト］の調整が強いと明暗の違いがはっきりした輪郭部に明るさのにじみ（ハロ）が現れやすくなります。すると写真としては不自然に見えてしまうので、ハロが目立たないようにそれぞれの［量］や［半径］の値を調整してください。

ハロが目立たず自然に見えます。　　幹や葉の輪郭部分でハロが生じ不自然に見えます。

絵画ふうの仕上がりにも注意

各パラメーターの値を極端に調整すると、次第に写真ではなく絵画のような雰囲気に変わっていきます。このような雰囲気の画像はHDR画像とも呼ばれ、写真的ではないと判断する人もいます。調整する際には、写真として仕上げたいのか、それともグラフィックとして仕上げたいのか、きちんと意図することが重要です。

179

10-5 色相・彩度で色を調整する

色は色相（色合い）、彩度（色の鮮やかさ）、明度（明るさ）から成り立っていて、これを色の3要素と言います。［色相・彩度］はこれら色の3要素を調整できる便利な機能です。画像処理の際によく使うのは［彩度］と［色相］。ここではその2つの機能について解説します。

STEP 01 色相・彩度の主な操作

［イメージ］メニューの［色調補正］→［色相・彩度］ダイアログボックスで調整します。

［マスター］が選ばれているとき

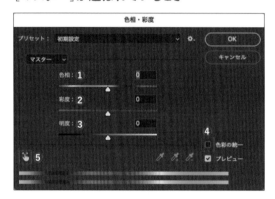

❶色相
画像全体の色相を変更します。画像内のすべての色の色合いが変わります。−180〜+180の間で調整可能です。

❷彩度
画像全体の彩度を変更します。画像内のすべての色の彩度が変わります。−100〜+100の間で調整可能です。−100にするとモノクロになります。

❸明度
画像全体の明度を変更します。画像内のすべての色の明るさが変わります。−100〜+100の間で調整可能です。−100で画像全体が真っ黒に、+100で画像全体が真っ白になります。

❹色彩の統一
画像全体をモノトーン（単一色）の状態にします。

❺画面セレクターの表示切り替えボタン
クリックして選択し、画像内の調整したい色の上で左右にドラッグすると、その色の彩度を調整できます command（Ctrl）キーを押しながらドラッグすると、その色の色相を調整できます。［マスター］の選択時にこの機能を使用すると、クリックした部分の色に合わせて［マスター］以外の色が選ばれます。

［マスター］以外が選ばれているとき

特定の色合いのみを調整したい場合は、マスターではなく調整したい色合いをメニューから選びます。その場合、下段のカラーバーで調整の対象となる色の範囲を広げたり狭めたりすることができます。

［マスター］以外では6つの色合いを調整の対象にできます。

❻スポイトツール
調整したい色の範囲を決めるために使います。3つのスポイトの機能は左から次のようになります。
［スポイトツール］画像上で調整したい基準となる色をクリックして選びます。
［サンプルに追加］+のスポイトは調整対象となる色の範囲を広げるために使います。画像上でクリックした色が、調整する色の範囲に含まれるようになります。
［サンプルから削除］−のスポイトは、調整したくない色を指定する際に使います。画像上でクリックするとその色が調整する色の範囲から外れます。

❼カラーバー
選んでいる色に応じ、カラーバーにスライダーで挟まれた区間が表示されます。中間の薄いグレーの部分は調整の効果がしっかりかかる色の範囲で、その左右の濃いグレーの部分は調整の効果が次第に弱まる（フォールオフ）範囲です。区間外の色は調整の対象外です。この区間は［サンプルに追加］や［サンプルから削除］でクリックすると変化しますし、スライダーを直接ドラッグして範囲を調整することもできます。

STEP 02 画像全体の彩度と色相を調整する

BEFORE　　　AFTER

画像全体（全色）の彩度と色相の調整を行ってみましょう。[マスター]が選ばれていれば画像全体に対して色の調整が行えます。作例では全体に色が浅く（彩度が低く）、またメジロの色味が悪いので、その調整を行います。

Lesson10 ▶ 10-5 ▶ 10_502.jpg

[イメージ]メニューの[色調補正]から[色相・彩度]を選びます。まず色味をはっきりさせましょう。[彩度]を「+30」とします❶。次に、特にメジロの羽毛に注目し、その色が黄色〜黄緑色になるように[色相]をずらして「+6」としました❷。

彩度を強めすぎると不自然な色調になるので注意してください。

STEP 03 特定の色の彩度や色相を調整する

BEFORE　　　AFTER

再びメジロの画像を使います。[ヒストリー]パネルを開いて、画像を開いた直後の状態にしておきます。ここでは、メジロの羽毛の彩度と色相を調整します。メジロの羽毛の色だけが変化し、空や桜の花びらの色には影響がないことを確認してください。

Lesson10 ▶ 10-5 ▶ 10_502.jpg

1 [色相・彩度]を開き、羽毛の色に近い[イエロー系]を選びます❶。次に調整したい色の範囲をきちんと指定するために[サンプルに追加]（+のスポイト）を選んで❷、メジロの黄色の羽毛部分をドラッグします❸。

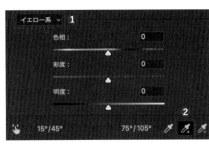

❸ドラッグ

2 「サンプルに追加」でドラッグすると、カラーバーの調整対象となる色の範囲が変化します❶。この状態で[彩度]や[色相]を操作すると、その範囲内の色だけが調整されます。ここでは、[彩度]を「+30」❷、[色相]を「+6」❸として、メジロの羽毛を鮮やかな黄色〜黄緑にしています。[OK]をクリックして確定します。

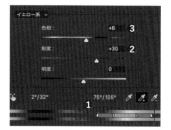

✓**CHECK!**

羽毛の黄色以外をドラッグしてしまった場合の修正方法

羽毛の黄色以外に青空や赤い花をクリック・ドラッグすると、調整の対象色が広がるために適切な色補正を行うことができなくなります。その際は、[サンプルから削除](−のスポイト)で調整したくない色をドラッグすることで、調整対象色から外すことができます。

STEP 04 画像を直接ドラッグして彩度を調整する

BEFORE　　　　　　AFTER

[色相・彩度]で特定の色のみの彩度を調整したいという場合は、もっと直感的な操作方法があります。調整したい色を画像上で直接ドラッグするというものです。シンプルな操作ですが的確な効果が得られます。

Lesson 10 ▶ 10-5 ▶ 10_504.jpg

1 [色相・彩度]のダイアログボックスの左下にある人差し指のボタン[画面セレクターの表示切り替え]をクリックします❶。操作すると自動的に特定色の調整となるので、最初は[マスター]のままでかまいません❷。

3 次に森の緑の彩度を強めます。青空部分でのドラッグに続けてマウスを森の緑に合わせ、やはり左右にドラッグして緑の彩度を調整します。この作例のように似た色が入り組んでいる場合は、何カ所か似た色の部分でドラッグすることで調整のムラを防ぐことができます。この作業モードをやめるにはもう一度[画面セレクターの表示切り替え]ボタンをクリックします。最後に[OK]で確定します。

彩度を下げる　　彩度を上げる

2 まず空の青色の彩度を強めてみましょう。青空部分にマウスを置き、左右にドラッグします。右方向にドラッグすると彩度が強まり、左方向にドラッグすると彩度が弱まります。右方向にドラッグして適度な彩度の青空になるようにします。

彩度を下げる　　彩度を上げる

COLUMN

command (Ctrl) + ドラッグで色相を調整する

[画面セレクターの表示切り替え]が選択された状態で、command (Ctrl) キーを押しながら左右にドラッグすると、[彩度]ではなく[色相]の調整になります。

10-6 レンズフィルターで色かぶりを補正する

色かぶりとは写真の色合いが自然でない状態のこと。赤、青、緑など、さまざまな色かぶりがあります。
[レンズフィルター]は、色かぶりが顕著に表れやすいアナログ（フィルム）写真で使われる
カラーフィルターを模した機能です。

STEP 01 色かぶりは「補色」を考えて補正する

BEFORE　　　　　　AFTER

[レンズフィルター]では、補色（P.177）の考え
を利用して色かぶりを補正します。わかりや
すいのは無彩色の白やグレーに色がついて
いる場合。その色と補色の関係にある色を加
えることで色かぶりの補正が可能になります。
ここででは青かぶりの補正を例にします。

📥 Lesson 10 ▶ 10-6 ▶ 10_601.jpg

1 [イメージ]メニューから[色補正]→[レンズフィルタ
ー]を選びます。[レンズフィルター]ダイアログボッ
クスが開いたら、調整による明るさの変化を防ぐため
[輝度を保持]にチェックを入れます❶。次に[フィル
ター]の色を選びますが、作例写真でかぶっている青
の補色を選びます。青に対する補色は黄色なので、
メニューから[Yellow]を選び❷、[適用量]を「25」%
としました❸。青かぶりは抑えられましたが、少し寒々
しい印象が残っています。

2 色かぶりの補正では補色の考えを基本にしつつ、
個々の画像の状態を確認したり、仕上がりを想像し
ながら軌道修正を行います。そこで、ここでは青か
ぶりを補正しつつ、ウォーム調（暖色系）に仕上げて
みましょう。[フィルター]のリストを見ると3つの
「Warming Filter〜」が確認できます❶。これらは微
妙に色が異なるウォーム調のフィルターです。具体
的にはアンバー色（黄赤）のフィルターを適用すると
多少の暖かみを残しながら青かぶりした画像をほど
よく補正してくれます。作
例では画像の変化を確認
しながら[Warming Filter
(LBA)]を選択し❷、[適用
量]は「20」%としました❸。
最後に「OK」で確定します。

❶
Warming Filter (85)
✓ Warming Filter (LBA)
Warming Filter (81)
Cooling Filter (80)
Cooling Filter (LBB)
Cooling Filter (82)
Red
Orange
Yellow
Green
Cyan
Blue
Violet
Magenta
Sepia
Deep Red
Deep Blue
Deep Emerald
Deep Yellow
Underwater
ブルー

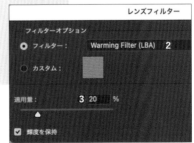

10-7 カラーバランスで階調別に色補正をする

［カラーバランス］は、シャドウ、中間調、ハイライトの3つの階調ごとに色補正をすることができます。
必ずしも3つの階調を調整する必要はなく、
必要な階調のみを調整してもかまいません。

STEP 01 階調ごとに色補正を行う

BEFORE　　　　AFTER

階調ごとにどのような色補正をするのかの
プランを立てます。作例ではハイライトにあ
たる「空と遠景」と、中間調とシャドウにあ
たる「紅葉の森」に分けて色補正をします。
前者は色かぶりしていますがRGB値を確
認すると色補正もしやすくなります。後者
は紅葉の雰囲気をより強調します。

📥 Lesson10 ▶ 10-7 ▶ 10_701.jpg

1 「空と遠景」の状態を確認します。［スポイト］ツール
を選んで雲や遠景部分にマウスを合わせると❶、
RGB値を確認できます❷。この場合R＝230、G＝
206、B＝214となっていて、Rの成分が多いことが
わかります。晴れた日の空は青く、また雲や遠景も青
みがかるので「空と遠景」に対しては青を強調する
方向で調整します。

2 ［イメージ］メニューから［色補正］→［カラーバラ
ンス］を選びます。明るさが大きく変化しないよ
うに［輝度を保持］にチェックを入れます❶。ま
ず「空と遠景」が該当するハイライト階調を調整
します。［階調のバランス］で［ハイライト］を選
びます❷。次に青みを加えるために［イエロー⇔
ブルー］を「＋23」にします❸。また日本の空は
少しシアンも入っているので［シアン⇔レッド］を
「−12」にします❹。これで空や遠景の色が自然
な色になります。

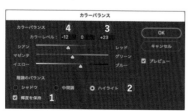

3 次に「紅葉の森」は色味を強めて印象強くします。これは
［中間調］と［シャドウ］に該当します。［階調のバランス］で
［中間調］❶を選び、［シアン⇔レッド］を「＋21」にして赤み
を強め❷、［イエロー⇔ブルー］を「−14」にして黄色味を強
めます❸。続けて［シャドウ］を選び❹、［中間調］と同じよ
うに赤みと黄色味を強めます。［シアン⇔レッド］は「＋14」
❺、［イエロー⇔ブル
ー］は「−8」とします
❻。最後に［OK］で
確定します。

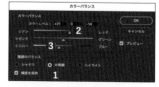

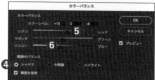

10-8 白黒でカラー画像をモノクロにする

［白黒］はカラー画像をモノクロ画像にするための機能です。
単なるモノクロ変換と異なるのは、元の色の違いによってモノクロ変換後の濃度を調整できること。
色の違いを濃度の違いとして表現することで、より深みのあるモノクロ画像を作り出すことができます。

STEP 01 色の違いを濃度の違いとして表す

BEFORE

AFTER

［白黒］は元の色の違いをモノクロ変換後の濃度の違いとして表現できることが大きな特徴です。例えば、赤は濃く（暗く）、青は薄く（明るく）といった調整が可能なため、単純なモノクロ変換よりも、印象的なモノクロ画像を作ることができます。

📷 Lesson 10 ▶ 10-8 ▶ 10_801.jpg

1 ［イメージ］メニューから［色補正］→［白黒］を選びます。［白黒］ダイアログが表示され、画像はモノクロでプレビューされます。

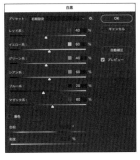

2 作例の赤と青、それぞれの色に対して濃度調整を行います。カラーの段階で赤色だった部分にマウスを合わせます❶。ここで左方向にドラッグするとその色は暗く、右にドラッグすると明るくなります。ここでは左方向にドラッグして元々の赤い色を暗くしています。ドラッグ操作によって対応する色（レッド系）のスライダーが変化します❷。必要に応じてスライダーを操作し微調整を行います。

濃度を上げる❶
濃度を下げる

3 続けて元々の青い部分でドラッグ操作をします。これは右方向にドラッグして青い色を明るめに仕上げている様子です❶。［白黒］ダイアログにはドラッグした色に対応する色のスライダー（シアン系）が変化します❷。必要に応じてスライダーを操作するなどして微調整や再調整を行います。

❶ → ドラッグ
シアン系: ❷ 76 %

✓ CHECK!

モノトーンで彩色する

［着色］にチェックを入れると❶、白黒ではなく着色されたモノトーンの画像を作ることも可能です❷。

着色 ❶
❷

10-9 Camera Rawフィルターだけで さまざまな調整を行う

強力なRAW現像ツールとしても知られる[Camera Raw]ですが、[フィルター]メニューからも
アクセスできるため、RAW以外の画像に対しても利用可能です。明るさや色に対するパワフルで多彩な
調整機能や、ディテールの調整機能、パースの調整機能などを1つの画面内ですませることが可能です。

STEP 01 Camera Rawフィルターの強力な調整機能

BEFORE　　　　AFTER

[Camera Rawフィルター]は、明るさ、色、トーン、ディ
テール、パースなど1つの画面で多様な調整が可能
で、しかもそれぞれの調整機能はパワフルです。ここ
では、明るさや色、ディテールの調整、そして部分補
正などを行い、写真をより魅力的に仕上げてみます。

Lesson10 ▶ 10-9 ▶ 10_901.jpg

1 [フィルター]メニューから[Camera Raw
フィルター]を選びます。

2 [Camera Raw]ワークスペースが表示されます。調整機能は右
側のパネルにグループごとにまとめられています。明るさに関す
る調整を行いますが、この画像の最終的な表現のポイントは画
面下のピントの合っている落ち葉です。[ライト]パネル❶の[ハ
イライト]を「−100」❷、[白レベル]を「−60」❸、[シャドウ]を「+
80」❹とします。さらに[露光量]を「−1.00」とします❺。全体的
に暗い印象ですが、のちほど画面下側を明るくします。

3 次に色についての調整です。画像全体をあで
やかな印象にします。[カラー]パネルを選び
❶、[色温度]を「+25」にしてアンバー調にし
❷、[色かぶり補正]を「+10」として❸少しマゼ
ンタを加えます。また[彩度]を「+16」にして色
乗りをよくします❹。

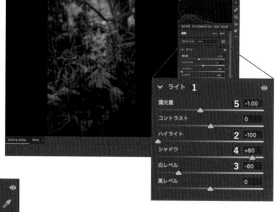

4 メインとして見せたい画像の下側を部分補正して明るくします。右のツールバーで［マスク］ボタンをクリックし❶、［線型グラデーション］を選びます❷。画像上で図のように下から上にドラッグします❸。このとき赤のオーバーレイで示されている部分が調整される範囲となります。Shift キーを押しながらドラッグすることで、垂直にグラデーションを描けます。

5 ［線型グラデーション］が選ばれたまま、［ライト］パネル❶の、［露光量］を「＋1.00」❷、［コントラスト］を「＋30」❸にします。また［効果］パネルを選び❹、［明瞭度］を「＋20」とします❺。先ほど赤く表示されていた範囲が明るく、またくっきりとなります。

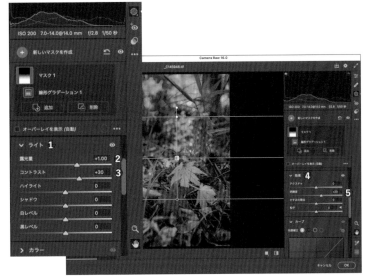

6 ツールバーの［編集］をクリックし❶、［カーブ］パネル❷の、トーンカーブで全体の調子を整えます。図のようにゆるくS字を描くようにカーブを調整し❸、多少のコントラストを強調して終了です。最後に［OK］をクリックして❹［Camera Rawフィルター］を終了します。

Lesson 10 　練習問題

Lesson 10 ▶ Exercise ▶ 10_Q01.jpg

Q 暗く青っぽい鍵の写真を明るくウォーム調の写真に仕上げてください。

BEFORE　　　　　　　　AFTER

A
❶[レイヤー]パネルの[塗りつぶしまたは調整レイヤーを新規作成]ボタンから[トーンカーブ]の調整レイヤーを作成します。[プロパティ]パネルで、カーブを持ち上げて明るくします。

❷同様に[カラーバランス]の調整レイヤーを作成し、[中間調][ハイライト][シャドウ]それぞれの[階調]で[シアン⇔レッド]をプラス調整（＋20程度）、[イエロー⇔ブルー]をマイナス調整（-25程度）し、色調を暖色系にします。

Lesson 10 ▶ Exercise ▶ 10_Q02.jpg

Q 紅葉の風景写真をさらに色鮮やかに仕上げてください。

BEFORE　　　　　　　　　AFTER

A
❶[レイヤー]パネルの[塗りつぶしまたは調整レイヤーを新規作成]ボタンから[自然な彩度]の調整レイヤーを作成します。
❷[プロパティ]パネルで、まず[彩度]を「＋20」程度にします。全体的に色のりがよくなります。

❸空の青みをもう少し強めるために[自然な彩度]を「＋30」程度にします。[自然な彩度]は特に寒色系によく効きます。

写真の修正・加工

特に仕上がりにこだわる写真は、目立つごみやノイズは消しておきましょう。より被写体の理想イメージに近づけるために、不要な映り込みを消したり、部分的に位置を調整したりする加工も行います。建築写真の場合はパースを修正して、水平や垂直をまっすぐに見せるのも一般的です。

11-1 ゴミや不要物を消す

写真に不要なものが写り込んでいると、写真が汚く見えたり、写真の印象が弱まったりします。
また、写真に文字を乗せるような場合、文字の背景はシンプルなものが好まれます。Photoshopには
不要物を消すためのたくさんの機能があります。ケースバイケースで上手に使い分けてください。

STEP 01 削除ツール

BEFORE　　　　AFTER

Photoshop 2023から搭載された[削除]ツールは、AIを利用した強力な機能です。周囲のテクスチャや景色に合わせて削除する部分を補完・生成します。不要物を削除する際は、まずこの機能を試してみるといいでしょう。

Lesson11 ▶ 11-1 ▶ 11_101.jpg

対象をドラッグして囲んで削除する

1 ツールバーから[削除]ツールを選びます❶。オプションバーで[+]を選び❷、対象に合わせて[サイズ]を調整します❸。[各ストローク後に削除]にチェックを入れると❹、ドラッグ直後に削除されます。チェックを入れない場合は、最後にオプションバーの[○]をクリックして削除をします。ここではチェックを入れておきます。

2 操作は、対象の大きさや形状に合わせてクリックするか、ドラッグして対象を囲むか、あるいは対象全体を塗りつぶします。ここではテントを囲んで消してみましょう。囲む場合はドラッグの始点と終点が重なる（輪を閉じる）ようにしてください。ドラッグをやめるとテントが消え、そこに芝生や影が補完・生成されます。

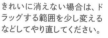
きれいに消えない場合は、ドラッグする範囲を少し変えるなどしてやり直してください。

ドラッグ

STEP 02　スポット修復ブラシツール

BEFORE　　　　　AFTER

［スポット修復ブラシ］ツールは、対象をクリックしたりドラッグしたりするだけで対象を消してくれます。［削除］ツールほど強力ではありませんが、シンプルなテクスチャであればすばやく処理することができます。作例写真中の横に伸びる白い線をここでは消します。

Lesson11 ▶ 11-1 ▶ 11_102.jpg

1 ［スポット修復ブラシ］ツールを選びます❶。オプションバーで細かな設定をします。ここでは［直径］は「80px」❷、［硬さ］は「60%」❸としました。また［モード］は「通常」❹、［種類］は「コンテンツに応じる」❺を選びます。

2 まず白い線の右側を消してみましょう。マウスを白い線に沿ってドラッグします❶❷❸。うまく消えなかったらドラッグする位置や範囲などを変えてやり直します。同じ要領で左側の白い線も消します❹。

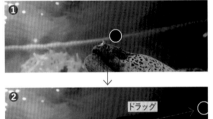

3 ウツボの鼻先の白い線は、［直径］を「40px」❶、［硬さ］を「100%」ほどにして❷、ドラッグし❸、処理をします❹。消したい対象（白い線）と消したくない対象（ウツボ）が近い場合は、「硬さ」の値は大きい方がきれいに処理されやすい傾向にあります。

STEP 03 コピースタンプツール

BEFORE　　　　　　AFTER

[コピースタンプ]ツールはコピー元となる画像の位置を指定し、それをコピー先へとペーストする機能です。消した部分が自然に仕上がるように、似たテクスチャをコピー元に指定するのがコツです。ここでは **STEP02** と同じ画像を使い、左右に横切る白いラインを消します。

⬇ Lesson11 ▶ 11-1 ▶ 11_102.jpg

---

1 画像を上書きせず、失敗してもあとからやり直しができるように新規レイヤーで作業をします。[レイヤー]パネルの[新規レイヤーを作成]ボタンをクリックし❶、作成された新規レイヤーを選んでおきます❷。

> ✔ **CHECK!**
>
> **[調整あり]とは**
>
> コピー元とコピー先の位置関係を一定にするのが[調整あり]です。チェックを外すと、操作するたびにコピー元が最初に指定した位置に戻ります。

---

2 [コピースタンプ]ツールを選び❶、オプションバーで消したい対象に合わせ[直径]❷や[硬さ]❸を指定します。また、[不透明度]❹と[流量]❺は今回は「100%」にします。さらに[調整あり]にチェックを入れ❻、[現在のレイヤー以下]を選びます❼。

---

3 白い線の上側にマウスを置き、option キーを押しながら一度クリックします(コピー元の指定)❶。次に、白い線にマウスを合わせ、白い線をなぞるようにドラッグまたはクリックすると、コピー元の画像が転写され線が消えます❷。

---

4 続けて白い線の下側で option キーを押しながらクリックし❶、コピー元を再指定します。線の下側をドラッグして消します❷。[コピースタンプ]ツールを使う場合、このように対象の上下や左右から挟むように消すと自然に見えやすくなります。この要領で残った白い線を消します。より自然に見えるようにオプションバーの[硬さ]や[不透明度]の値を適宜変更して作業をします。

STEP 04 不要な範囲を周囲のテクスチャで埋める

BEFORE

AFTER

写真の中に余分なものが比較的広範囲で写っていたり、あるいは何も写っていないような場合、自然な見え方でその範囲を埋めることができます。[コンテンツに応じた塗りつぶし]という機能を使います。

Lesson11 ▶ 11-1 ▶ 11_104.jpg

1 画面下部の色が変わっている範囲を処理します。[なげなわ]ツールを選び❶、オプションバーの[ぼかし]を「3px」程度にしたら❷、色が濃くなっている部分をドラッグして選択範囲を作成します❸。

❸ドラッグ

33.33%

2 [編集]メニューから[コンテンツに応じた塗りつぶし]を選ぶ❶と、[コンテンツに応じた塗りつぶし]ワークスペースに変わります。サンプリング元を[自動]で選ぶこともできますが、作例では不自然になりやすいので[カスタム]を選びます❷。[サンプリングブラシ]ツールを選んで❸さらに[+]を選び❹、[サイズ]を適当な大きさにして❺、明るい砂の部分を何カ所かクリック・ドラッグします❻。その結果が[プレビュー]に反映されます❼。自然に仕上がらない場合は[サンプリングブラシ]ツールの[+][−]の両モードでサンプリング範囲を変更してみましょう。最後に[出力先]を選んで❽(ここでは[新規レイヤー])[OK]で確定します。

✔ CHECK!

その他の設定項目

[サンプリング領域のオーバーレイ]とは、サンプリング元の範囲を明示するかどうかの指定です。色や不透明度を指定できます。

[塗りつぶしの設定]の[カラー適用]は[初期設定]でうまくいかない場合、ほかの[なし]や[高][さらに高]を選んでみてください。

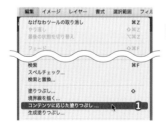

❻ドラッグ

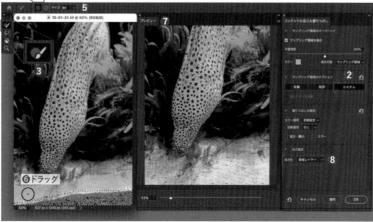

11-2 被写体の位置をずらす

写真の構図のバランスを取ったり、あるいはデザインの都合で空間を作りたいなど、
被写体の位置をずらしたいというケースがあります。
なるべく自然な形で、なおかつ少ない手順で被写体の位置をずらしてみましょう。

STEP 01 コンテンツに応じた移動ツール

BEFORE　　　　　AFTER

被写体の位置を簡単にずらすには[コンテンツに応じた移動]ツールを使います。移動したあとの処理を自動的にしてくれるのが特徴です。ただし、多少の違和感が残ることもあります。その際はSTEP02のような処理を行なってください。

📷 Lesson11 ▶ 11-2 ▶ 11_201.jpg

1 ツールバーから[コンテンツに応じた移動]ツールを選びます❶。オプションバーには元画像を維持する[構造]と移動後の色なじみをよくする[カラー]があります。作例では[構造]は「4」❷、[カラー]は「5」としました❸。[ドロップ時に変形]は、移動後に拡大などをする際にチェックしますが、ここでは不要なのでチェックはしていません❹。

2 カワセミの周囲を覆うようにドラッグして選択したら❶マウスドラッグで選択範囲を移動します❷。マウスボタンを離すとその位置にカワセミが移動し、移動元の範囲は周囲のテクスチャで埋められます❸。
ここでは❶の選択範囲を被写体より大きめに取っています。カワセミの輪郭ギリギリで選択範囲を作成すると、移動後に不自然な輪郭になったり、不自然に変形されるためです。移動後の処理は絵柄によるところが大きいので、絵柄に応じて選択範囲の大きさを変えるなどしてください。

選択範囲が残っているので、
command（Ctrl）+Dキーで選択を解除します。

STEP 02 コピースタンプツールであと処理をする

BEFORE

AFTER

移動したあとの処理を自動で行ってくれるのが[コンテンツに応じた移動]ツールのいいところですが、BEFOREの赤線で示したように不自然さが残る場合もあります。その際は、[コピースタンプ]ツールなどを使って不自然さを取り除くようにしてください。

⬇ Lesson11 ▶ 11-2 ▶ 11_202.jpg

1 [コピースタンプ]ツールの作業用に新規レイヤーを作成し選んでおきます❶。[コピースタンプ]ツールを選び❷、[直径]❸と[硬さ]❹は臨機応変に調整し、[不透明度]は「20〜100%」程度❺、[サンプル]は[現在のレイヤー以下]❻にします。

2 不自然さが気になる箇所は何カ所かありますが、カワセミの「腹側」を例にとって処理します。この不自然さは、背景の模様が途中で切れているためです。そこで、それらの模様を延長するようなイメージで処理をします。処理する部位に合わせて[直径]や[不透明度]を適宜、変更します。

処理イメージ。

クチバシ付近に緑を伸ばす。

腹付近の白を左に伸ばす。

3 [コピースタンプ]ツールでの処理に違和感が残る場合は、その範囲に対して[ぼかし（ガウス）]フィルターをかけてみるのも1つの手法です。まず[レイヤー]メニューの[画像を統合]でレイヤーを統合します❶。[なげなわ]ツール❷の[ぼかし]を「7px」程度にして❸、2で処理した部分に対し、少し広めに選択範囲を作成します❹。その上で[フィルター]メニューの[フィルター（ガウス）]を[半径]を「3」pixel程度で適用すると、なじみがよくなります。以上のようにして不自然さが残る部分を処理します。

❹ドラッグ

11-3 ノイズを軽減する

デジタルカメラの性能がよくなり以前ほどノイズは目立たなくなりましたが、暗い写真をPhotoshopなどで明るくすると隠れたノイズが目立ってきます。ノイズにはざらついた輝度ノイズと、色付きのピクセルが生じるカラーノイズの2種類があります。これらは［ノイズを軽減］で目立たなくすることができます。

STEP 01 輝度ノイズと色ノイズを抑える

BEFORE　　　　　AFTER

［ノイズを軽減］を使うと輝度ノイズとカラーノイズの両方を目立たなくすることができます。気をつけたいのは輝度ノイズを軽減する場合で、処理を強めるほどにディテールが失われていきます。ディテールを優先するか、ノイズの少なさを優先するか、用途に応じて判断してください。

Lesson11 ▶ 11-3 ▶ 11_301.jpg

色ノイズを軽減する

［フィルター］メニューから［ノイズ］→［ノイズを軽減］を選ぶと［ノイズを軽減］ダイアログボックスが現れます❶。各パラメーターには初期値が設定されています。［カラーノイズの軽減］についてはほぼ初期値どおりでいいでしょう。処理を強めすぎると、小さなランプや反射などの色味まで薄めてしまいます。［カラーノイズの軽減］の値を変えた例を挙げておきます。

カラーノイズを軽減：0%
色ノイズが残っています。

カラーノイズを軽減：50%
色ノイズがほどよく抑えられています。

カラーノイズを軽減：100%
処理が強すぎてレールや砂利への赤い反射がなくなっています。

輝度ノイズを軽減する

輝度ノイズは、ざらつきを抑える［強さ］、［強さ］によって細かな輪郭が失われるのを防ぐ［ディテールの保持］、さらに輪郭を強調する［ディテールをシャープに］の3つで調整します。［強さ］を「8」としたまま、他のパラメーターを変えた例を挙げておきます。

強さ：8
ディテールを保持：0%
ディテールをシャープに：0%
ざらつきはかなり抑えられますが、ディテールが失われ、絵のような雰囲気になっています。

強さ：8
ディテールを保持：30%
ディテールをシャープに：10%
ほどよくノイズが抑えられ、ディテールも残ったちょうどよい設定といえるでしょう。

強さ：8
ディテールを保持：60%
ディテールをシャープに：25%
ノイズ軽減よりもディテール優先の設定です。写真の使用サイズが小さい場合は、これでOKな場合もあります。

11-4 パースとレンズ描写の補正

建物を見上げたり、逆に見下ろしたり、あるいは斜めから見たりすると、
遠くにあるものほどすぼまって（パースがついて）見えます。
そのようなパースを補正したり、レンズ由来のゆがみや明るさのムラを補正することができます。

STEP 01 レンズ補正

BEFORE

AFTER

作例に見られる上すぼまりのパースや角度、歪み、周辺光量の不足を［レンズ補正］フィルターを使って補正します。パースやゆがみの補正は変形を伴うため、画像の周囲が多少切り取られます。

📥 Lesson11 ▶ 11-4 ▶ 11_401.jpg

パースを補正する

1 ［フィルター］メニューから［レンズ補正］を選びます。［レンズ補正］がダイアログボックスが開いたら［カスタム］タブを選びます❶。水平垂直のガイドラインとして［グリッドを表示］にチェックを入れ❷、サイズを「50」程度にしておきます❸。

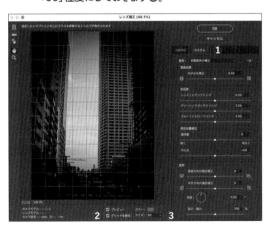

2 ［変形］欄の［垂直方向の遠近補正］を「−30」程度にします。これで上すぼまりのパースが補正されます。

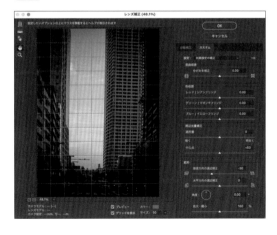

✓CHECK!

変形で余白が生じたら

［変形］を調整することで画像の周辺部に余白が生じることがあります。その場合は、［自動補正］タブにある［画像を自動的に拡大／縮小］にチェックを入れると、余白が出なくなるように画像が拡大または縮小されます。

3 画像が右に傾いているので、角度を修正します。[変形]欄の[角度]を「−1.11」°程度にします。

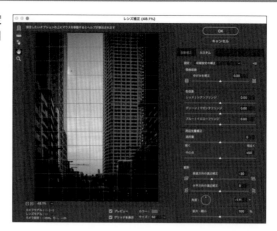

ゆがみを補正する

ここでの「ゆがみ」とは、画像が膨らんで見えたり、萎んで見えたりするレンズ由来の「歪曲収差」という光学現象のことです。作例では少し膨らんで見えるので萎ませるように変形します。萎ませるために[ゆがみを補正]を「＋5.00」としました。

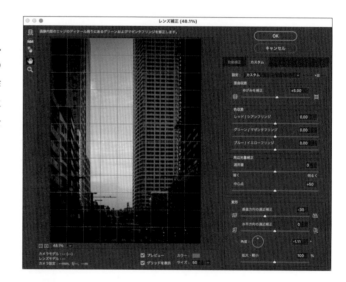

少し暗い周辺部を均一な明るさにする

作例ではさらに写真の周辺が少し暗くなっています。これもレンズ由来の「周辺光量の低下」という現象です。ポートレート写真などでは周辺光量の低下は、雰囲気がよくなるので好まれることもありますが、建築系や都市風景写真などでは、隅々までしっかり見せるほうが好まれます。作例も都市風景なので暗い周辺部を明るくしておきます。[周辺光量補正]欄の[適用量]を「＋50」❶、[中心点]を「＋15」❷とします。最後に[OK]で確定します。

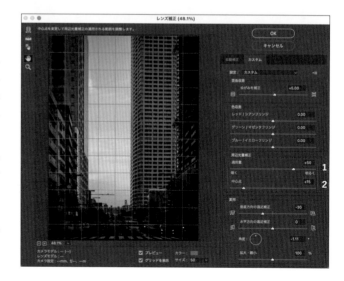

11-5 ピンボケを軽減する

ピントが合っていない写真は、ぼんやりと締まりがなく、緊張感のないものとなります。
ピントを完全に回復することはできませんが、多少のピンぼけであれば、
ハイパスというフィルターを使うことで、ある程度ピントが合ったように見せることが可能です。

STEP 01　ハイパスフィルターを適用する

BEFORE　　　AFTER

[ハイパス]フィルターとは輪郭を検出するためのものです。画像の解像度やボケ具合に合わせてパラメーターを調整し適用します。

📥 Lesson 11 ▶ 11-5 ▶ 11_501.jpg

1 画像を開き[レイヤー]パネルで
「背景」を[新規レイヤーを作成]
ボタンにドラッグ&ドロップして❶
複製します。複製された「背景の
コピー」レイヤーをクリックして選
んでおきます❷。

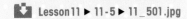

2 [フィルター]メニューから[その他]→[ハイパス]を選びます❶。
[ハイパス]ダイアログの[半径]の値を「3.0」pixelほどにして❷、
[OK]をクリックします。画像はいったん輪郭が抽出されたグレー
になります。

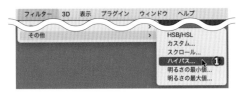

STEP 02　描画モードを変更する

BEFORE　　　　　AFTER

[ハイパス]を適用したグレーの画像の[描画モード]を[オーバーレイ]に変更することで、ピントの回復を試みます。強調された輪郭だけが残るため擬似的にピンボケが軽減したように見えます。

Lesson11 ▶ 11-5 ▶ 11_502.psd

1　[レイヤー]パネルで「背景のコピー」が選択されていることを確認したら❶、[描画モード]を[オーバーレイ]に変更します❷。すると擬似的にピントが回復したように見えます。

COLUMN

ハイパスの半径について

[ハイパス]の[半径]は値が大きいほど抽出される輪郭は太くなり、結果的にピントが強調されて見えますが、ピントの精細さは劣ります。より精細さが欲しい場合は[半径]の値を小さめにするか、ここで紹介しているように、異なる値の[ハイパス]を適用したレイヤーを二重に乗せるなどするとよいでしょう。

2　もう少しピントが欲しいので、同様の操作を行います。ただし、今度は[ハイパス]の[半径]の値を「2.0」pixelとします。[レイヤー]パネルで「背景」を複製し、「背景のコピー2」レイヤーを最上層に配置します❶。そのレイヤーに対して[ハイパス]フィルターの[半径]を「2.0」pixelで適用します❷。[レイヤー]パネルで[描画モード]を[オーバーレイ]に変更すると❸、先ほどより精細なピント感が得られます。

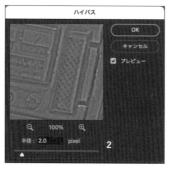

11-6 反射を描く

広告などで床に商品が写り込んだ写真を見かけることがあります。撮影時に工夫して
撮ることもできますが、セッティングが大変です。ここではモノ写真を加工して反射付きの写真に
仕上げます。金属やガラスなど、光沢感のある被写体に向いた表現です。

STEP 01 写り込みを作成する

BEFORE

AFTER

画像を開いて画像のサイズを上下に広げた
ら、ハーバリウムの瓶の選択範囲を作成。そ
れをコピー＆ペーストして上下反転し、ハー
バリウムが写り込んだ状態を作成します。

📥 Lesson11 ▶ 11-5 ▶ 11_601.jpg

カンバスサイズを上下に広げる

1 写り込みのスペースを確保するためにカンバ
スサイズを広げます。[イメージ] メニューから
[カンバスサイズ] を選びます。[カンバスサイ
ズ] ダイアログボックスで、[基準位置] を中央
上にし❶、単位を「％」に変え❷、[高さ] を「180」
％にします❸。[カンバス拡張カラー]をとりあえ
ず「ホワイト」❹にして「OK」をクリックします。画
像が下方向に拡大されます❺。

選択範囲を作成後、新規レイヤーとして配置する

1 [オブジェクト選択]ツールを
選び❶、ハーバリウム全体を
覆うようにドラッグして選択
範囲を作成します❷。

2 オプションバーの[選択とマスク]ボタ
ンをクリックします❶。[選択とマスク]
ワークスペースに変わったら[属性]パ
ネルの [表示] を [レイヤー上] にし❷、
[グローバル調整] 欄で [ぼかし] を
「0.3px」❸、[コントラスト] を「30％」❹、
[エッジをシフト] を「−20％」❺にしま
す。これらは選択範囲の境界の調整
ですが、実際には拡大表示した画像
を見ながら値の調整を行っています。

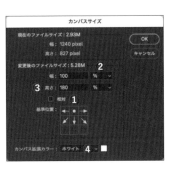

3 ツールバーで［ブラシ］ツールを選び❶、画像を拡大して境界をチェックし、選択範囲の足りないところがあればドラッグして補います。逆に選択範囲がはみ出していれば、オプションバーで［ブラシ］ツールのモードを［−］（削除）に切り替えて処理します。作例では、一番下の瓶の左側で選択範囲が不足していたので補っています。選択範囲の境界すべてをチェック・処理したら［属性］パネルの［出力設定］欄の「出力先」に「新規レイヤー（レイヤーマスクあり）」を選んで❷、［OK］をクリックします。これでハーバリウムが切り抜かれます。またレイヤーパネルは❸のようになります。

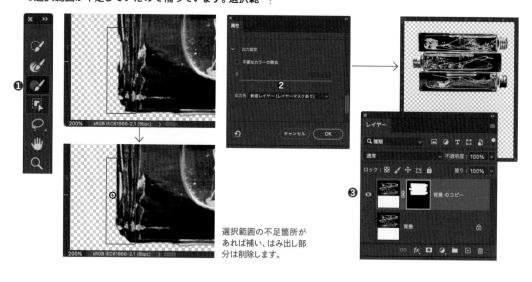

選択範囲の不足箇所があれば補い、はみ出し部分は削除します。

ハーバリウムを複製し、反転して位置を合わせる

1 ［レイヤー］パネルで「背景のコピー」の画像サムネールをクリックして選択した上で❶、command（Ctrl）キーを押しながらレイヤーマスクのサムネールをクリックして❷、選択範囲を呼び出します。そのままcommand（Ctrl）＋Cでコピー、command（Ctrl）＋Vでペーストを実行して、ハーバリウムの画像を複製します。

複製されたハーバリウムの画像は「レイヤー1」となります。

2 「レイヤー1」が選択された状態で、［編集］メニューから［変形］→［垂直方向に反転］を選び、画像を上下反転させます。［移動］ツールでShiftキーを押しながら下方にドラッグし、元のハーバリウムの下端と複製されたハーバリウムの上端を合わせます❶。［移動］ツールでの移動時、［表示］メニューで［スナップ］が選ばれ❷、さらに［スナップ先］で［レイヤー］がチェックされていると❸、他のレイヤー（ここでは元のハーバリウム）の端に吸い付く（スナップする）ので、作業がしやすくなります。

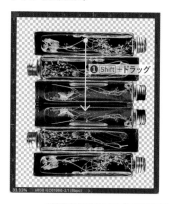

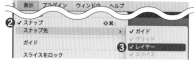

202

反射画像をグラデーション状に半透明にする

1 反射画像を半透明にします。[レイヤー]パネルの「レイヤー1」が選ばれた状態で、[レイヤーマスクを追加] ボタンをクリックし❶、追加されたレイヤーマスクのサムネールをクリックして選んでおきます❷。

2 [グラデーション] ツールを選び❶、描画色を白、背景色を黒として❷、オプションバーは [クラシックグラデーション] モードにし❸、プリセットで [描画色から背景色へ] を選び❹、[線形グラデーション] を選択します❺。

ここでは [クラシックグラデーション] を使用していますが、標準の [グラデーション] でもかまいません。

3 その[グラデーション]ツールで❶のようにドラッグすると、反射画像は下方に向かって次第に薄らいでいく半透明の状態を得ることができます。このときレイヤーパネルは❷のようになります。

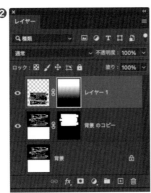

❶ Shift+ドラッグ

33.33%　sRGB IEC61966-2.1 (8bpc)

✓ CHECK!

半透明の写り込み画像の濃さやグラデーションの状態は、レイヤーマスクを編集し直すことで、あとから再調整可能です。その際は、[グラデーション] ツールでのドラッグの距離を変えたり、描画色と背景色の濃度を変更するなどして行います。

Lesson 11　写真の修正・加工

STEP 02 背景にグラデーションを描く

AFTER

ハーバリウムの周囲が透明のままなので背景を用意します。ハーバリウムの内側が元の背景の黒を反映しているので、ここでも黒系のグラデーションを描きます。

📥 Lesson11 ▶ 11-6 ▶ 11_602.psd

1 [レイヤー]パネルで「背景」をクリックしてから❶、[新規レイヤーを作成]ボタンをクリックし❷、追加された「レイヤー2」を選んでおきます❸。

2 ツールバーの描画色をクリックしてRGB各値を「120」ほどのグレーに❶、また背景色をRGB各値「2」程度の濃いグレーにし❷、[グラデーション]ツールを選びます❸。オプションバーでは[クラシックグラデーション]として❹、プリセットから[描画色から背景色へ]を選び❺、[円形グラデーション]を選びます❻。その他は図のように設定します。

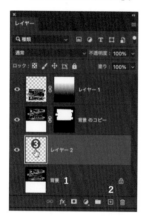

ここでは[クラシックグラデーション]を使用していますが、1で「背景」を選んだあと、標準の[グラデーション]でグラデーションレイヤーを作成してもかまいません。

3 設定を終えた[グラデーション]ツールで❶のようにドラッグしてグラデーションを描きます。効果的なグラデーションになるように、何度かドラッグする始点の位置や長さを変えてドラッグしてみてください。最終的なレイヤーの状態は❷のようになります。

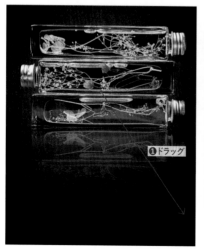

❶ドラッグ

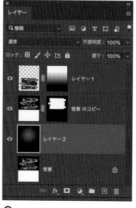

❷

COLUMN

背景の色について

ここでの背景は黒のグラデーションとしていますが、それは元画像の背景の黒と似たような色のほうが違和感が少ないためです。この作例に対して背景を白くするとかなりの違和感が生じます。そうならないよう、このような画像加工を行う場合、最終的なイメージに合った写真素材を用意する必要があります。

11-7 生成塗りつぶし

Photoshop 2024に正式に搭載された「生成塗りつぶし」は、AIを活用した今までにない画期的な塗りつぶし機能です。ここでは花筏の隙間を埋めてみます。毎回、同じ結果になるとは限らないようですが、的確なテキスト（プロンプト）を入力することで、自然な仕上がりを期待できます。

STEP 01 生成塗りつぶしで隙間を埋める

BEFORE　　　　AFTER

隙間を選択範囲にして、生成塗りつぶしを適用します。より自然な塗りつぶしを期待するため的確なプロンプトで指示します。

📥 Lesson11 ▶ 11-7 ▶ 11_701.jpg

1 [なげなわツール]を選び❶、[生成塗りつぶし]を適用したい箇所に対して選択範囲を作成します❷。

2 [編集]メニューから[生成塗りつぶし]を選びます❶。[生成塗りつぶし]ダイアログで、塗りつぶしたい内容をプロントプト（テキスト）として入力します。プロンプトを入力しない場合は、選択範囲の周囲の絵柄を参考に塗りつぶしが行われます。[生成]ボタンをクリックして実行します。

3 [生成塗りつぶし]が行われ選択範囲内に画像が生成されます。[プロパティ]パネルには、画像に反映された以外に他のバリエーションも作成され、塗りつぶし内容を選び直すことができます❶。またプロンプトを変更して新たに[生成]を実行することもできます❷。なお[生成塗りつぶし]は、レイヤーマスクのついた「生成レイヤー」を作成します❸。

✔CHECK!

トライ&エラーは必須？

同じプロンプトでも、期待していない画像が生成されることがあります。この作例は「花筏」の「筏」が重視されたのか、船が生成された例です。このようなこともあるので、選択範囲を作り直したり、プロンプトを工夫したりして、何度か試してみるとよいでしょう。

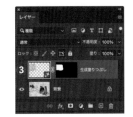

Lesson11　練習問題

 花の写真を中央に移動し、
移動した分だけ不足した茎を延長してください。

BEFORE

AFTER

 ❶[オブジェクト選択]ツールで花を選択範囲にし、コピー&ペーストします。その「レイヤー1」を目のアイコンをクリックしていったん非表示にし❶、「背景」を選んでおきます❷。

❷花を覆うように選択範囲を作成したら、[編集]メニューから[生成塗りつぶし]を選び、プロンプトは入力せずにそのまま[生成]ボタンをクリックします。花が消えてボケた背景が生成されます。

 →

❸[レイヤー]パネルで花の「レイヤー1」を表示し、[移動]ツールで花を画像の中心に移動したら❶、[選択]ツールで茎の不足分の選択範囲を作成します❷。

❹[編集]メニューから[生成塗りつぶし]を選び、[プロンプト]に「茎」と入力して[生成]ボタンをクリックし❶、不足した茎を生成します。[プロパティ]パネルの[バリエーション]で自然な仕上がりになるものを選んでください。最終的なレイヤーは図のようになります❷。

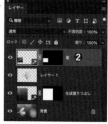

206

画像の合成

Photoshopによる写真加工は、補正や修正だけにとどまり
ません。複数の素材を組み合わせて現実にはなかった写真
をつくり出すことができます。空の表情を変えたり、被写体
の背景だけをぼかしたり、別々に撮った被写体と背景を合成
したりできます。ここではレイヤーマスクを使った実践的な
画像の合成方法について説明します。

12-1 風景写真の空を入れ替える

風景写真は必ずしも思い通りの条件で撮影できるとは限りません。
ここでは、快晴の湖の写真の空を、いわし雲の写真で置き換えます。

STEP 01 雲の画像を合成する

BEFORE

AFTER

湖の写真の青空をいわし雲の画像で置き換えます。まずは、前処理として[空を選択]を使って湖の写真の空の選択範囲を作成し、それを元にいわし雲の画像に置き換えます。

⬇ Lesson 12 ▶ 12-1 ▶ 12_101a.jpg, 12_101b.jpg

---

1 いわし雲の画像（12_101a.jpg）と湖の画像（12_101b.jpg）を同時に開き、[移動] ツール❶で、画像が中央に配置されるように Shift キーを押しながらいわし雲の画像を湖の画像にドラッグ&ドロップします❷。ドラッグ&ドロップ後はいわし雲の画像は閉じてかまいません。

❷ Shift＋ドラッグ

タブを分離する方法は P.13
を参照してください。

2 2つの画像は同じサイズにしてあるので、湖の画像はいわし雲の画像に隠れます❶。レイヤーは2層になっていることを確認してください。次の作業のために、ここで「レイヤー1」の目のアイコンをクリックして❷、いわし雲の画像（レイヤー1）を非表示にします。また「背景」をクリックして❸湖の画像を選んでおきます。

3 空の選択範囲を作成します。［選択範囲］メニューから［空を選択］を選びます❶。
すると自動的に空の選択範囲が作成されます❷。

4 空が選択されましたが、遠景の霞んでいる山並みや取水塔の一部も選択範囲となっているので修正します。画像を拡大表示して［クイック選択］ツールを選び❶、オプションバーで選択範囲を削除する「－（マイナス）」のモードにします❷。選択範囲となっている山並みや取水塔をクリック・ドラッグして❸、選択範囲を修正します❹。

選択範囲の修正前

❹選択範囲の修正後

5 選択範囲が作成されたままの状態で [レイヤー] パネルで「レイヤー1」の目の
アイコンをクリックして表示し❶、「レイヤー1」をクリックして選択します❷。さ
らに [レイヤーマスクを追加] ボタンをクリックすると❸、湖の画像の空がいわ
し雲の画像に置き換わります❹。[レイヤー] パネルは❺のようになります。

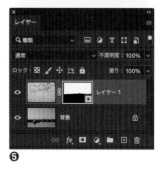

❺

STEP 02 マスクの境界をはっきりさせる

BEFORE

AFTER

一見、空と山との境界がくっきりと分かれたよ
うに見えますが、実は、山の一部がまだ選択
範囲として残っています。このまま仕上げる
と、山にいわし雲の画像が薄くかかってしま
うため、選択範囲をくっきりと分けておきます。

Lesson 12 ▶ 12-1 ▶ 12_102.psd

1 [レイヤー] パネルで「レイヤー1」のレイヤーマスクをクリ
ックして選択します❶。次に [チャンネル] パネルで「レイ
ヤー1マスク」の目のアイコンをクリック❷した上で、
「RGB」～「ブルー」までのチャンネルの目のアイコンをク
リックして非表示にします❸。この段階で画像は白黒の

マスク画像に変わります❹。このマスク画像を見ると、山
並みの部分などでグレー表示になっているのがわかり
ます。この状態で仕上げると、グレー部分にうっすらとい
わし雲が表示されてしまいます。

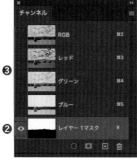

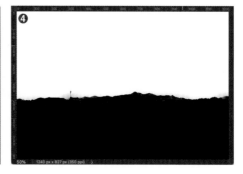

2 白黒をはっきりさせていきます。[チャンネル]パネル
で「レイヤー1マスク」が選択されていることを確認し
ます(選択されていなければ選択します)❶。[イメー
ジ]メニューの[色調補正]から[レベル補正]を選び
ます。[レベル補正]ダイアログが現れたら、図のよう
に[入力レベル]のシャドウ側のスライダーを右に❷、
ハイライト側のスライダーを左にずらします❸。こう
することでグレーの階調部分がはっきりした白か黒
に変わります❹。白黒がはっきりしたマスクの状態を
確認したら[OK]を押して[レベル補正]を閉じます。

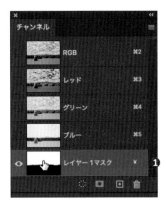

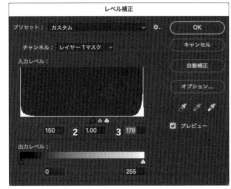

3 [チャンネル]パネルで「RGB」をクリックして選ぶと
❶、マスク表示から通常の画像表示に変わります❷。
空と山との境界部分を拡大表示して、選択範囲がき
ちんと分かれていることを確認しましょう❸❹。

❸[レベル補正]による処理をする前は、このように山に薄く雲が
かかった状態です。

❹[レベル補正]の処理をすることで、選択範囲が明確になり、山
に雲がかからなくなります。

Lesson 12　画像の合成

211

STEP 03 マスクをグラデーションでなじませて自然に仕上げる

BEFORE　　　AFTER

最後にレイヤーマスクにグラデーションを適用してなじませます。近景と遠景を比べると、遠景の山は少し霞んでいます。それに合うように山の稜線付近の雲をぼんやりとさせ、より自然な状態に仕上げます。

Lesson 12 ▶ 12-1 ▶ 12_103.psd

1 いったんレイヤーマスクのコピーを作成しておきます。このあとの作業でせっかく明瞭にしたマスクの境界がぼやけてしまうので、やり直しができるようにその保険のためです。[チャンネル]パネルで「レイヤー1マスク」を[新規チャンネルを作成]ボタンにドラッグ&ドロップします

❶。コピーが作成されると、他のチャンネルが非表示になります❷。「RGB」～「ブルー」までの目のアイコンをクリックして表示し、それ以外は非表示にした上で、「RGB」をクリックして通常の画像を表示します❸。

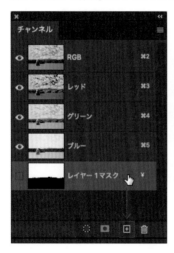 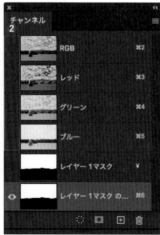 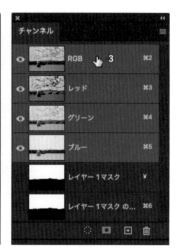

2 [レイヤー]パネルでいわし雲のレイヤーマスクをクリックして選択し❶、
続けてそのレイヤーマスクを command (Ctrl)+クリックして❷、空の選択範囲を呼び出します❸。

3 [グラデーション]ツールを選び❶、描画色を白、背景色を黒とし❷、オプションバーで[描画色から背景色へ]の[線型グラデーション]を選びます❸。その状態で図のように空と山を跨ぐように垂直にドラッグすると、ドラッグした範囲でいわし雲が次第に薄くなります❹。その際、空以外の山や森には影響がないことを確認してください（これは選択範囲内だけにグラデーションを適用している、という作業になります）。仕上がりが不自然な場合は、位置や距離を変えてドラッグし直してもかまいません。最後に、command（Ctrl）+ D キーで選択を解除しておきます。

4 最終的なレイヤーマスクの状態は[チャンネル]パネルで「レイヤー1マスク」❶を表示すると確認できます❷。ここで注意したいのは、編集されたために明瞭な境界を持ったレイヤーマスクが失われたということです。もし、修正が必要になった場合、再び明瞭な境界の選択範囲を作り直さなければならなくなります。そのような無駄を省くためにも、レイヤーマスクを編集する場合は、1で行ったようにその元となるレイヤーマスクのコピーを取っておくことをおすすめします。

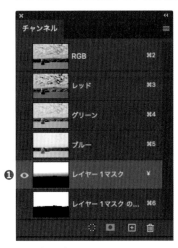

チャンネルパネル

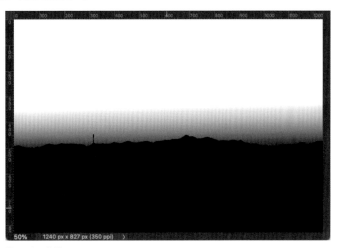

❷マスクの状態

✓CHECK!

選択範囲を保存してもOK

ここではレイヤーマスクを複製していますが、選択範囲を呼び出したのち、[選択範囲]メニューの[選択範囲を保存]を選んで、アルファチャンネルとして保存してもかまいません。

12-2 背景をぼかす

背景を適度にぼかすことで、写真の遠近感を強調し、被写体を際立たせる効果が期待できます。
スマホやコンパクトカメラなどで撮った背景ボケの弱い写真に対して効果的です。

STEP 01 被写体を切り抜く

ここでは[オブジェクト選択]ツールを使って被写体(ハーバリウム)を選択範囲にします。選択範囲の調整は[選択とマスク]ワークスペースで行います。

📥 Lesson 12 ▶ 12-2 ▶ 12_201.jpg

BEFORE　　　　　AFTER

---

1 [オブジェクト選択]ツールを選び❶、オプションバーは❷のような設定で、ハーバリウム全体をドラッグして選択範囲を作成します❸。

❷オプションバーの設定

---

2 オプションバーの[選択とマスク]ボタンをクリックして[選択とマスク]ワークスペースに切り替え、[グローバル調整]欄で[ぼかし]を「0.2px」❶、[コントラスト]を「20%」❷、[エッジをシフト]を「−10%」ほどにし❸、[出力設定]欄の[出力先]を「新規レイヤー(レイヤーマスクあり)」にして❹、[OK]をクリックします。レイヤーマスクを持った「背景のコピー」が作成され、「背景」は非表示になります❺。

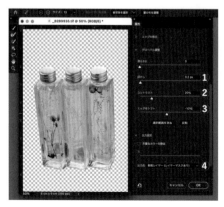

STEP 02　遠近感をつけてぼかす

ハーバリウムの周辺をぼかします。単にぼかすだけではなく、手前から奥に行くに従ってボケが大きくなるような処理をします。

Lesson12 ▶ 12-2 ▶ 12_202.psd

BEFORE　　　　AFTER

---

1 [レイヤー] パネルで「背景」を [新規レイヤーを作成] ボタンにドラッグ&ドロップして複製します❶。複製された「背景のコピー2」の目のアイコンをクリックして表示します❷。さらに、[レイヤーマスクを追加] ボタンをクリックし❸、そのレイヤーマスクをクリックして選択しておきます❹。

2 [グラデーション] ツールを選び❶、描画色を白、背景色を黒として❷、オプションバーで [描画色から背景色へ] の [線型グラデーション] を選びます❸。その [グラデーション] ツールでハーバリウムの瓶の底からキャップ付近まで下から上に垂直にドラッグすると❹、画像の中央付近より上側がハーバリウムを除いて透明になります。

❹ドラッグ

[クラシックグラデーション] を使っていますが、標準の「グラデーション」でもOKです。

---

3 [レイヤー] パネルで「背景のコピー2」の画像のサムネールをクリックして選択します❶。[フィルター] メニューの [ぼかし] から [ぼかし (レンズ)] を選びます❷。[ぼかし (レンズ)] ダイアログボックスが開いたら、[深度情報] 欄の [ソース] で「レイヤーマスク」を選びます❸。[焦点を設定] ❹はクリックした部分にピントを合わせるもので、これを選んでハーバリウムの瓶の底付近をクリックします❺。さらに [虹彩絞り] 欄では、ボケの [形状] を「六角形」に❻、ボケの大きさを調整する [半径] を「25」程度に❼、ボケの丸みを調整する [絞りの円形度] を「100」にして❽、それ以外はすべて「0」で [OK] をクリックします。

4 このままではハーバリウムの周囲が透明のままなので、[レイヤー] パネルの「背景のコピー2」のレイヤーマスクを Shift キーを押しながらクリックし、レイヤーマスクを無効にします❶。この操作で背景全体が表示され、画像の上側にいくほど背景が徐々に大きくボケるようになります。ただし、ハーバリウムとその背景のラッピングペーパーを一緒にぼかしているため、結果的にハーバリウムの輪郭部が滲んだように見えています。

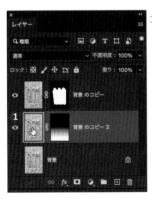

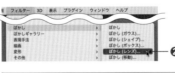

❺クリック

❶Shift+クリック

ハーバリウムの輪郭部の滲みを目立たなくして、
自然な見え方にします。

Lesson 12 ▶ 12-2 ▶ 12_203.psd

BEFORE

AFTER

1 [レイヤー]パネルで[新規レイヤーを追加]ボタンをクリックし❶、追加されたレイヤーを「背景のコピー2」の上層に配置し、クリックして選択しておきます❷。

2 次に[コピースタンプ]ツールを選びます❶。オプションバーでは、[直径]は適宜変更し❷、[硬さ]は「0%」に❸、また[描画モード]は「通常」にして❹、[不透明度]と[流量]はいずれも「100%」❺❻にします。

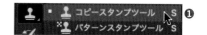

3 画像を作業しやすい大きさに拡大表示し、[コピースタンプ]ツールでハーバリウムの外側から内側方向に画像をコピーしていきます。基本的にはハーバリウムの輪郭の外側から内側方向へコピーしますが、ボケたラッピングペーパーの模様が不自然になる場合は、まったく別の場所をコピー元にしてもいいでしょう。ハーバリウムの輪郭全体を処理したら完成です。

12-3 2つの写真を合成する

写真の合成ではどれだけ自然に仕上げられるかが重要です。切り抜いた被写体の境界の処理や影の描写、また、明るさや色を揃えることで、不自然さを回避できます。ここで使用する2つの写真は同じ条件で撮ったものですが、それでも単純な合成では不自然さが目立つので、それを抑えより自然な写真に仕上げていきます。

STEP 01 背景にテープをペーストする

BEFORE

AFTER

合成に使用する写真を1つにまとめます。Shiftキーを押しながらドラッグ&ドロップすると中央に配置できます。2つの画像はサイズを揃えているので、ぴったりと重なります。

Lesson 12 ▶ 12-3 ▶ 12_301a.jpg, 12_301b.jpg

2つの画像を開きます。タブで開かれている場合は、タブをドラッグしてウィンドウに切り離し、独立させて2つの画像を同時に表示します。[移動]ツールを選び❶、Shiftキーを押しながらテープの画像(12_301a.jpg)をラッピングペーパーの画像(12_301b.jpg)にドラッグ&ドロップします❷。サイズが同じなので、テープの画像だけが表示され、レイヤーパネルは❸の状態になります。

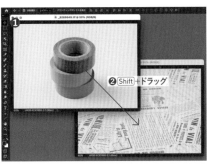

❶

❷ Shift+ドラッグ

❸

タブを分離する方法はP.13を参照してください。ペーストしたら、テープの画像は閉じてかまいません。

STEP 02 テープを切り抜く

BEFORE

AFTER

テープを切り抜いてその周囲にラッピングペーパーが見えるようにします。被写体と背景をはっきり区別できるので、[オブジェクト選択]ツールなどの自動系のツールで選択範囲を作成し、レイヤーマスクを適用します。

Lesson 12 ▶ 12-3 ▶ 12_302.psd

1 ［オブジェクト選択］ツールを選び❶、オプションバーで［モード］を［長方形］ツールにして❷、テープを囲むようにドラッグして選択範囲を作成します❸。

2 オプションバーの［選択とマスク］ボタンをクリックし、［選択とマスク］ワークスペースを表示します。［属性］パネルの［グローバル調整］欄の［ぼかし］を「0.3px」❶、［コントラスト］を「20%」❷、［エッジをシフト］を「－10%」ほどにし❸、［出力設定］欄の［出力先］を［レイヤーマスク］にして❹、［OK］をクリックします。

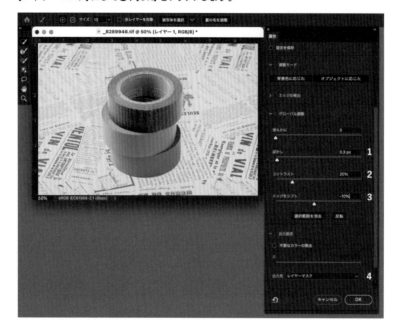

3 以上の操作で、テープの画像にレイヤーマスクが追加され、テープの周囲にラッピングペーパーが見えるようになります。［レイヤーパネル］は❶のようになります。また、テープを切り抜いた境界部分を拡大表示して確認しましょう❷。切り抜かれた範囲がテープに食い込みすぎてい

ないか、逆に不要なテープの外側まで見えていないか、さらに境界の切り抜き加減が自然に見えるかなどをチェックします。不自然な場合は**2**の状態にまで戻ってパラメーターを調整し直します。

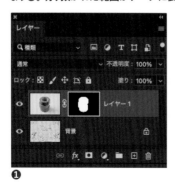

STEP 03　接地部分の影を描く

BEFORE

AFTER

テープの接地部分に影を描きます。2つの物体が接触する場合は、ほぼ必ずといっていいほど影が生じます。影は段階的に描きますが、まずは接地部分ギリギリのところにはっきりとした明瞭な影を描きます。

Lesson12 ▶ 12-3 ▶ 12_303.psd

1 [レイヤー]パネルで[新規レイヤーを作成]ボタンをクリックして❶レイヤーを追加し、それをテープのレイヤーの下に配置し❷、そのレイヤーを選んでおきます。

2 テープの「レイヤー1」のレイヤーマスクのサムネールを command (Ctrl)キーを押しながらクリックして❶、選択範囲を呼び出します❷。

3 描画色を黒とした[塗りつぶし]ツール❶で、選択範囲を塗りつぶします。塗りつぶしたら command (Ctrl)+ D キーで選択範囲を解除します。塗りつぶした範囲がちょうどテープと重なっているためわかりにくいですが❷、[レイヤー]パネルで塗りつぶしを確認できます❸。

4 塗りつぶした「レイヤー2」が選ばれた状態で、[フィルター]メニューから[ぼかし]→[ぼかし（ガウス）]を選び❶、[半径]を「1.5」pixel程度にして❷、[OK]をクリックします。接地部分の影にぼかしを加えることで自然に見える効果を狙ったものです。これでテープの輪郭部にボケのある黒い影が生じます❸。

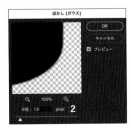

COLUMN

影をずらす

ここでは必要がなかったので影をずらしていませんが、被写体と接地面の隙間が広いと、よりはっきりとした太めの影が生じます。そのような場合は、影のレイヤーを移動して（この作例の場合は右下方向へ）影の印象を強めましょう。

Lesson 12　画像の合成

5 [レイヤー]パネルで「レイヤー2」に対し、[レイヤーマスクを追加]ボタンをクリックして❶レイヤーマスクを作成し、そのレイヤーマスクを選びます❷。

6 [描画色]を黒とした[ブラシ]ツール❶で、テープの輪郭部ではみ出た影をドラッグして消します。ただし、青いテープの接地部分だけは影を残します。その接地部分ですが[ブラシ]ツールの[直径]は「200px」❷、[硬さ]は「0%」とし❸、[ブラシ]ツールのボケた周辺部を利用してドラッグすることで自然な影に見せることができます❹。影を消しすぎてしまったら、描画色を白で塗り直せば影を元に戻すことができます。[レイヤー]パネルは❺のようになります。

STEP 04 落ちた影を描く

BEFORE

AFTER

次はテープから伸びる影を描きます。合成前のテープの写真を確認すると、向かって右側にテープの影が落ちているのがわかります。それを参考に影を描いていきます。

📥 Lesson12 ▶ 12-3 ▶ 12_304.psd

---

1 [レイヤー]パネルで[新規レイヤーを作成]ボタンをクリックして❶レイヤーを追加し、そのレイヤーをテープの「レイヤー1」の下に配置し、そのレイヤーを選択しておきます❷。

2 描画色を黒とした[ブラシ]ツールを選び❶、オプションバーで[直径]を「250px」程度に❷、[硬さ]を「0%」に❸、さらに[不透明度]と[流量]をそれぞれ「50%」ほどにして❹❺、テープの右側を一度ドラッグします。❻のようにドラッグするときれいに描けるでしょう。

✔**CHECK!**

描いた影が濃すぎる場合

描いた影が濃すぎる場合は、[レイヤー]パネルでレイヤーの[不透明度]を下げて調整します。

描いた影が薄い場合

ここでは[ブラシ]ツールの[不透明度]と[流量]を「50%」にしているため、薄い黒で描画されます。濃い影が必要な場合は、ドラッグを重ねるか、それでも足りない場合は[不透明度]の値を大きくしてドラッグを重ねます。

3 続けてテープに近い部分にもう少し濃い影を描きます。[レイヤー]パネルで[新規レイヤーを作成]ボタンをクリックし❶、追加されたレイヤーをテープの「レイヤー1」の下に配置し、選んでおきます❷。

4 先ほどの[ブラシ]ツールで[流量]を「100%」に変更し❶、青いテープの右端付近で一度だけクリックします❷。このようなグラデーションを与えると自然な影になります。

STEP 05 テープ右側のハイライトを落ち着かせる

BEFORE

AFTER

影を加えたことでテープの右側のハイライトとの違和感が生じてしまいました。そのハイライト部分を暗くして違和感を軽減します。

⬇ Lesson12 ▶ 12-3 ▶ 12_305.psd

1 [レイヤー]パネルで「レイヤー1」を選択してから❶、[塗りつぶしまたは調整レイヤーを新規作成]ボタンをクリックして❷、[トーンカーブ]を選びます❸。作成された[トーンカーブ]の調整レイヤーのサムネールをクリックし❹、[プロパティ]パネルでトーンカーブをハイライトが抑えられる程度に(❺のように)調整します。画像全体が一旦暗くなります❻。

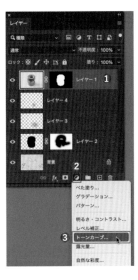

2 次の作業をしやすくするため、いったんレイヤーマスク全体を黒で描画します。[レイヤー]パネルで調整レイヤーのレイヤーマスクのサムネールを選び❶、command（Ctrl）+Aキーで[すべてを選択]します。

次に背景色を黒にして❷、[編集]メニューから[塗りつぶし]を選びます❸。[塗りつぶし]ダイアログボックスで[内容]を[背景色]❹にして[OK]をクリックします。画像はいったん元の明るい状態に戻り❺、「トーンカーブ1」調整レイヤーのレイヤーマスクは黒で塗り潰されたことを示します❻。command（Ctrl）+Dキーで選択を解除しておきます。

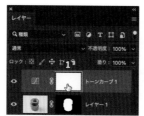

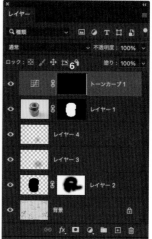

3 「トーンカーブ1」調整レイヤーと「レイヤー1」の間にマウスを置き、option（Alt）キーを押しながらクリックして❶、調整レイヤーをクリッピングマスクに（グループ化）します❷。

4 描画色を白とした[ブラシ]ツールを選び❶、オプションバーで[直径]を「150px」程度に❷、[硬さ]を「0%」にし❸、[不透明度]は「100%」❹、[流量]は「30%」にします❺。

5 「トーンカーブ1」調整レイヤーのレイヤーマスクをクリックして選択し❶、[ブラシ]ツールのフチを使ってテープの右側付近をドラッグしてハイライトを抑えます❷。調整レイヤーがクリッピングマスクになっているため、テープの輪郭の内側だけにしか影響を与えません。拡大表示して細部をチェックしつつ、塗りすぎた部分は白の描画

色でドラッグして効果を弱めたり、細かな部分は[直径]の値を小さくして描画するなどして、自然な陰影を目指します❸。このようにして、3色のテープの右側のハイライトを抑えます。

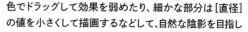

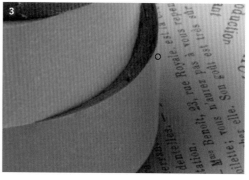

STEP 06 全体を見直す

BEFORE　　　AFTER

最後に全体を見直して、気になるところがあれば、調整や修正を行います。ここでは影が濃く感じられたのでレイヤーの不透明度を下げて影を薄くし、さらに背景のラッピングペーパーを暖色系にして一番上にあって目立つ朱色のテープの色と統一感を持たせました。

Lesson 12 ▶ 12-3 ▶ 12_306.psd

1 影を少し薄くします。レイヤーパネルで影を描いた「レイヤー3」と「レイヤー4」の両方を選択し❶、[不透明度]を「80%」程度にします❷。こうすると複数のレイヤーの[不透明度]を同時に調整できます。

✔CHECK!

レイヤーの同時選択

複数のレイヤーを同時に選択するには、最初にいずれかのレイヤーをクリックして選択し、次に[Shift]キーを押しながら別のレイヤーをクリックします。

2 ラッピングペーパーの色調を暖色系にします。[レイヤー]パネルで「背景」を選び❶、[塗りつぶしまたは調整レイヤーを新規作成]ボタンを押して❷、[トーンカーブ]を選びます❸。追加されたトーンカーブの調整レイヤーを選択します❹。[プロパティ]パネルでトーンカーブのチャンネルを[レッド]に変え❺、カーブを少し持ち上げます❻。次にチャンネルを[ブルー]に変え❼、カーブを少し引き下げます❽。これでラッピングペーパーの色が薄い黄赤色になります。

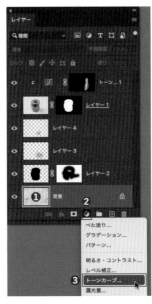

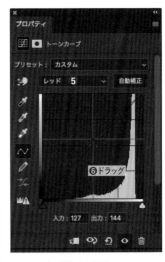

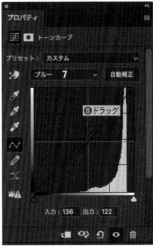

Lesson 12 画像の合成

223

Lesson12　練習問題

Lesson12 ▶ Exercise ▶ 12_Q01a.jpg, 12_Q01b.jpg

Q ピントの合った写真（画像A）と合っていない写真（画像B）の2つを重ね合わせ、ピントが合っていながら光が滲んでいるような写真に仕上げてください。

BEFORE

画像A

画像B

 AFTER

A

❶画像Aと画像Bを開きます。[移動]ツールで、ピントの合っていない写真（画像B）を、Shiftキーを押しながらピントの合った写真（画像A）の上にドラッグ＆ドロップします。サイズは同じなので、新規レイヤーとして位置がぴったり揃って追加されます。

❷[レイヤー]パネルでその「レイヤー1」（ピントの合っていない写真）の[描画モード]を[スクリーン]にします（[比較（明）]が効果的な場合もあります。写真によって使い分けてください）。

❸この状態だと空の雲まで滲んで明るくなるので、街だけが明るくなるようにします。「レイヤー1」を選択した状態で、[レイヤー]パネルの[レイヤーマスクを追加]ボタンでレイヤーマスクを追加します。

❹[グラデーション]ツールを選び、描画色は白、背景色は黒で、オプションバーで[描画色から背景色へ][反射形グラデーション]を選びます。

❺「レイヤー1」のレイヤーマスクを選択した状態で、[グラデーション]ツールで街を中心に上下方向にドラッグして、空をマスクするようにします。最終的なレイヤーは図のようになります。

グラフィックデザインをつくる

ここまで、テキストの入力や写真の補正や切り抜きなど、単体の制作を学んできました。グラフィックデザインは、それらのパーツを集めて1つのデザインをつくり上げる工程です。デザインは全体のバランスを見ながら作成していくため、写真やテキスト、シェイプなど、それぞれのパーツを「再編集しやすい」形にしておくことがスピードアップにつながります。

13-1 グラフィックデザイン制作の
ポイント

写真や文字を組み合わせてつくるグラフィックデザインは、
写真のトリミングや文字、パターンなどさまざまな要素の組み合わせでできています。
制作前に注意すべき点を学びましょう。

グラフィックデザイン制作のポイント

このLessonで制作するグラフィックデザインです。

再編集しやすいパーツづくりを意識しよう

まずは仕上がりのラフを考え、パーツを配置してデザインしますが、ラフの通りに配置して完成！　ということはほとんどありません。色を調節したり、サイズを変更したり、バランスを見ながらデザインを完成させていくには、「再編集しやすいパーツづくり」を意識することが大切です。

写真はスマートオブジェクトに

写真をそのまま拡大・縮小するとデータが失われ画像が荒れてしまいます。元データを保持する[スマートオブジェクト]に変換し、画像を劣化させることなく変形しましょう。スマートオブジェクトに変換すると、画像を直接編集できないため、色補正は[調整レイヤー]や[スマートフィルター]で行います。

切り抜きは消しゴムではなくマスクする

写真を任意の形に切り抜きたいとき、最初に思い浮かぶのは[消しゴム]ツールですが、消してしまったデータは失われ、再編集がむずかしくなります。[レイヤーマスク][ベクトルマスク][クリッピングマスク]といった、「不要な部分を非表示にする」マスクを使いましょう。

テキストのサイズは比率で変更する

1つのテキストの中で文字サイズに強弱をつけたい場合、[フォントサイズ]ではなく[垂直／水平比率]を変更することで、全体のフォントサイズを揃えることができます。

13-2 写真をマスクする

デザインの台紙として「カンバス」と「アートボード」の2種類から選べますが、
今回は1つのPSDファイルの中に複数作成できる「アートボード」を作成します。
写真を切り抜くマスクの方法として、ここでは[クリッピングマスク]を使用します。

クリッピングマスクとは

マスクしたい形のレイヤー（シェイプ、ビットマップ、テキストなど）を作成し（右の図では「楕円形1」）、その上にレイヤーを重ねていくと、その形に切り抜かれるマスクの方法です。マスクできるレイヤーはビットマップやシェイプはもちろん、調整レイヤーも対象になるので、ある部分にだけ調整を適用させたいときにも便利です。レイヤーマスクやベクトルマスクが、1つのレイヤー、1つのフォルダとセットになるのに対し、クリッピングマスクは複数のレイヤーを含めることがでます。また、マスクが1つのレイヤーとして存在するので、マスクを変形したり移動させたりするのが簡単です。

1つのマスクで複数のレイヤーを切り抜きできる

マスクの変形が簡単

ただのレイヤーなので変形しやすい

変更した形に合わせて切り抜きも変わる

調整レイヤーもマスクできる

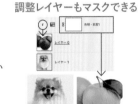

りんごのレイヤーにだけ適用されている

STEP 01 アートボードをつくる

[ファイル]メニューから[新規]を選び[新規ドキュメント]ダイアログボックスを出します。上のメニューから[Web]を選択し、[幅:1200][高さ:600]で新規ドキュメントを作成します。

STEP 02 マスクするための四角いシェイプをつくる

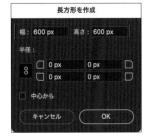

1 [長方形]ツールを選択し、アートボードの上でクリックします。ダイアログボックスに[幅:600][高さ:600]と入力し、[OK]を押します。マスクとなるシェイプの色はなんでもOKです。線はなしにしておきます。

2 [移動]ツールで作成したシェイプを左上に端を合わせます。そのシェイプを option (Alt)キーを押しながら右にドラッグして複製します。こちらは右端に合わせて配置します。

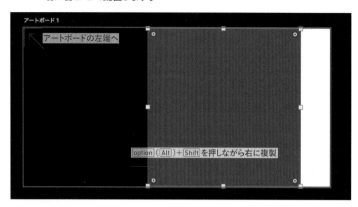

アートボード1

アートボードの左端へ

option (Alt) + Shift を押しながら右に複製

3 [レイヤー]パネルで左側のシェイプのレイヤー名を「左」に変更します。複製した右側のシェイプを同じく「右」に変更します。

ダブルクリックで変更

STEP 03 写真を配置しクリッピングマスクを適用する

2枚の写真を配置し、先ほど作成した四角のシェイプでクリッピングマスクします。クリッピングマスクにするときはレイヤーの順番に注意します。

Lesson 13 ▶ 13-2 ▶ 13_203 .psd

画像を配置する

1 サンプルファイルの「cake1.jpg」「cake2.jpg」を2枚選択してアートボードにドラッグします。バウンディングボックスが表示されていますので、return (Enter)キーを2回押して配置します。レイヤーのアイコンが[スマートオブジェクト]になっていることを確認してください。

アートボード1

cake1.jpg   cake2.jpg

ドラッグ

return (Enter)で配置

✓CHECK!

ドラッグして配置した画像はスマートオブジェクトになる

ドラッグして配置したレイヤーに、[スマートオブジェクト]マークが付いています。スマートオブジェクトは変換した瞬間の(今回は配置時に自動で変換)レイヤーのデータを保持して、画像を縮小・変形しても保存したデータから描画するため、画質が失われない機能です。スマートオブジェクトはブラシや消しゴムのような直接の編集ができなくなり、レベル補正やトーンカーブなどの色調補正は[スマートフィルター]という疑似的な補正になり、何度でも再編集が容易になります。

元データ

スマートオブジェクト

2 [レイヤー]パネルで、「cake1」をドラッグして「左」の上に移動させます。下のようなレイヤー構成になっていたらOKです。

3 [移動]ツールを選択し、「cake1」を右側に、「cake2」を左側に移動します。

4 [レイヤー]パネルで「cake2」を選択し、パネルメニュー❶から[クリッピングマスクを作成]❷を選択します。写真がシェイプの形にマスクされました。もう1つの「cake1」も同様に行います。

切り抜きを調整する

1 [レイヤー]パネルから「cake2」のレイヤーを選択し、[編集]メニューから[自由変形]を選択します。

2 バウンディングボックスを操作して、拡大・縮小します。真ん中にタイトルを入れるので、中央を少し開けてケーキがきれいに見えるようにサイズと位置を調節し return (Enter)キーで決定します。同様に、右の「cake1」の写真もバランスを見て、切り抜く大きさと位置を調整します。

この辺にタイトルが入る

Lesson 13 グラフィックデザインをつくる

13-3 タイトルを作る

フォントはデザイン全体の印象を決める大事な要素です。
方向性に合わせて使用するフォントを検討します。

STEP 01 タイトルのフォントを探す

今回のデザインの方向性に合ったフォントを、Adobeが提供するフォントサービスAdobe Fontsから取得します。Adobe Fontsは、Adobeツールのユーザーが(単品プランでもコンプリートプランでも)利用でき、一部有料のフォントも含むたくさんのフォントを使うことができます。かなり自由度の高いライセンスで、商用利用(クライアントワーク)にも使えるため、デザイン制作には非常に重宝します。

使い方は、Adobe Creative Cloudにログインした状態で、Adobe Fontsのフォント一覧ページ(https://fonts.adobe.com/fonts)にアクセスします。今回は[ほのかアンティーク丸]というフォントをアクティベートしてみましょう。

1 ページ上部の検索フォーム❶に[ほのか]と入力します。
検索結果の[ほのか丸アンティーク]の下にある[ファミリーを追加]ボタンをクリックします。これでCreative Cloudのデスクトップアプリを介して、フォントが使えるようになります。

✓CHECK!

Adobe Fontsで追加したフォントの選び方

Adobe Fontsを利用するとフォントが増えていきますが、Adobe Fontsでアクティベートしたフォントだけを表示させて、選びやすくできます。[文字]パネルで[フォントの検索と選択]❶をクリックしてフォント一覧のウィンドウが開いたら、上部にある[CC]アイコン❷をクリックすると、Adobe Fontsでアクティベートしたフォントだけがフィルタリングされます。

STEP 02 プレートを作る

Lesson13 ▶ 13-3 ▶ 13_302.psd

1 [長方形] ツールを選択し、オプションバーで [塗り: #ffffff] [線：なし] に設定します。

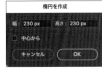

2 アートボードの上をクリックし、ダイアログボックスに [幅：500px] [高さ：330px] [半径：40px] と入力して [OK] を押します。

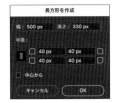

3 [楕円形] ツールを選択し、アートボードの上をクリックし、ダイアログボックスに [幅：230px] [高さ：230px] と入力して [OK] を押します。

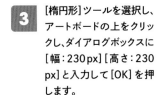

4 角丸四角形と円のシェイプができたら、[移動] ツールを選択し、Shift キーを押しながらレイヤーを複数選択して❶、オプションバーで [水平方向中央揃え] を押します❷。アートボードを見ながら、丸の下半分が隠れるくらいに重なるように配置します❸。

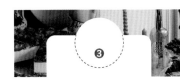

5 角丸四角形と円のシェイプを複数選択し、command (Ctrl) + G キーでグループにしておきます。

6 [レイヤー] パネルで「グループ1」を選択し、パネル下の [レイヤースタイルを追加] ボタンから [ドロップシャドウ] を選択します。

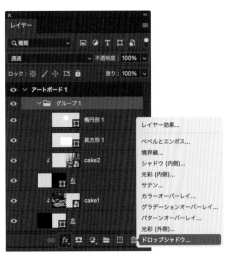

7 ダイアログボックスで[描画モード:乗算]❶[カラー:#5f4941]❷[不透明度:30%]❸[距離:0]❹[スプレッド:0]❺[サイズ:16px]❻と設定して[OK]を押します。白いプレートが背景に対してくっきりしました。

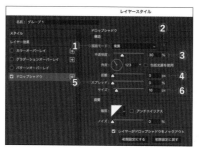

📁 Lesson 13 ▶ 13-3 ▶ 13_303.psd

STEP 03 テキストを入力する

1 [文字]パネルで[フォント:ほのかアンティーク丸]❶[フォントサイズ:40px]❷[行送り:44px]❸[カーニング:オプティカル]❹[カラー:#74491c]❺と設定します。[段落]パネルで[中央揃え]を選択します❻。

COLUMN

カーニング「メトリクス」「オプティカル」とは?

カーニングとは、文字と文字の間を調整するものです。文字はひらがなや漢字、アルファベットなどそれぞれに字形や横幅が違います。「A」のように上にスペースがあるものと「W」のように、下にスペースがあるものなど、それぞれに特徴がありますが、隣り合う文字の特徴によっては、左に詰めたほうがバランスがよいことがあります。「メトリクス」は、フォントに「この文字とこの文字が隣になったときはこのカーニング」という情報がある場合に使用できます。すべてのフォントにカーニング情報があるわけではないので、「メトリクス」が使えない場合は、Photoshopが文字の形を判断して調整してくれる「オプティカル」を使用します。

2 [横書き文字]ツールを選択し、円のシェイプの上でクリックし、「素朴で(改行)おいしい」と入力し、command（Ctrl）+return（Enter）キーで入力を完了します。

3 [移動]ツールでテキストレイヤーを選択し、option（Alt）キーを押しながら下にドラッグしてレイヤーを複製します。[文字]パネルで[フォントサイズ:110px]❶[行送り:96px]❷に変更し、テキストを「クラシカル(改行)スイーツ」に変更します。

複製する

サイズを変更→テキストを変更

4 同様に [素朴でおいしい] を複製し、[文字] パネルで [フォントサイズ：32 px] ❶ [行送り：自動] ❷ に変更し、テキストを「6月3日発売開始」に変更します。

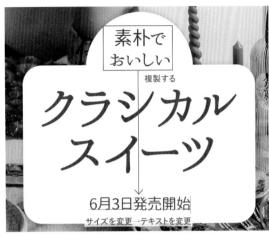

複製する

サイズを変更→テキストを変更

5 [横書き文字] ツールで「月」だけを選択して、[文字] パネルで [垂直比率：70%] ❶ [水平比率：70%] ❷ に設定して、ひと回り小さくします。次に「日」だけを選択して同様に小さくします。

6月3日発売開始

✔**CHECK!**

全体的な文字サイズの変更に強い

文字サイズを部分的に大きく／小さくする場合、まずフォントサイズで変えることを考えます。しかし、テキスト全体のフォントサイズを変更する必要が出てきた場合、部分的に大きく／小さくした部分は指定のやり直しになってしまいます。水平／垂直比率で指定した場合は、相対的にサイズが決まるため、指定をやり直す必要がありません。

[フォントサイズ] で小さく	[垂直比率／水平比率] で小さく
6月3日発売開始	6月3日発売開始

フォントサイズを50pxに変更

6月3日発売開始	6月3日発売開始
全体が変わってしまう	比率は変わらず

6 3つのテキストレイヤーと、プレートのグループを複数選択し、[移動] ツールのオプションバーで [水平方向中央揃え] を押します。テキストやシェイプの位置をバランスよく整えます。

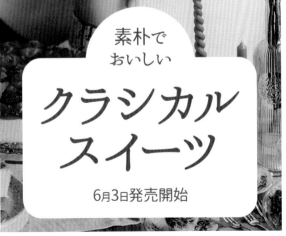

233

13-4 タイトルを加工する

「クラシカル」というタイトルに合わせて、
少しレトロで柔らかな印象になるように加工を加えていきます。

STEP 01 ステンシル加工をする

📥 **Lesson 13 ▶ 13-4 ▶ 13_401.psd**

1 [レイヤー] パネルでテキストの3つのレイヤーを複数選択し、command (Ctrl) + G キーでグループにします。

2 その「グループ2」を選択し、[レイヤー] パネル下から [レイヤーマスクを作成] を選択します。

✓ CHECK!

**レイヤーマスクや
ベクトルマスクをまとめてかける**

レイヤーマスクとベクトルマスクは、基本1つのレイヤーに1つずつしか作成できません。一度にマスクをかけるには、複数レイヤーをグループにしてからレイヤーマスク／ベクトルマスクを作成するとよいでしょう。

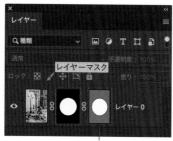

ベクトルマスク

3 [ブラシ] ツールを選択し、オプションバーで [ハード円ブラシ] ❶ [直径：2 px] ❷ に設定し、ツールバーで [描画色：#000000] に設定します。

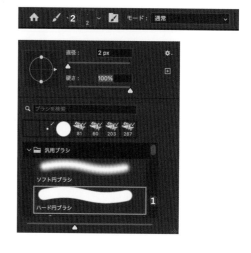

234

4 [レイヤー]パネルでレイヤーマスクサムネールを選択し、消したい部分を描いていきます。ステンシル風なので、パーツを意識しながら消したいところを決めていきます。

✓**CHECK!**

レイヤーマスクで黒は非表示、白は表示

消し過ぎてしまった時は、描画色を[#ffffff]にして描くと再び表示されます。レイヤーマスクサムネールを選択しているときは、描画色と背景色が黒と白になっているので、[X]キーで切り替えながら作業すると効率的です。

[X]キーで入れ替え

5 「クラシカルスイーツ」と「素朴でおいしい」にステンシル風加工をし、「6月3日発売開始」は小さい文字なのでそのままにしておきます。これでステンシル風加工は完了です。

STEP **02** **カラフルにする**

⬇ Lesson 13 ▶ 13-4 ▶ 13_402.psd

1 [レイヤー]パネルで新規レイヤーを作成し、テキストの「グループ2」の上に移動します。

2 [レイヤー]パネルメニューから[クリッピングマスクを作成]を選択します。

3 [ブラシ]ツールを選択し、[ウェットメディアブラシ]から[Kyleのリアルな油彩 - 01]を選択します。
描画色を[#93150e]に設定し、文字に重なるようにフリーハンドで色を描いていきます。

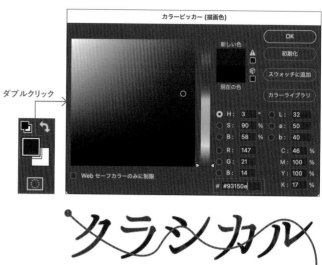

ダブルクリック

ドラッグ

4 描画色を[#1e74a1]に変更し、
先ほどとは違う場所に線を描いていきます。

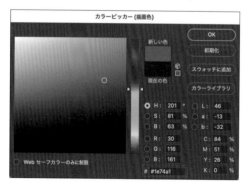

5 描画色を[#b7820f]に変更し、上の2色の間をつなぐように描いていきます。これでカラフルなテキストが
完成しました。[レイヤー]パネルで見ると、「レイヤー1」は図のように3色のブラシで描いた状態になります。

13-5 飾り罫を加える

写真が大きく映えるレイアウトですが、
デザインの外側にアクセントとなる飾り罫を入れていきます。

STEP 01 ストライプのパターンをつくる

ストライプのパターンをつくり、四角いシェイプに[レイヤースタイル]の[パターンオーバーレイ]で適用します。背景が透けているところがポイントです。

ストライプをつくる

1 作業中のドキュメントとは別に[ファイル]メニューから[新規]を選んで新規ドキュメントを作成します。[幅：100px]❶[高さ：100px]❷[カラーモード：RGB]❸[カンバスカラー：透明]❹に設定して[作成]します。

2 [描画色：#ffffff]で[長方形]ツールを選択します。カンバスの上をクリックしてダイアログボックスを開き[幅：50px]❶[高さ：50px]❷の正方形を作成します。カンバスの左上に配置します。

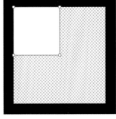

3 [移動]ツールで option (Alt)キーを押しながらドラッグして複製し、4つの正方形を敷き詰めます。

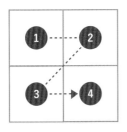

4 [パス選択]ツールを選択し、[レイヤー]パネルで左上の正方形を選択します。左上の正方形をクリックすると、パスが表示されます。

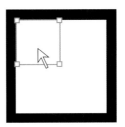

237

5 [ペン]ツールを選択し、表示されたパスのうち右下の角に合わせます。カーソルの表示が[−]になったらクリックし、ポイントを削除します。これで二等辺三角形になりました。

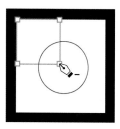 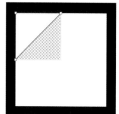

6 同様に、2番と3番の四角は左上の角を、4番は右下の角を削除します。三角を組み合わせて斜めストライプのパターンの元ができました。

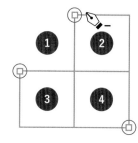 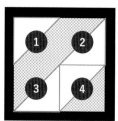

パターンを登録する

1 [編集]メニューから[パターンを定義]を選択します。

2 ダイアログボックスが開きますので「斜めストライプ」と入力して[OK]を押します。

パターンを登録できたら、ドキュメントは保存せず閉じてかまいません。

STEP 02 パターンをシェイプに反映する ⬇ Lesson13 ▶ 13-5 ▶ 13_502.psd

1 [長方形]ツールを選択し、オプションバーで[塗り:なし]❶[線:#000000]❷[線の幅:10px]❸に設定します。

2 アートボードの上をクリックして、ダイアログボックスで[幅:1200px][高さ:600px]に設定して[OK]を押します。

3 [プロパティ]パネルで、[線の整列タイプ:内側]❶に変更し、[X:0]❷[Y:0]❸と入力して端を揃えます。

4 [レイヤー] パネル下の [レイヤースタイルを追加] ボタンから [パターンオーバーレイ] を選択します。

5 [描画モード：通常] ❶ [不透明度：100%] ❷ [パターン：斜めストライプ] ❸ [角度：0°] ❹ [比率：25%] ❺ と設定して [OK] します。

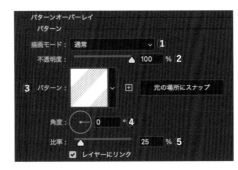

6 [レイヤー] パネルでシェイプを [塗り：0%] に設定します。線の黒が消えて、斜めのストライプだけが残りました。

COLUMN

レイヤーの [塗り] と [不透明度]

レイヤーに [レイヤースタイル] でドロップシャドウをかけたものを、[塗り・不透明度] それぞれ数値を変えてみました。[塗り] はドロップシャドウを残してレイヤーだけが薄くなり、[不透明度] はドロップシャドウも同じように薄くなります。

Lesson 13 グラフィックデザインをつくる

13-6 リボンを加える

レイヤースタイルを使って布のテクスチャを加えたリボンをつくりましょう。

STEP 01 リボンをつくる

Lesson 13 ▶ 13-6 ▶ 13_601.psd

1 [長方形] ツールを選択し、オプションバーで [線：なし] に設定します。あとでテクスチャを重ねるので、塗りはなんでもOKです。

2 アートボードの上をクリックして、ダイアログボックスに [幅:54 px] [高さ:120 px] と入力し [OK] を押します。

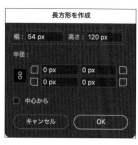

3 command (Ctrl)+T キーで自由変形を選択して、command (Ctrl) キーを押しながら右下のポイントを上にドラッグし、台形にします。形が決まったら return (Enter) キーで決定します。

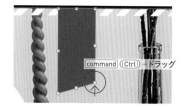

4 command (Ctrl)+J キーでシェイプのレイヤーを複製します。

5 複製したレイヤーを選択した状態で、[編集] メニューから [パスを変形]→[水平方向に反転] を選択します。

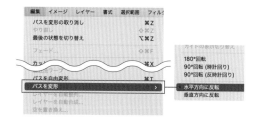

6 [移動] ツールで、反転したシェイプを右にずらし、切り込みが入ったリボンの形をつくります。

7 2つのシェイプを同時に選択して、command (Ctrl)+G キーでグループ化します。

STEP 02 テクスチャと文字を入れる

Lesson 13 ▶ 13-6 ▶ 13_602.psd

1 [ウィンドウ]メニューから[スタイル]を選択して[スタイル]パネルを表示させます。

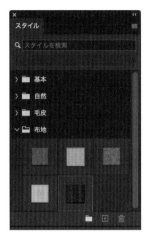

2 作成したリボンの「グループ3」を選択した状態で、[スタイル]パネルの[布地]から[皮]を選択します。「グループ3」にレイヤースタイルが追加されました。

3 [横書き文字]ツールを選択し、[文字]パネルで[フォント:ほのかアンティーク丸]❶[文字サイズ:32px]❷[行送り:38px]❸[カーニング:オプティカル]❹[カラー:#ffffff]❺と設定します。

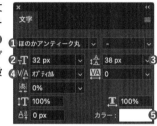

✓**CHECK!**

[スタイル]パネル

[スタイル]には、レイヤースタイルの組み合わせで表現されたスタイルが登録されています。目的のスタイルに近いものを適用し、カスタマイズすると、さまざまな表現を気軽に取り入れられます。

レイヤーの順番に注意

「文字を入れたのに表示されない」という場合は[レイヤー]パネルを確認しましょう。リボンの「グループ3」の中に入っていると、レイヤースタイルがかかってしまうので、グループの外に移動させます。

4 Shiftキーを押しながらクリックして「数量(改行)限定」と入力し、return(Enter)キーで決定します。

5 [移動]ツールでリボンとテキストの位置を調整します。

241

練習問題

Lesson13 ▶ Exercise ▶ 13_Q01.psd

Q 左のレイヤー構造のPSDを、調整レイヤーに気をつけてクリッピングマスクし、
マスクの形にドロップシャドウのレイヤースタイルを加え、
右のPSDになるよう作成しましょう。

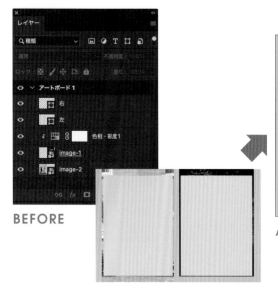

BEFORE

AFTER

---

❶[レイヤー]パネル
で「色相・彩度1」と
「image-1」のレイヤ
ーをShiftキーを押し
ながら複数選択し、
「右」レイヤーの上に
移動させます。

❷「image-1」を選択し、[レイヤー]パネルメニュ
ーから[クリッピングマスクを作成]を選択します。

❸同様に、「image-2」レイヤーを、「左」レイヤー
の上に移動させます。

❹「image-2」レイヤーを選択し、[レイヤー]パネ
ルメニューから[クリッピングマスクを作成]を選
択します。

❺「右」レイヤーを選択し、[レイヤー]パネル下の
[レイヤースタイルを追加]ボタンから[ドロップシ
ャドウ]を選択します。

❻[描画モード：乗算]❶[不透明度：30%]❷
[距離：0px]❸[ス
プレッド：0]❹[サ
イズ：20px]❺に
設定して[OK]を
押します。

❼「右」レイヤーの[fx]アイコンをoption(Alt)キ
ーを押しながら「左」レイヤーにドラッグ＆ドロッ
プし、レイヤースタイルを複製します。

ウェブデザインを
つくる

ウェブサイトはHTMLやCSSといったコードで見た目をつく
りますが、その前に「デザインカンプ」と呼ばれるウェブペー
ジ全体のデザイン案を作成すると、コーディングがスムーズ
に進みます。ウェブ制作ならではの制約に考慮したデザイン
のつくり方を解説します。

14-1 ウェブデザイン制作のポイント

ウェブデザインはグラフィックデザインと違い、
HTMLやCSSでブラウザに描画するための制約がいくつかあります。
ウェブデザイン制作の流れ、ポイントについて見ていきましょう。

ウェブ制作の流れ

ウェブ制作会社でのウェブサイト制作例

① ディレクターがウェブサイト全体の設計をし、ワイヤーフレーム(右図)を作成
② デザイナーがワイヤーフレームを元に、支給された写真やテキストを使って
   デザインカンプを作成
③ フロントエンドエンジニアがデザインカンプを元に、HTMLやCSSでウェブ
   ページを作成

デザインカンプはデザインの指定書

上のフローを見ると、デザインカンプの役割が単なる「クライアントへのデザイン確認」だけでないことがわかります。デザインをコード化する段階で、画像の書き出しやテキストサイズや色を知るための「デザインの指定書」ともいえます。このことから、「画像の書き出しがしやすい」「テキストのフォーマットがわかりやすい」デザインデータをつくることが、後工程の負担を減らす事になります。

ウェブはさまざまなデバイスで利用される

いまやインターネットはパソコンだけのものではなくなりました。スマートフォンやタブレットからもウェブページを閲覧できるため、さまざまなデバイスを想定しなければいけません。ひとつのソース(HTMLやCSS)で、画面のサイズによってレイアウトを変えて見せる手法を「レスポンシブデザイン」といいます。パソコンの画面ではバッチリ完璧なデザインカンプをつくっても、それだけを渡されたフロントエンドエンジニアは「これをどうやってスマホに?」と悩んでしまいます。パソコンとスマホ(あるいはタブレット)で再現可能なデザインを考え、必要に応じて複数サイズのデザインカンプを用意しましょう。

パソコン・スマホ、どちらから先につくる?

いまはスマートフォンユーザーの閲覧が大多数、という

ウェブサイトも珍しくありません。パソコンのデザインを作成→スマホデザインを作成、という流れに限らず、スマホデザインを作成→パソコンのデザインを作成、というのもひとつの方法です。

タッチデバイスを考慮したデザインを

パソコンとスマホやタブレットの違いは画面のサイズだけではありません。パソコンは[マウスポインタ]を動かして操作しますので、ポインタが乗ったとき(ロールオーバー)だけ色を変えてボタンであることをわかりやすくする、といった表現があります。しかし、スマホやタブレットは指で操作するタッチデバイスのため、ロールオーバーという状態はありません。デバイスによってわかりやすさに差が出ないように気をつけましょう。

スマホ・タブレットデザインのつくり方

Photoshopでは1つのPSDファイルに、複数のアートボードを作成できます。パソコンとスマホ（あるいはタブレットも）のアートボードを並べて作成すると、素材を使い回せるので便利です。右の図では、パソコンのアートボードの横に、[iPhone 8/7/6]を想定して[幅：375px]のアートボードをつくって制作しています。

書き出しサイズに注意

スマホやタブレットはパソコンに比べ解像度が高いため（2倍以上）、このままのサイズで画像を書き出すと、解像度が低くぼやけた見た目になってしまいます。そのため、画像を2倍サイズで書き出す必要があります。画像はスマートオブジェクトに変換し、2倍サイズで書き出しても劣化しないようにしましょう。

このLessonで制作するウェブデザインです。左側のPC向けデザインについて説明しますが、右側のスマホ向けデザインも、PC向けデザインを流用して簡単に作成することができます。

✔CHECK!

スマホ・タブレットのサイズ
Photoshopのドキュメントプリセットの[モバイル]では、[iPhone 8/7/6]のサイズは[幅：750px][高さ：1334px]になっています。これは、iPhone 8/7/6の実際の画面サイズ[幅：375px]を2倍にしたサイズです。このように最初から2倍サイズでデザインするのもひとつですが、ここでは実際の画面サイズでデザインして2倍のサイズ（幅：750px）で書き出すことをおすすめしています。

ウェブデザインで気をつけるポイント

ウェブ制作では[カラーモード：RGB][単位：ピクセル]が基本です。Photoshopで用意されているドキュメントプリセットの[Web]を選択すると、自動的にその設定になります。

別の設定で作成してしまった場合

単位は command（ Ctrl ）+ K キーで[環境設定]を呼び出し、[単位・定規]で[定規：pixel]に変更します。カラーモードは[イメージ]メニューから[モード]→[RGBカラー]に設定します。

14-2 ガイドレイアウトをつくる

ウェブデザインの手法の1つに、縦のグリッドを用いたレイアウトがあります。
デザインを作成する前に、コンテンツエリアに［ガイドレイアウト］を使ってガイドを引きます。

12カラムのガイドレイアウト

パソコンのウィンドウサイズは大きくなる一方ですが
- 横幅1280pxの狭いウィンドウでも見える
- テキストの行長（1行の長さ、文字数）は長すぎると読みにくい

ということから、コンテンツの横幅は1000px前後にするとよいでしょう。ウェブデザインのセオリーというわけではありませんが、コンテンツ幅を12列に分ける「12カラムのガイド」がよく利用されます。ここでは［幅:940px］の12カラムガイドレイアウトを紹介します。

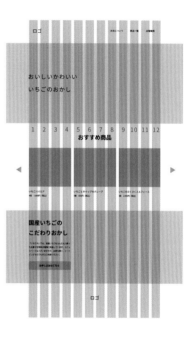

COLUMN

なぜ12カラム？

カラムとは「列」という意味で「コンテンツ幅を12列で分ける」という意味です。カラムの間には［ガター］

という余白を持たせることができます。12という数字は、2、3、4、6で分けやすいため、同じフォーマットを並べるデザインに便利なグリッドです。

STEP 01 新規ガイドレイアウトをつくる

▶ Lesson14 ▶ 14-2 ▶ 14_201.psd

1 「14_201.psd」を開きます。ワイヤーフレームをもとにデザインを作成していくので、まずはガイドを作成します。［表示］メニューから［ガイド］→［新規ガイドレイアウトを作成］を選択します。

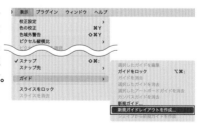

2 幅940pxを12列に分け、間のガターを20px入れたいので、ダイアログで［列］の［数:12］❶、［幅:60px］❷、［間隔:20px］❸と入力し、［列を中央に揃える］❹にチェックして［OK］を押します。12列のガイドレイアウトができました。

✓**CHECK!**

ガイドを作成したらロックしよう

ガイドレイアウトは、作成したままではロックされていません。気がつかないうちにガイドを移動させてしまわないよう、作成後すぐに［表示］メニューから［ガイド］→［ガイドをロック］を適用しましょう。

14-3 メインビジュアルを作成しよう

メインとなる写真をクリッピングマスクで切り抜き、背景色のシェイプを後ろに敷きます。
その前面にあるコピーの文字を整えましょう。

STEP **01** シェイプを作成する　　📥 Lesson14 ▶ 14-3 ▶ 14_301.psd

1 [長方形]ツールを選択し、オプションバーで[シェイプ]になっていることを確認します。アートボードの上でクリックして、ダイアログボックスに[幅:1073][高さ:720]と入力します。[半径]の下のリンクマークをクリックしてオフにし、右下に「120px」と入力します。クリッピングマスクに使用しますので、色はなんでもOKです。

```
　　　　長方形を作成
幅  1073 px      高さ  720 px
半径:
  ☐ 0 px          ☐ 0 px
  ☐ 0 px          ☐ 120 px
☐ 中心から
  キャンセル        OK
```

2 [プロパティ]パネルで、[X:0][Y:0]と入力し、長方形の位置を指定します。[レイヤー]パネルを確認し、レイヤーを「KV」フォルダの中の「おいしいかわいい」テキストレイヤーの下に移動します。

```
プロパティ
　🔲 🔳 シェイプのプロパティ
∨ 変形
  W 1073 px    X 0 px
  H 720 px     Y 0 px
  ∠ 0.00°   ▷◁ ▽
```

3 サンプルファイルの「mainimage.jpg」をアートボードにドラッグしてreturn(Enter)キーで配置します。先ほど作成したシェイプの上にレイヤーがあることを確認し、[レイヤー]パネルのパネルメニューから[クリッピングマスクを作成]を選択します。

```
新規レイヤー...       ⇧⌘N
CSSをコピー
SVGをコピー
レイヤーを複製...
レイヤー...
色調補正を編集...
クリッピングマスクを作成  ⌥⌘G
レイヤーをリンク
```

4 command(Ctrl)+Tキーで自由変形にして写真を縮小し、中央のケーキが見えるようバランスを見ながら移動します。

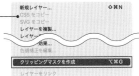

5 ワイヤーフレームに入っていた四角いシェイプの「長方形13」を編集して背景にします。[レイヤー]パネルで選択し、[プロパティ]パネルでリンクマークのチェックを外し、[H:580px] ❶ [X:0px] ❷ [Y:0px] ❸ [塗り:#e0513d] ❹と設定します。

```
プロパティ
　🔲 🔳 シェイプのプロパティ
∨ 変形
  W 1366 px    X 0 px      ❷
❶ H 580 px     Y 0 px      ❸
  ∠ 0.00°   ▷◁ ▽
∨ アピアランス
❹ 塗り
  線  🔳
```

Adobe Fontsを追加する

今回は[Adobe Fonts]にある[AB-hanamaki Regular]と[Noto sans CJK JP]というフォントをウェブフォントとして使用してデザインを作成します。デザインカンプにも使用しますので、**13-3 STEP01**を参照して2つのフォントファミリーを追加して、利用できるようにしてください。

ウェブフォントも活用しよう

ウェブサイトを表示するときに使用されるフォントは、閲覧するユーザーのパソコンやスマートフォンにインストールされているフォントが使用されます。かつては、特殊なフォントは画像として書き出し、表示するしかなく、テキスト情報が失われてしまうデメリットがありました。最近では、ユーザーのローカルのフォントではなく、ウェブサーバにアップされたフォントを読み込む「ウェブフォント」という技術が多く用いられるようになりました。テキストとしての情報は保持したまま、使用できるフォントの数が増えてデザインの幅が広がります。有名なサービスでは、Google Fonts（https://fonts.google.com/）や、FONTPLUS（https://fontplus.jp）などがあります。

コピーを整形する

1 「KV」フォルダの中にある「いちごのおかし」「おいしいかわいい」テキストレイヤー2つを複数選択し、[文字]パネルで[フォント：AB-hanamaki] ❶[トラッキング：100] ❷[カラー：#e0513d] ❸と設定します。

2 [長方形]ツールを選択し、オプションバーで[シェイプ]、[塗り：#ffffff]に設定します。アートボードの上をドラッグして四角いシェイプを作成し、レイヤーを「おいしいかわいい」の下に移動させます。テキストよりひと回り大きくなるよう調整します。

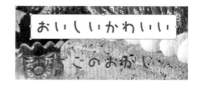

3 [移動]ツールを選択し、シェイプを option（Alt）+ Shift キーを押しながら下にドラッグして複製します。

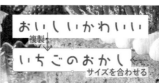

4 2つのテキストと2つの長方形の4つのレイヤーを複数選択し、command（Ctrl）+ G キーでグループにします。「コピー」というグループ名に変更します。

5 [移動]ツールを選択し、[レイヤー]パネルで「コピー」グループを選択します。オプションバーの[自動選択]のチェックを外した状態で、Shift キーを押しながら右にドラッグして、バランスを調整します。

14-4 ヘッダーとフッターを作成しよう

ヘッダーやフッターはトップページだけでなく、下層ページでも使用する共通のパーツです。
さまざまなページで使いやすいデザインを意識します。

STEP 01 ヘッダーをつくる

Lesson 14 ▶ 14-4 ▶ 14_401.psd

1 [表示] メニューから [表示・非表示] → [ガイド] を選択し、ガイドを表示させます。

2 サンプルファイルの「logo.png」をアートボードにドラッグ&ドロップします。レイヤーを「ロゴ」の上に移動させて、ガイドの5本目の大きさまで縮小し、return ([Enter]) キーで配置します。下の「ロゴ」のテキストレイヤーは [delete] キーで削除します。

3 「お店について」「商品一覧」「店舗情報」の3つのテキストレイヤーを複数選択し、一番右のガイドに合わせて移動します。

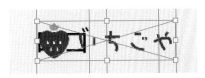

4 [文字] パネルで、[フォントウェイト: Bold] ❶ [カラー：#e0513d] ❷に設定します。

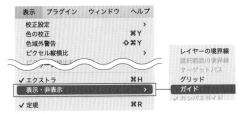

5 [長方形] ツールを選択し、オプションバーで [塗り：#ffffff] [線：なし] に設定します。

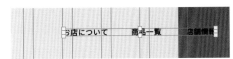

6 アートボードの上でクリックし、ダイアログボックスに [幅：940+80] ❶ [高さ：64 px] ❷、リンクマークをクリックしてオンにし [半径：16 px] ❸と設定し、[OK] します。

✓ CHECK!

四則演算

Photoshopで、サイズや角度など数字を入力して指定できる部分では、四則演算を使うことができます。+(足す)-(引く)*(かける)/(割る)の4つの記号を使います。今回は12カラム分の940 pxに、左右の内側に40 pxずつ余白を持たせたかったので、[940+80] と入力しました。

249

7 [レイヤー]パネルでシェイプレイヤーを「お店について」の下に配置し、選択した状態で[移動]ツールを選び、オプションバーで[水平方向中央揃え]ボタンを押します。ロゴやテキストのバランスを見ながら縦位置を整えます。

8 [レイヤー]パネル下の[レイヤースタイルを追加]ボタンから[ドロップシャドウ]を選択します。
ダイアログボックスで[描画モード:乗算]❶[カラー:#e0513d]❷[不透明度:15%]❸[距離:0px]❹[スプレッド:0%]❺[サイズ:20px]❻と設定して[OK]を押します。

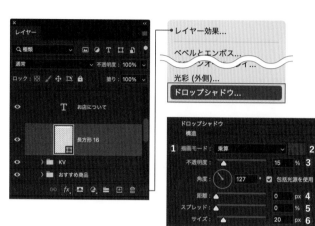

9 [楕円形]ツールを選択し、「店舗情報」の横に[Shift]キーを押しながらドラッグし、小さな丸をつくります。オプションバーで[塗り:#e0513d][線:なし]に設定します。

10 [移動]ツールを選択し、作成した丸を[option]([Alt])+[Shift]キーを押しながら左にドラッグして、他のメニューの横にも複製します。

STEP 02 フッターをつくる

Lesson 14 ▶ 14-4 ▶ 14_402.psd

1 サンプルファイルの「logo-footer.png」をアートボードにドラッグして、[return]([Enter])キーで配置します。

2 [レイヤー]パネルで「footer」フォルダ内に配置し、[移動]ツールを選択してオプションバーで[水平方向中央揃え]を押します。「footer」フォルダにあった「ロゴ」テキストレイヤーは[delete]キーで削除します。

14-5 おすすめ商品を作成しよう

おすすめ商品は常時3件表示されて、
左右ボタンでさらに商品が表示される仕様を想定してつくっていきます。

写真をクリッピングマスクする

Lesson14 ▶ 14-5 ▶ 14_501.psd

1 見出しのフォントを変更します。「おすすめ商品」テキストレイヤーを選択し、[文字]パネルで[フォント：AB-hanamaki] **❶** [トラッキング：100] **❷** [カラー：#e0513d] **❸** に設定します。

2 おすすめ商品に写真を入れていきます。[レイヤー]パネルでグレーのシェイプ3つを複数選択し、[プロパティ]パネルで[角丸の半径]をそれぞれ40pxにします。

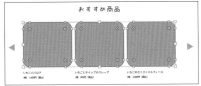

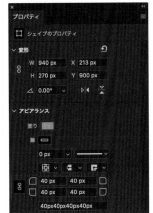

3 「商品1」から写真を入れます。サンプルファイルの「sweets-01.jpg」をアートボードにドラッグし、バウンディングボックスで縮小してサイズを調整し、return（Enter）キーで配置します。

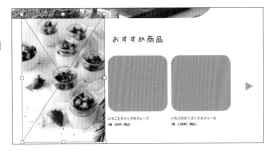

4 [レイヤー]パネルで「商品1」フォルダの「長方形 12 のコピー 2」の上に写真のレイヤーを移動します。[レイヤー]パネルのパネルメニューから[クリッピングマスクを作成]します。

5 同様に、「商品2」「商品3」にも、「sweets-02.jpg」「sweets-03.jpg」を配置してクリッピングマスクを適用します。

いちごババロア
4個　1,600円（税込）

6 3つの商品名のテキストレイヤーを複数選択し、[文字]パネルで[ウェイト：Bold] ❶ [フォントサイズ：20px] ❷ [カラー：#e0513d] ❸と設定します。

7 おすすめ商品の左右にある三角のボタンをつくります。左にある三角のシェイプを選択し、[プロパティ]パネルの[変形]でリンクマークにチェックを入れた状態で[W：20px] ❶と入力します。

8 [楕円形]ツールを選択し、オプションバーで[塗り：#e0513d] [線：なし]を設定します。アートボードの上でクリックし、ダイアログボックスで[幅：64px] [高さ：64px]と設定し[OK]を押します。

9 [レイヤー]パネルで、円のシェイプレイヤーを三角のシェイプレイヤーの下に移動します。三角のレイヤーの[シェイプ]アイコンの部分をダブルクリックして、カラーピッカーで[#ffffff]に変更します。

10 [移動]ツールで、三角が中央にくるようにバランスを見ながら整えます。

11 円と三角の2つのレイヤーを複数選択し、[レイヤー]パネルを右クリックして[スマートオブジェクトに変換]を選択します。

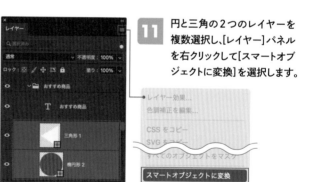

12 option(Alt)+Shiftキーを押しながら右にドラッグして複製し❶、Shiftキーを押しながら180度回転させます❷。右方向の矢印もできました。最初にあった右のグレーの矢印は削除します。

14-6 「お店について」を作成しよう

「お店について」のエリアは、右側にスペースがあるので、写真を配置します。
背景色の赤を生かすために、マスクして被写体だけを表示させます。

写真を切り抜いて配置する

📥 Lesson 14 ▶ 14-6 ▶ 14_601.psd

1 背景色を変更します。[レイヤー] パネルで、「お店について」フォルダの中にある「長方形3」の[シェイプ]アイコンをダブルクリックして、[#e0513d] に変更します。

2 見出しのフォントとカラーを変更します。「国産いちごの こだわりおかし」テキストレイヤーを選択し、[文字] パネルで [フォント：AB-hanamaki] ❶ [トラッキング：100] ❷ [カラー：#ffffff] ❸ と設定します。

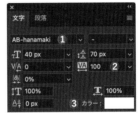

3 「「いちごや」では〜」テキストレイヤーを選択し、[文字] パネルで [カラー：#ffffff] と設定します。お申し込みはこちらボタンは、ボタンの背景色を [#ffffff]、「お申し込みはこちら」というテキストは [#e0513d] に設定します。

4 テキストの右側に写真を配置します。「about.jpg」をアートボードにドラッグし、バウンディングボックスで拡大・縮小してサイズを調整し、return（Enter）キーで決定します。

5 [オブジェクト選択] ツールを選択し、写真の上をドラッグして選択します。

6 いちごと手の選択範囲ができたら[レイヤー]パネル下の [レイヤーマスクを追加] でマスクを作成します。

7 「about」レイヤーを赤い背景シェイプ「長方形3」レイヤーの上に移動し、[レイヤー] パネルメニューから [クリッピングマスクを作成] を選択します。

14-**7** 共通項目をパーツ化する

Photoshopで共通パーツをつくるには、大きく3つの方法があります。
デザイン制作をする場合、どの機能を使ってパーツ化するのがよいか、学んでいきましょう。

スマートオブジェクト

P.82で紹介した「スマートオブジェクト」は、主に画像を非破壊にする目的で使用されます。複製したスマートオブジェクトは同じ元データを参照しますので、アイコンなどの共通パーツづくりには便利です。しかし、スマートオブジェクトはPSDの中に保存されるため、複数のPSDをまたいで共通で使用することはできません。

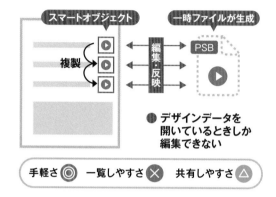

リンク

PSDの中に別のファイルを配置できるのが「リンク」機能です。リンクしているファイルが変更されると、配置したPSDにも反映されます。チームでページを分けてデザインするときなど、複数のPSDにわたる共通パーツづくりに便利です。PSD・PSB・AI・PDFなど、さまざまなファイル形式に対応しています。

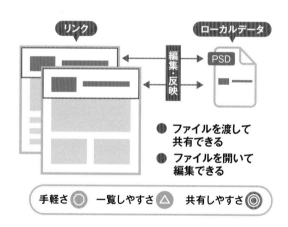

CCライブラリ

Adobe Creative Cloudのさまざまなアプリケーションのデータ共有ツールが「CCライブラリ」です。Illustratorから CCライブラリに追加したロゴデータをPhotoshopで配置する、といった用途に便利です。追加できるのはベクトルやビットマップといった「画像」だけでなく、「カラー」「文字スタイル」も追加できるので、ウェブサイトのテーマカラーやフォントを追加しておくと便利です。登録されたものをアセットと呼びます。共有にはAdobe IDと紐づいたメールアドレスが必要です。

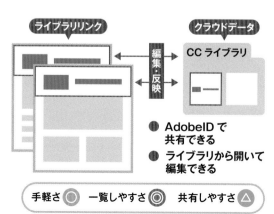

STEP 01 スマートオブジェクトで共通アイコンをつくる

Lesson14 ▶ 14-7 ▶ 14_701.psd

NEWマークをつくる

1 [多角形] ツールを選択し、オプションバーで [塗り：#e0513d] ❶ [線：なし] ❷ と設定します。

2 アートボードの上でクリックし、ダイアログボックスで [幅：64px] ❶ [高さ：64px] ❷ [角数：12] ❸ [角丸の半径：10px] ❹ [星の比率：80%] ❺ [星のくぼみを滑らかにする：チェックあり] ❻として [OK] を押します。[レイヤー] パネルで「商品1」グループの上に配置します。

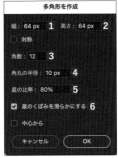

3 [文字] パネルで [フォント：AB-hanamaki] ❶ [フォントサイズ：16pt] ❷ [カラー：#ffffff] ❸ と設定します。

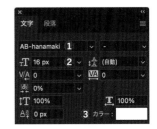

4 [横書き文字] ツールを選択し、星形シェイプの上をShift キーを押しながらクリックします。「new」という文字を入力して command (Ctrl) + return (Enter) キーで決定します。

5 [移動] ツールで、星形シェイプに対してテキストをバランスよく配置します。

6 テキストレイヤーとシェイプレイヤーの2つを複数選択して、右クリックで [スマートオブジェクトに変換] を選択します。

7 作成したスマートオブジェクトを [移動] ツールで option (Alt) + Shift キーを押しながら右にドラッグして複製し、2番目の商品にもアイコンとして追加します。

いちごババロア
4個　1,600円（税込）

いちごとホイップのクレープ
1個　800円（税込）

COLUMN

スマートオブジェクトで共通パーツをつくる

今回、使いまわしたいアイコンをスマートオブジェクトに変換しました。スマートオブジェクトには「複製したスマートオブジェクトは同じ元データを参照する」という特徴があります。デザインする中で「やっぱり別の色がいいな」「フォントを変更しよう」という場合、1つのスマートオブジェクトをダブルクリックして開いて、元データを編集すると、複製したスマートオブジェクトすべてに変更が反映されます。このとき「複製」であることがポイントで、コピー&ペーストで増やしたスマートオブジェクトは別物となります。option (Alt) +ドラッグか、command (Ctrl) + J キーの [レイヤーの複製] を使用しましょう。

リンク機能は、すでにあるPSDやAIファイルを配置できる機能ですが、現在開いているPSDの中からスマートオブジェクトを作成し、そこからリンクファイルを作成することもできます。

Lesson14 ▶ 14-7 ▶ 14_702.psd

ヘッダーをリンクファイルに書き出す

1 [レイヤー]パネルで、ロゴやメニューがまとめられた「header」フォルダを選択します。[レイヤー]パネルのパネルメニューから[スマートオブジェクトに変換]を選択します。フォルダの内容がスマートオブジェクト1つにまとまりました。

2 スマートオブジェクトを選択した状態で、[プロパティ]パネルの[リンクされたアイテムに変換]①をクリックします。保存のダイアログボックスが開いたら、[名前:header.psb]②、[場所]は、PSDファイルと同じフォルダ③を選択して[保存]④を押します。これで、先ほど保存したスマートオブジェクトの中身がPSBファイルとして保存され、リンクされました。[レイヤー]パネルのアイコンが、スマートオブジェクトからリンクのアイコンに変更になっています。

✔**CHECK!**

既存ファイルに配置する

すでにあるPSDやAIファイルにリンク配置するには、[ファイル]メニューから[リンクを配置]を選択し、配置したいPSBファイルを選択します。リンクされたPSBファイルを変更すると、配置したPSDやAIファイルに反映されます。自動で反映されない場合、[プロパティ]パネルの黄色い三角アイコンをクリックして更新します。

STEP 03 CCライブラリでパーツの共通化 Lesson14 ▶ 14-7 ▶ 14_703.psd

さきほどPSBファイルとして保存してリンクした「header」を、CCライブラリのアセットとして追加してみましょう。

新規でCCライブラリにアセットを追加してリンクする

1 [ウィンドウ]メニューから[CCライブラリ]を開きます❶。[CCライブラリ]パネルメニュー❷をクリックし、[新規ライブラリを作成]を選択します❸。[新規ライブラリを作成]が開いたら「いちごや」と入力して❹[作成]❺を押します。これでライブラリが作成されました。同時にそのライブラリが保存先として選択されます。

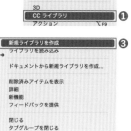

2 [レイヤー]パネルで「header」リンクレイヤーを選択し❶、[CCライブラリ]パネル下の[+]（エレメントを追加）ボタン❷を押して、[画像]❸を選択します。

これで「header」フォルダの中身がCCライブラリの「いちごや」にアセットとして追加されました❹。[レイヤー]パネルの表示が、リンクからCCライブラリのアイコン❺に変更されています。

❺ CCライブラリ

✓CHECK!
CCライブラリのアセットと元データは別データ

リンクファイルからCCライブラリに登録しましたが、リンクしていた「headr.psb」が移動したわけではありません。CCライブラリのアセットには、複製してデータが登録されます。今後の元データはCCライブラリのアセットです、修正を行う場合は[レイヤー]パネルか[CCライブラリ]パネルのアセットをダブルクリックして編集しましょう。

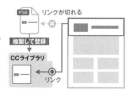

すでにあるライブラリグラフィックにリンクする

リンクやスマートオブジェクトを、CCライブラリのアセットにリンク変更します。

1 [レイヤー]パネルのリンクレイヤーを選択します。[プロパティ]パネルのリンクアドレス❶をクリック（Windowsは右クリック）し、[ライブラリグラフィックに再リンク]❷を選択します。

✓CHECK!
**スマートオブジェクトの場合は
レイヤーを右クリック**

[レイヤー]パネルでスマートオブジェクトを右クリック（control+クリック）して[ライブラリグラフィックに再リンク]を選択します。

2 [CCライブラリ]パネルでリンクしたいアセット❶を選択し、パネル下の[再リンク]❷をクリックします。

14-8 画像を書き出す

Photoshopで画像を書き出すタイミングは、大きく分けて
「カンプとしてページ全体のデザインを書き出す」
「コーディングに必要な画像を書き出す」の2つです。順番に見ていきましょう。

書き出す画像の種類と用途

写真ならJPGかPNG、ロゴやアイコンが画像なら
GIFかPNG、ベクトルデータ（パスやシェイプ）なら
SVGが向いています。PNGは色数のビット数で8、
24、32（24＋透過情報8）の3種類があり、PNG-8
はGIFと同じく最大256色です。PNGは、GIFや
JPGと同じ条件で比べると、容量が大きくなります。

	容量	背景を透過	カラフルな写真	ロゴやアイコン
GIF	色数多→重い 色数少→軽い	○	最大256色 なので不向き	向いている
JPG	圧縮すると軽い 画質が落ちる	×	向いている	ボケやすく不向き
PNG	圧縮しないため 重くなりがち	○	向いている	向いている
SVG	ベクトルデータ であれば軽い	○	含められるが重い	ベクトルデータで あれば向いている

画質を確認しながらページ全体を書き出す

［ファイル］メニューから［書き出し］→［書き出し形式］を選ぶ

アートボード全体を画像として書き出すことができます。

❶ウィンドウ分割を選びます。
❷分割したウィンドウごとに違う書き出しを選択でき、書き出しのサイズを比較できます。
❸PNG、JPG、GIFなど書き出しの種類が選べます。
❹書き出しのサイズを設定します。一度に複数の解像度を書き出すことができ、左側のメニューの［+］で増やせます。サイズは［2x（2倍）］［3x（3倍）］などが選べ、［サフィックス］は、書き出すファイル名の最後に追加されます。

✔CHECK!

選んだパーツだけを画像に書き出す

［レイヤー］パネルでフォルダやレイヤーを選択し、右クリックから［書き出し形式］を選択すると、選んだ部分だけを画像に書き出せます。

画像アセットで自動的にパーツを書き出す

Lesson 14 ▶ 14-8 ▶ 14_801.psd

［レイヤー］パネルのレイヤーやグループに「ファイル名.png」のような名前をつけて、コーディングに必要な画像（これをアセットと呼びます）を一度に書き出せるのがアセット機能です。PSDファイルを編集して保存すると、自動的にアセットも更新されて保存されるので便利です。

1 ［レイヤー］パネルで、書き出したいレイヤーやグループ名をダブルクリックし、「ファイル名.拡張子」に名前を変更します。書き出せる形式は、GIF、JPG、PNG、SVGです。

2 ［ファイル］メニューから［生成］→［画像アセット］を選択してチェックを入れます。

3 PSDファイルを保存しているフォルダを確認します。「PSDファイル名-assets」というフォルダの中に、指定したファイル名で書き出されています。

sweets-01.png　　sweets-02.png　　sweets-03.png

JPGとPNGの画質パラメーター

JPGの画質を指定するには、「ファイル名.jpg」の後ろに1〜100%を追加します。「ファイル名.jpg50%」なら、画質50%のJPGが書き出されます。

PNGの画質を指定するには、「ファイル名.png」の後ろに、8、24、32を追加します。「ファイル名.png24」なら、PNG-24で書き出されます。

サイズのパラメーター

サイズを指定するには、「ファイル名.png」の前に追加します。単位は%、px、in、cm、mmで指定できます。「200%ファイル名.png」なら2倍サイズで書き出されます。pxは省略できるので、「300x400 ファイル名.png」の場合は、［幅：300px］［高さ：400px］で書き出されます。

半角スペース
200% bean.png
エックス
300x400 cookie.png
coffee.gif

複数設定の同時書き出し

1つのレイヤー、グループを複数の設定で書き出したい場合、「ファイル名.png」の後ろに「,」をつけて続けて書きます。たとえば等倍と、2倍サイズの2種類を書き出したい場合は「ファイル名.png,200% ファイル名@2.png」のように区切って書きます。「@2」は、2倍サイズの画像を表すときに用いられる命名規則です。

bean.png,200% bean@2.png

すべてのアセットの初期設定を指定する

PSDの中で作成したアセットすべての指定を一括でする場合は、空のレイヤーを新規作成し、そこに指定を書きます。名前は「default」がすべてのアセットを対象にするという意味で、そのあとにサイズ、画質、サブフォルダなどを続けて書きます。

すべてのアセットを 200%にして ／images／サブフォルダを作成し

default 200% images/@2
ファイル名に@2をつけて書き出し
bean.png
cookie.png
coffee.gif

Lesson 14　ウェブデザインをつくる

練習問題

Lesson14 ▶ Exercise ▶ 14_Q01.psd

Q 左のPSDから、「チェックマークをスマートオブジェクトで使い回す」「写真のトリミングを角丸にする」作業をして、右のPSDをつくってみましょう。

BEFORE

AFTER

A

チェックマークをスマートオブジェクトにする

❶「チェックマーク」フォルダを選択し、右クリックで[スマートオブジェクトに変換]を選択します。
❷作成したスマートオブジェクトを option （Alt ）+ Shift キーを押しながら下にドラッグして4つ複製し、5つのリストすべての先頭に配置します。
❸赤い背景の上のチェックマークを選択し、[レイヤー]パネル下の[レイヤースタイルを追加]ボタンから[カラーオーバーレイ]を選択します。ダイアログで[描画モード:通常]❶[カラー:#ffffff]❷[不透明度：100%]❸と設定して[OK]を押します。

トリミングを角丸にする

❶[レイヤー]パネルで「sweets-03」の下にある「長方形 1」を選択します。
❷[プロパティ]パネルで角丸のリンクマークをオフにし❶、右上❷と右下❸に「40px」と入力して return （ Enter ）キーを押します。
❸同様に「開発スタッフみんないちごが大好き!」の背景になっている「長方形 3」を選択し、[プロパティ]パネルで角丸を左上だけ40pxにします。

媒体に合わせて
出力する

レタッチなどが完了したデータは、印刷向け、ウェブ向けな
どの違いによってデータの最適化を行います。たとえば印刷
向けであればCMYKへの変換を行います。ただし印刷にも
さまざまな種類があり、用紙の違いなどによっても再現され
る色は変わるのでそれぞれに合わせた変換が必要です。ま
たサイズを変更したり、シャープネス処理をしたりすることも
重要です。

An easy-to-understand guide to **Photoshop**

15-1 色を合わせるために

画像処理で問題になるのは色が合わないことです。しかし、色合わせのための技術は確立しています。それがカラーマネージメントの技術です。どんな設定が必要なのか？
きちんと理解をして色合わせをしましょう。

RGBからCMYKへ

適切なCMYK変換が必要

デジタルカメラで撮影した画像データはRGBで、それを閲覧するディスプレイもRGBです。RGBとは光の三原色の「レッド、グリーン、ブルー」のことです。赤と緑と青の組み合わせでカラーの表示をします。

一方「CMYK」は「シアン、マゼンタ、イエロー、ブラック」のことで、印刷をする場合にこの4色のインクの組み合わせでカラーの再現をします。

RGBの画像は印刷をするためにはCMYKへと変換をしなければなりません。ただ単純にCMYK化するだけでは色がマッチしないため、適切なCMYK変換を行う必要があります。

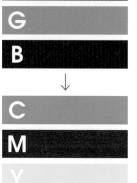

RGBのままでは印刷できないので、CMYKへの変換が必要です。しかしディスプレイで表現できる鮮やかな原色は印刷物では再現することができません。CMYKへの色変換の際には似た色に置き換えますが、どうしても明度や彩度は落ちてしまいます。RGBにも後述するように種類がありますが、RGBの赤、緑、青と、CMYKの赤、緑、青が、別物である点にも注意してください。

それぞれ異なるディスプレイ

色は違って当たり前

右の図はある画像データを異なるディスプレイに表示した状態を示しています。ディスプレイにはさまざまな種類があるため、ただ画像を表示させただけでは色は一致しません。つまり大前提として、ディスプレイによって色は違って当たり前だと思わなければいけません。

ただし、それでは正確な色のコントロールを必要とする仕事はできません。そこでそれぞれのディスプレイの色が合うように計算を行うのが、カラーマネージメントの技術です。

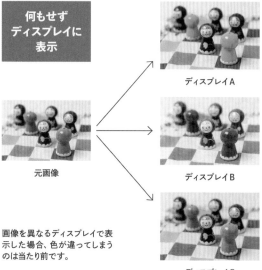

何もせず
ディスプレイに
表示

元画像

ディスプレイA

ディスプレイB

ディスプレイC

画像を異なるディスプレイで表示した場合、色が違ってしまうのは当たり前です。

カラーマネージメントとは？

忠実に色再現するための技術

カラーマネージメントとは異なるメディア間の色を一致させるための技術です。デジタルカメラで撮影した写真をディスプレイで見たり、印刷したりするときに、何もしなければ色は一致しませんが、ディスプレイや印刷物の色を測定して色が合うように計算を行うのがカラーマネージメントです。

まず、制作環境で使用するディスプレイ上の色が信じられる状態になるように調整をすること。そして、そのディスプレイ上の色を印刷物上でも忠実に再現できるように色変換を行うこと。そんなことに留意しながら完成データを用意する作業を行いましょう。

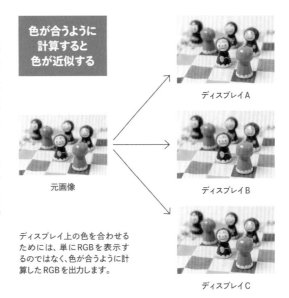

色が合うように計算すると色が近似する

元画像

ディスプレイA

ディスプレイB

ディスプレイC

ディスプレイ上の色を合わせるためには、単にRGBを表示するのではなく、色が合うように計算したRGBを出力します。

どうやって変換するのか

Labを基準にして変換する

「RGB」というのはその数値だけでは正確な色を表すことができません。ディスプレイによっても色は変わります。一方「CMYK」の場合も、同じアミ％であっても用紙やインクの種類などによって色は異なります。

そこでPhotoshopでは内部的に「Lab」（CIELAB）に換算しながら色の計算を行います。たとえばあるディスプレイ上の色（RGB）をLabに換算するとどんな色になるか？　その色を印刷するためにCMYK化するとどんな色になるか？　というふうに常に色の基準である「Lab」を通じて変換します。

ただし、4色のカラー印刷で再現できる色の範囲というのはあまり広くないので、完全に一致させるということはできません。再現できる範囲のなるべく近い色に置き換えるわけです。

何にも設定をしなければ色は合わなくて当たり前ですが、カラーマネージメントをきちんと行うことにより、実用上問題のないレベルまで色を合わせることが可能になります。

RGBからCMYKへの変換

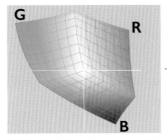

変換前の元のRGBのカラースペース。さまざまなRGBがあります。

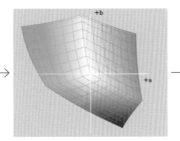

いったんLabに換算します。「赤は赤でもどんな赤なのか？」ということを正確に表します。

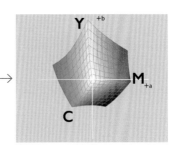

CMYKに変換します。まったくの同じにはできないので、近いCMYKの色に置き換えます。

15-2 カラーマネージメントの基本

Photoshopを扱う上で最低限覚えておきたい、カラーマネージメントの基本があります。
カラー設定はどうすればいいのか？　プロファイルの指定と変換では何が違うのか？
色をコントロールするための技術を身につけましょう。

カラー設定を最初に行う

使いはじめる前に設定しておきたい

Photoshopでは使用目的別の［カラー設定］（［編集］メニュー内）があります。印刷目的で使う場合は［プリプレス用 - 日本2］❶に、ウェブ目的の場合は［Web・インターネット用 - 日本］❷に設定しておくというのが基本です。また、CMYKの作業用スペースに関しては、「Japan Color 2001 Coated」から「Japan Color 2011 Coated」に変更して使うことがおすすめです（P.269参照）。
Adobe Bridgeの［カラー設定］ではほかのCreative Cloudアプリケーションもまとめて同期させることができ

ますが、この作業を行っておくことによって、InDesignやIllustratorなどと［カラー設定］を揃えることができます。スムーズにファイルのやりとりをするためにも設定を同期させておくといいでしょう。
カラー設定自体はカスタマイズしてファイルとして保存することができます。作業用スペース等を変更して使用する際には、名前を付けて保存しておくといいでしょう。ほかの人と作業をする場合にこの設定ファイルを共有することができます。

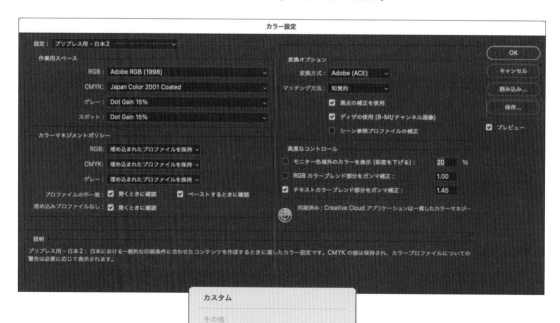

使用目的別にカラー設定のプリセットがあります。以前はアメリカの輪転機向けの設定が初期設定になっていたためにトラブルもありました。ふだんは特に意識する必要はないですが、アプリケーションの使い始めにはチェックをしておきたい設定です。

プロファイルとは？

色に関する情報が
書き込まれたファイル

カラーマネージメントを行うために重要なのが「プロファイル」です。プロファイルというのは色に関する情報が書き込まれたファイルのことで、色変換などの計算に利用します。

たとえば個々のディスプレイのプロファイルには、そのディスプレイの原色がどんな色なのか、白の明るさや色温度は？といった情報が書かれています。また印刷のプロファイルには、コート紙に輪転機で刷った場合のCMYKのそれぞれの色は？ 紙白の色味は？ といったことが書いてあります。

そしてそれらのプロファイルを元にディスプレイや印刷物で忠実な色再現が行われるというしくみです。

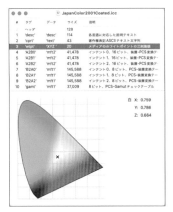

プロファイルにはさまざまな情報が記述されています。これは印刷用のCMYKのプロファイルです。実際に印刷機で刷ったカラーチャート上の色を測定し、その色の傾向がまとめられています。CMYK変換する際などに利用します。

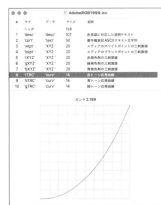

これはプリプレス用の作業用スペースとして推奨されているAdobeRGBのプロファイルです。R、G、B各色がどんな色なのか？ あるいは白がどう定義されているのか？ ガンマ値は？ といったことが記述されています。このプロファイルを画像データとセットで扱うことにより色が確定し、他のカラースペースに変換できるようになります。

正しく色を扱うために
プロファイルは絶対に必要

プロファイルは画像ファイルとセットにして扱います。プロファイルとセットにすることを「画像にプロファイルを埋め込む」といった言い方をします。画像に対しては常に正しいプロファイルが埋め込まれている必要があります。もし間違ったプロファイル、精度の低いプロファイルが埋め込まれていた場合は、正確な色の計算ができません。

RGBのプロファイルとしては「Adobe RGB」や「sRGB」などの汎用的なプロファイルがありますが、同じ画像に対して違うプロファイルを埋め込むと色は違って見えます。画像ファイルが変化したわけではなく、原色などの定義が違うためです。

「タグのないRGB」というのは、この画像にはプロファイルが埋め込まれていないということを示します。このままレタッチをしても正確な色のコントロールはできません。

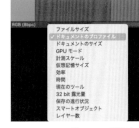

Photoshopでは開いている画像ウィンドウの左下で、さまざまな表示の切り替えが可能です。ここでは［ドキュメントのプロファイル］を選択して、プロファイルを表示させています。

左の画像はデータ的にはまったく同じ画像です。ただし、セットにしているプロファイルが違うため、色が違って見えます。プロファイルの取り違えによる色のトラブルは多いので、注意をしましょう。

プロファイル変換

カラースペースを変換することで色を近似させる

[編集]メニューの[プロファイル変換]は、カラースペースを変換するための機能です。たとえば、RGBの画像データを印刷向けのCMYKデータに変換する、あるいはAdobe RGBの画像データをウェブ向けのsRGBに変換するといった場合に利用します。

これがカラーマネージメントそのものともいえる機能で、近似した色に変換をしてくれます。ただし、変換後のカラースペースが変換前よりも狭い場合には、まったく同じにすることはできません。

RGBからCMYKに変換した場合に明度や彩度が落ちてしまいますが、これはある程度仕方のないことといえます。しかしこの設定をきちんと行うことが非常に重要です。

[ソースカラースペース]（現在のカラースペース）から[変換後のカラースペース]に変換を行うのが[プロファイル変換]です。

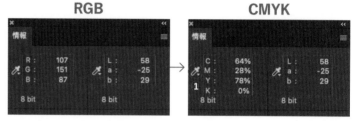

[情報]パネルでプロファイル変換前とあとのカラー値を見てみます。RGBからCMYKへの変換ですが、Lab値が近ければ、色の変化は少ないということになります。RGB、Lab、CMYKなどの各モードの切り替えは、各モードの左にあるスポイトアイコンをクリックして行います❶。

プロファイルの指定

正しいプロファイルを埋め込む

[編集]メニューの[プロファイルの指定]は、プロファイルのない画像に対して、正しいプロファイルを埋め込んだり、削除したりすることのできる機能です。

Photoshopでの色の計算はすべてプロファイルを参照しながら行われるので、プロファイルがない場合は正しい色の計算ができません。

画像データを渡すときには必ずプロファイルが埋め込まれた状態で渡すことです。またプロファイルがないデータをもらった場合には、データ作成者に正しいプロファイルを聞いて、[プロファイルの指定]により埋め込んで作業をするようにしましょう。

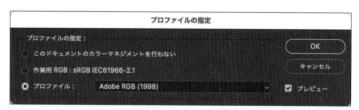

[プロファイルの指定]で埋め込むプロファイルは正しいプロファイルでなければなりません。

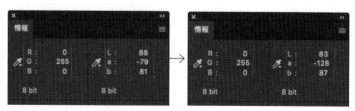

[プロファイルの指定]をする前とあとでの[情報]パネルの変化。RGB値は変わっていませんがLab値が変化しています。つまり見た目の色が変わってしまったということです。通常は別のプロファイルをつけ直すという操作はしません。

ファイルを開いた際のアラートへの対応

［カラーマネジメントポリシー］で設定されている

画像ファイルを開く際に［プロファイルなし］や［埋め込まれたプロファイルの不一致］などの警告のダイアログボックスが表示されることがあります。これはファイルを開く際のカラーマネージメントの方法についてのアラートですが、選択を間違えると色が変わってしまったり、正しい色の情報が伝わらなくなったりしてしまうので、きちんと理解しておくようにしましょう。

このアラートは［編集］メニューの［カラー設定］で表示される［カラー設定］ダイアログボックスの［カラーマネジメントポリシー］❶で設定されています。

ここにチェックが入っているとアラートが表示されます。基本的にはチェックを入れた状態で運用することをおすすめします。

カラーマネージメントの基本的なふるまい方を決めておく設定です。ここも基本は初期設定の［埋め込まれたプロファイルを保持］がおすすめです。［オフ］にはしないようにしましょう。

アラートへの対処

［プロファイルなし］

開こうとしている画像にプロファイルが埋め込まれていない場合に表示されます。［そのままにする（カラーマネージメントなし）］はファイルにタッチせずに展開する方法。ただしレタッチしたりする場合は正しいプロファイルを埋め込む必要があります。

ここで間違ったプロファイルを指定すると色は変わってしまいます。プロファイルがない場合は、正しいプロファイルを指定しましょう。

［埋め込まれたプロファイルの不一致］

カラー設定と異なる場合に表示されます。［作業用スペースの変わりに埋め込みプロファイルを使用］で展開すれば、ファイルに対して何も変化させずに開くことができます。

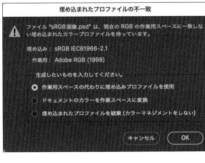

［埋め込まれたプロファイルを破棄（カラーマネジメントしない）］ではプロファイルが削除されてしまうので、通常は選択しないようにします。

［プロファイルの不一致（ペースト）］

ある画像を別の画像にペーストする際に、2つのファイルのプロファイルが異なる場合に表示されます。見た目の色を一致させたい場合は［変換（カラーアピアランスを保持）］、RGBやCMYKのカラー値を一致させたい場合は［変換しない（カラー値を保持）］を選択します。

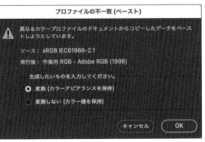

写真の合成作業などでは通常は［変換（カラーアピアランスを保持）］を選択します。

15-3 カラーマネージメントの実践

印刷用にCMYK変換をしたり、プリンタでイメージ通りの色再現を行うには、
設定の仕方を理解しておく必要があります。
適切なプロファイルを選択して、イメージ通りの色再現をめざしましょう。

カラースペースを変換する

適切なプロファイル変換が必要

画像データやレイアウトしたファイルを印刷したり、ディスプレイに出力して正しい色で見るためにはポイントがあります。まずデータ自体に正しいプロファイルが埋め込まれていること、次に適切な印刷のプロファイルやディスプレイのプロファイルに色変換を行うことです。
色変換を行うためには、[編集]メニューの[プロファイル変換]を選択して、用途に合わせた正しい設定をします。この設定が間違っていると色の忠実な再現はできなくなってしまうので注意が必要です。
[イメージ]メニューの[モード]から[RGBカラー]や

[CMYKカラー]を選択するだけでも色変換は可能ですが、重要な設定なので、[プロファイル変換]を使って設定をきちんと確認しながら変換する習慣をつけておくといいでしょう。
一番注意をすべきなのは[変換後のカラースペース]の設定です。この設定を間違えないように注意しましょう（次ページ参照）。また何度も変換を繰り返すと画質が劣化したり、色域が狭まってしまったりということが起こるので、レタッチなどの作業が済んだ最終段階で変換するのが基本です。

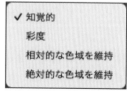

❷[変換方式]とは実際に色変換を行うエンジンのことです。デフォルトの[Adobe(ACE)]がおすすめです。この変換方式によりMacとWindowsで色変換の結果を揃えることができます。

色がおかしくなってしまわないために最低限確認すべきなのは[変換後のカラースペース]❶です。
そのほかの[変換オプション]などはよくわからなければ、初期設定のままの運用でも大丈夫です。
さらに自分でカスタマイズして運用したいという場合には[詳細]❹設定も用意されています。

❸[マッチング方式]では変換する際の4つの計算方法が選択できます。印刷向けのCMYKデータに変換したい場合のおすすめは[知覚的]です。階調再現性を重視しているので写真の変換に適しています。

印刷用にCMYKに変換する

印刷用プロファイルには
さまざまな種類がある

印刷用に色変換を行う場合に重要なのは、印刷の方式や用紙の違いによって変換用のプロファイルを変えるということです。

たとえば光沢度の高いアート紙にする場合と、新聞の用紙にする場合では、色再現は大きく異なります。新聞の用紙でアート紙のような鮮やかな色を出すことはできませんが、再現できる範囲内で色を近づけるのがカラーマネージメントの技術です。

コート紙にオフセット印刷する場合のおすすめのプロファイルは「Japan Color 2011 Coated」です。デフォルト設定では「Japan Color 2001 Coated」になっていますが「カラー設定」（P.264）で切り替えておくといいでしょう。CTP（コンピューター・トゥ・プレート）に対応するなど、改良されたプロファイルです。

[カラー設定]のCMYKの[作業用スペース]ではインストールされているCMYKのプロファイルが確認できます。プロファイル名の部分にカーソルを置くと下の[説明]欄にそのプロファイルの説明が表示されます。輪転機用や枚葉機用など、あるいは用紙の違いによりプロファイルが用意されています。

印刷用のプロファイルには用紙は印刷方式の違いによりさまざまなものがありますが、適切なものが選ぶことが重要。

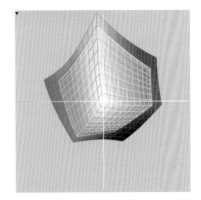

内側のメッシュ部分は新聞用の色再現域で、外側の虹色の部分はコート紙に刷った場合の色再現域です。印刷の方式と用紙により再現できる色が異なるので、それに合わせた変換が必要になります。

ウェブ用のRGBプロファイル

sRGBかAdobe RGB

RGBのカラースペースもさまざまなものがありますが、デジタルカメラの初期設定でもあるsRGBは、現在一番汎用性のあるカラースペースといえます。ただしsRGBでは印刷の色再現域でカバーできない部分があるため、印刷を目的とする場合はAdobe RGBを使うことが推奨されています。

インターネットの基準はsRGBなので、ウェブ用のデータはsRGBに色変換をして統一するようにしましょう。またブラウザでカラーマネージメントをサポートできるものが増えてきているので、プロファイルも埋め込んでおきましょう。

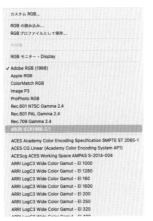

[カラー設定]のRGBの作業用スペースをクリックして表示されるプロファイル。よく使用するのはAdobe RGBとsRGBですが、この2つのプロファイルの取り違えによる、色に関するトラブルはかなり多いので注意しましょう。

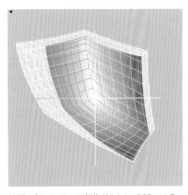

外側の白いメッシュの部分がAdobe RGBのカラースペースを示し、内側の虹色の部分がsRGBのカラースペースを示します。カラースペースが広いAdobe RGBでは、より鮮やかに色を扱うことができます。

プリンタで忠実な色を再現するには

用紙別のプロファイルに変換する

プリンタで画像本来の色を再現するためには、アプリケーションとプリンタ側できちんと設定をする必要があります。プリンタといってもさまざまな製品があり、使用する用紙によっても色再現は変わってきます。

忠実に再現をするためには画像のプロファイルからプリント用紙のプロファイルに向けて色変換を行います。この場合、Photoshop 側かプリンタ側のどちらかで変換しますが、どちらかで一度だけ変換がかかるように設定をするというのがポイントです。

Photoshopによるカラー管理

アプリケーション側で色変換する	→	プリンタ側では無補正

プリンタによるカラー管理

アプリケーション側で色変換しない	→	プリンタ側で色変換する

プリント時の設定方法は Photoshopによるカラー管理

プリントは[ファイル]メニューの[プリント]から行います。[Photoshop プリント設定]ダイアログボックスでは、位置やサイズなどさまざまな設定ができますが、色に関する設定は[カラーマネジメント]❶から行います。Photoshop側で色変換を行う場合は[カラー処理]で[Photoshopによるカラー管理]を選択します❷。

重要なのは[プリンタープロファイル]で使用する用紙の正しいプロファイルを選ぶことです。自分が使っている用紙のプロファイル名を確認して設定しましょう。この設定によりPhotoshop側で用紙に合わせた変換が行われプリンタ側へ送られます。すでに色変換済みのデータなので、プリンタ側では色補正をしないように設定します❸。プリンタ側で色変換する方法もありますが、プリンタでは「いい色に演出」される場合があるので、忠実な再現を望む場合はこの方法がおすすめです。

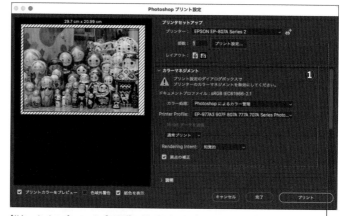

[ドキュメントのプロファイル]は画像に埋め込まれたプロファイルが反映されます。大前提として、このプロファイルが正しい必要があります。

❷[カラー処理]には3つの選択肢がありますが、色の忠実な再現ということでいうと[Photoshopによるカラー管理]がおすすめです。

❸このプリンター側のダイアログでは「プリンターのカラーマネジメント機能は無効に設定されています」となっているのでこのままでOKですが、自分で選択できる場合にはプリンター側の色変換を[無効]あるいは[色補正なし]に設定します。

印刷の色をシミュレートする

［ハードプルーフ］を使う

通常のカラー印刷は4色で行いますがインクジェットプリンタなどでは多くのインクを使い、より鮮やかな色再現を行います。つまりただプリントをしただけでは印刷では再現できないような色まで出してしまう可能性があるので、色校正には向きません。

そこで印刷の色再現をシミュレートしたい場合はいったん印刷のプロファイルに向けて色変換し、色域を狭めた上で再度プリント用紙のプロファイルへと変換を行います。

プリント時の設定は［Photoshop プリント設定］のダイアログボックスで［カラーマネジメント］の［通常プリント］を［ハードプルーフ］に切り替えます。［調整プロファイル］の変更は、［表示］メニューから［校正設定］→［カスタム］で、［シミュレートするデバイス］のプロファイルを切り替えて行います。

一度、［調整プロファイル］の色域に圧縮するため、印刷のシミュレーションが可能になる。

［プリントカラーをプレビュー］はどんな色にプリントされるのか、画面上でシミュレートする機能です［色域外警告］では、プリントで再現できない色を教えてくれる機能ですが、あまり気にしすぎないほうがいいでしょう。［紙色を表示］はプリントする用紙の色味も含めて画面上で確認できる機能です。

画面上で色をシミュレートする

［色の校正］を使って画面上でシミュレート

印刷のシミュレートは画面上でも可能です。通常ディスプレイのカラーマネージメントは画像のプロファイルからディスプレイのプロファイルへと色変換をして表示することにより、画像本来の色に近づけて表示するしくみになっています。

ただしディスプレイで見る色はカラー印刷よりもかなり鮮やかな発色なので、印刷物とは違ったイメージになってしまいます。

そこで［表示］メニューの［色の校正］にチェックを入れることにより、いったんCMYKの色域に圧縮し、画面上の色と印刷物の色とを近づけることが可能になります。

［色の校正］はほかのカラースペース上ではどのように見えるのかをシミュレートしてくれる機能です。

初期設定では［カラー設定］の［作業用CMYK］の設定が反映されます。プルダウンにあるさまざまな印刷のシミュレートができるほか、ウェブ用のsRGBのシミュレートをするなど、さまざまな使い方があります。

ディスプレイを信じられる状態にする

キャリブレーションとは？

Photoshopを扱う上で重要なのは、ディスプレイ上の色が信じられる状態になっているということです。ディスプレイにはさまざまなタイプの製品があり、また同じ製品であっても個体差や経年変化により色や明るさは変わります。

色の偏ったディスプレイでレタッチをしても正しい調整はできません。使い始める前にキャリブレーションとプロファイルの作成を行いましょう。

キャリブレーションとは機器の能力を引き出し、安定した状態で利用するための調整です。ディスプレイの取り扱い説明書を見て、明るさやコントラストなどの調整をしておきましょう。

エックスライト社のカラーマネージメントツールの設定画面です。まずディスプレイかプロジェクタか？　ビデオ向けか印刷向けか？　といった使用目的を設定します。

白色点は印刷目的の場合はD50（5000K）、ウェブ用途の場合はD65（6500K）に設定します。

モニタプロファイルの作成

ディスプレイの調整はキャリブレーションを取るだけでは不十分です。ディスプレイ上の色を頼りにレタッチを行うのであれば、モニタプロファイルの作成もしておきましょう。

モニタプロファイルは測定器とアプリケーションがセットになったカラーマネージメントツールを使って行います。さまざまな製品が販売されていますが、モニタプロファイルを作成するためだけの安価な製品もあるので、そういったものでもかまいません。

測定器をセッティングすると、画面上に多くの色が映し出され、その色を測定することにより、個々のディスプレイの色に関する特徴を反映したプロファイルをつくることができます。

プロファイルができると、そのプロファイルをシステムに設定するかどうかを尋ねられるので、そのままOKするだけです。

この作業により、画像本来の色を忠実に再現することができるようになります。

画面に映し出されるさまざまな色を測定器で測定します。そしてその測定結果からプロファイルが作成されます。

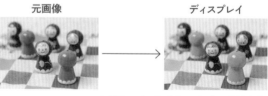

元画像　　　　　　　　ディスプレイ

ただディスプレイに出力しても、色は異なります。

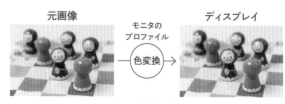

元画像　　モニタの　　ディスプレイ
　　　　　プロファイル
　　　　　色変換

プロファイルを作成することによって、色は近似します。

15-4 メディア向けの処理

レタッチが済んだ画像データは印刷向け、ウェブ向けなどの用途に合わせた画像処理が必要です。
最低限何を行うべきか？
複数ファイルをまとめて処理する方法なども合わせて覚えましょう。

最適なファイル形式を使い分ける

Photoshopの
ネイティブファイル形式

デジタル画像データのファイル形式にはさま
ざまなタイプがあります。基本は使用目的に
合わせた汎用的なファイル形式を選択する
ことです。たとえばDTPの場合でいえば
TIFFやJPEGで受け渡しをすることにより、
相手方が無理なく開くことが可能です。

一方、Photoshopのネイティブファイル形式
である[PSD]で保存をすれば、[レイヤー]な
どをそのまま保持することができます。しか
し、使用バージョンなどにより受け取った側
がファイルをそのまま開けない可能性も出て
きます。[PSD]での運用自体は便利なので、
うまく使い分けをするとよいでしょう。

[ファイル]メニューから[別名で保存]を選択す
ると、さまざまな形式に変換することができます。

データの受け手が最新バージョンのPhotoshopを使っ
ているとは限らないため、レイヤー機能などを駆使した
ファイルなどは、そのまま開けない可能性があります。

JPEGでファイル容量を小さく

[JPEG]はファイル形式ではなく、圧縮形式の
ことです。ファイルを圧縮して保存することに
より、ファイルの容量を小さくすることが可能
です。ただし、あまり圧縮率を高くしすぎると
画質が劣化してしまうので、注意が必要です。
DTPで画質優先の場合は圧縮率を高めな
いことです。一方、ウェブの画像の場合は表
示のスピードに関係してくるので、許せる範
囲内で圧縮率を高めて、ファイル容量を小さ
くします。[JPEGオプション]のダイアログで
[プレビュー]にチェックが入っていれば、圧
縮後の画質を画面上で確認することができ
ます。

[最高(低圧縮率)]は圧縮率が低くて
画質が高いという意味で、[低(高圧
縮率)]は圧縮率が高くて、画質が低
いという意味です。

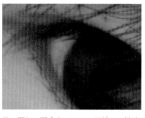

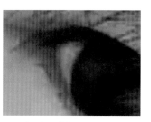

目の周りの写真をJPEGで圧縮して拡大したもの。左が低圧縮率で、
右が高圧縮率です。一度画質を落とすと元に戻らないので注意が必要です。

273

ウェブ用に保存する

プレビューで確認しながら調整できる

Photoshopにはウェブ向けのデータをつくる方法がいくつかありますが、おすすめの方法は［書き出し形式］（［ファイル］メニュー）です❶。書き出しができるのは、PNG、JPEG、GIF、SVGの4種類。書き出したいファイルを開いた状態で、この［書き出し形式］を選び、さらに［形式］❷を選んでください。

形式により設定は異なりますが、たとえばJPEGであれば、画質の数値（0～100%）を変化させながらプレビューで画質の変化を確認して調整します。ウェブ用の画像の場合画質を劣化させずになるべく軽く（ファイルサイズを小さく）するのがポイントですが、JPEGの圧縮技術が向上したため［Web用に保存（従来）］❸と比較してもかなり軽く書き出すことができるようになっています。

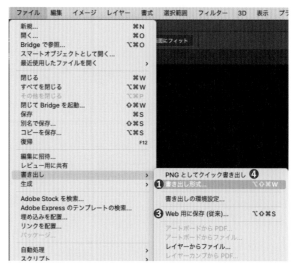

従来の方式である［Web用に保存（従来）］も［書き出し］から選ぶことができます。ただし、［書き出し形式］のほうがおすすめです。

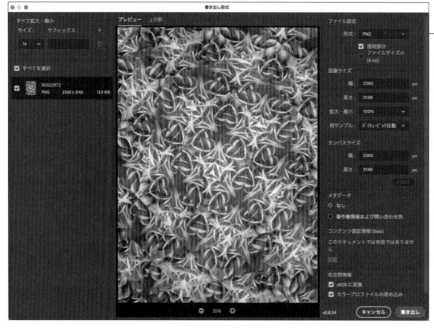

まず［ファイル設定］の［形式］で書き出したいファイル形式を選択します。

［書き出し形式］ダイアログボックス。［画像サイズ］や［メタデータ］の設定を行います。［色空間情報］のデフォルト設定は［sRGBに変換］で、［カラープロファイルの埋め込み］にチェックを入れておけば、カラーマネージメントをサポートしたブラウザで正しい色の表示が可能です。

ウェブ向けの画像形式の選択

［ファイル］メニューの［書き出し］→［PNGとしてクイック書き出し］❹は［書き出し形式］ダイアログボックスを表示させずに簡単に書き出すための機能です。

あらかじめ［書き出しの環境設定］（［ファイル］メニューの［書き出し］）で、ファイル形式を選んでおけば、PNGだけでなく他のファイル形式への書き出しが可能です。たとえば［JPG］を選ぶとメニュー名が［JPGとしてクイック書き出し］に変わります。いちいち設定をする必要がなく、同じ処理を繰り返すような場合にぜひ使いたい方法です。

STEP 01 アクションを作成して処理を自動化する

BEFORE

AFTER

[アクション]とは作業工程を記録し、再び同じ工程を繰り返すことのできる機能です。作成した[アクション]はほかのファイルに対しても、ボタン1つで繰り返すことができるようになります。

⬇ Lesson15 ▶ 15-4 ▶ 15_401.jpg

1 [アクション]パネルを表示して、右下の[新規アクションを作成]ボタンをクリックします。

❶[再生/記録を中止]
❷[記録開始]
❸[選択項目を再生]
❹[新規セットを作成]
❺[新規アクションを作成]
❻[削除]

2 [新規アクション]のダイアログボックスが表示されます。[アクション名]に任意の名前をつけて、[記録]ボタンをクリックします。ここでは「モノトーン」として[OK]をクリックします。

3 記録したい工程を一度実行します。自動化したい複数の操作をまとめて記録できます。ここでは[白黒]を使ってモノトーンにします。

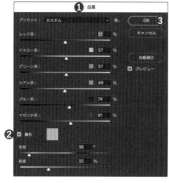

❶[イメージ]メニューから[色調補正]→[白黒]を実行し、[白黒]ダイアログボックスを表示します。
❷[着色]にチェックを入れ、好みの色に設定にします。
❸[OK]をクリックします。

4 すべての工程が完了したら、[アクション]パネルの[再生/記録を中止]ボタンをクリックします。記録が停止され、アクションとして保存されます。

これで、ほかのファイルを開き、パネルの[モノトーン]を選択して[選択項目を再生]ボタンをクリックするだけで、一連の工程が実行され、同じ設定でモノトーンに変換することができます。

[バッチ]で複数ファイルに一度にアクションを実行する

[アクション]は、ファイルを開いて[アクション]パネルで実行するほかに、複数ファイルにまとめて適用することが可能です。それには[ファイル]メニューから[自動処理]→[バッチ]を選択して[バッチ]ダイアログボックスを開きます。[アクション]で上の方法で記録しておいたアクションを選択し、[ソース]❶で対象とするファイルを選んで[OK]すると、一度に処理が可能です。プロファイル変換、リサイズ、シャープネス処理などさまざまな場面で効率化できます。

[ソース]は[フォルダー][読み込み][開いたファイル][Bridge]といった単位で選べます。たとえば[フォルダー]を選択すれば、そのフォルダ内の画像に対してすべて同じアクションが実行されます。

Lesson 15 媒体に合わせて出力する

適切な画像解像度にする

適切なサイズと解像度に変更する

デジタル画像の最小単位は画素（ピクセル）で、その画素が集まることにより画像が形成されます。画素数が少ないと四角い画素が見えてしまい滑らかな描写にはなりません。一方、必要以上に画素数が多いと転送に時間がかかったり、適切なシャープネスがかけられません。そこで利用サイズに合わせたサイズへの変更が必要になります。

画像サイズの変更は［イメージ］メニューから［画像解像度］で行います。［解像度］とは画素の密度のことですが、［dpi］（1インチに何ピクセル並んでいるか）という単位で表します。

印刷の場合は300〜350dpi程度の解像度が必要です。たとえば横幅60mmにしたい場合は［縦横比を固定］した状態で、［幅］に「60」（mm）と入力、また解像度に「350」（pixel/inch）と入力して、［OK］をクリックします。

解像度だけを変更するには

［画像解像度］の［再サンプル］チェックボックスにチェックが入っている場合、解像度を上げればそれに伴いサイズも大きくなり、解像度を下げればサイズは小さくなります。

一方、［再サンプル］にチェックが入っていない場合❶は解像度を変更しても全体のサイズは変わらず、［幅］と［高さ］が変化します❷。ファイル自体は変化しないということです。

デジタルカメラの画像解像度は機種により違いがあるので、［再サンプル］にチェックを入れずに解像度を統一することにより、印刷した場合にどの程度のサイズで使うことができるのかといったことがわかりやすくなるというメリットがあります。

画像の最小単位は四角い画素で、それぞれに色や明るさがあります。解像度が足りない画像を印刷すると、ジャギーが出たり、ボケてしまったりするので、適切な解像度が必要です。

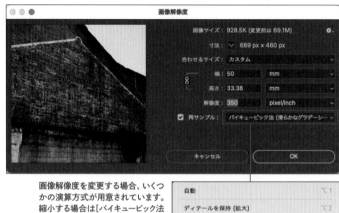

画像解像度を変更する場合、いくつかの演算方式が用意されています。縮小する場合は［バイキュービック法（滑らかなグラデーション）］を使い、最終的には適切なシャープネスをかけましょう（次ページ参照）。また解像度が足りない場合は、［ディテールを保持（拡大）］や［ディテールを保持2.0］を使ってみるといいでしょう。

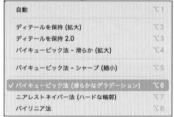

❷［画像サイズ］や［寸法］は変わらず、［幅］や［高さ］が変わる

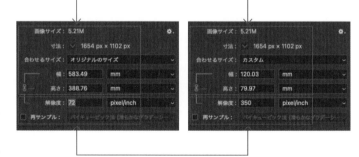

❶［再サンプル］にチェックを入れずに解像度を変更

シャープネス処理をする

スマートシャープがおすすめ

シャープネス処理とは画像上の境界部分を強調して、メリハリを出す効果のことです。印刷用の画像でもウェブ用の場合でもこのシャープネス処理を加えることにより、見栄えがアップします。

たとえば髪の毛や自転車のスポークなどの細かいもの、あるいは物の輪郭をハッキリさせることにより、写真に締まった印象を与えることができます。

コントラストのある部分を検出し、境目の明るい部分をより明るく、暗い部分はより暗く強調することにより、シャープな印象を与えます。

シャープネス効果のあるツールはいくつかありますが、[フィルター]メニューの[シャープ]→[スマートシャープ]がおすすめです。ただ従来推奨されていた[アンシャープマスク]の質が悪いというわけではないので、なじめない場合は従来の方法でも構いません。

印刷目的の場合は画面で見えている効果よりも強めにかけておくことがポイントです。ウェブ用の場合はディスプレイでの見た目に合わせてコントロールします。

[フィルター]メニューの[シャープ]→[スマートシャープ]がおすすめです。そのほか[アンシャープマスク]でもかまいません。

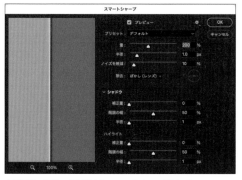

印刷目的の場合は[半径]を「1.2」px程度に。[量]は「150〜250」%程度で調整をします。またウェブの場合は[半径]を「0.3」px程度にして、画面の見た目でコントロールします。この処理によりノイズが気になる場合は[ノイズを軽減]を調整します。除去は[ぼかし(レンズ)]のまま使用し、通常[シャドウ・ハイライト]の調整は不要です。

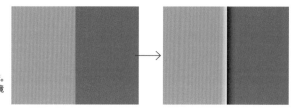

シャープネスをかける前とかけたあとの比較。効果を強めにして拡大表示していますが、境界部分が強調されていることが確認できます。

印刷用データを仕上げる順番

シャープネスは必ず最後に

画質の劣化を避けるために画像処理には順番があります。まず、基本的にRGBモードでレタッチを仕上げることです。レタッチが完成したら、CMYKに変換をし、レイアウトソフトでのサイズに合わせて[画像解像度]でリサイズを行います。

特に重要なのは、シャープネス処理は一番最後に行うことです。シャープネスの効果を活かすことができます。

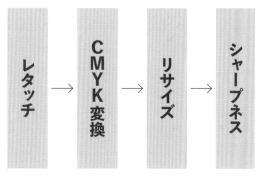

シャープネスをかけたあとにリサイズを行うと、画質の劣化につながるので、順番には注意しましょう。

Adobe Bridgeを使って画像の整理

［レーティング］をうまく使う

Adobe Bridge は高機能な画像閲覧ソフトですが、その
まま Photoshop でファイルを開いたり、連動してバッチ
処理をすることも可能です。

画像を閲覧しながら、不要なファイルを削除したり、フォ
ルダ分けしたり、画像を選んだり整理するのにも最適で
す。整理に便利なのは、ファイルに☆印をつける［レーティ
ング］の機能です。

画像を選択して command（Ctrl）+［数字］キーで任意の
数の☆印がつけられます❶。そのあと、ダイアログボック
ス左端にある［フィルター］を使って❷、☆が2つ付いて
いる画像だけを表示させる、といった使い方ができます。
このレーティングをうまく使えば、まとめてファイルを移
動させたり、コピーをしたりという整理が、簡単にできる
ようになります。

サムネールに対して☆をつけておけば、左の［フィルター］にある［レーティング］で☆のあるなし、数によって抽出することが可能になります。

まとめて自動処理をするために

各メディア向けの画像処理では、色変換やシャープネス
など、複数画像をまとめて処理したほうがいいものがい
ろいろあります。

Bridge ではカラープロファイル別の選択などもできるの
で、カラープロファイルのない画像にカラープロファイル
を指定することや、RGB画像をCMYK画像に一括で変
換するといったことも可能です。Bridge によるバッチ処
理は、［ツール］メニューから［Photoshop］→［バッチ］
で行います。

［カラープロファイル］では画像への埋め込みプロファイルの確認ができ、チェックを入れると、あるプロファイルの画像だけを表示させることも可能です。

主要ショートカットキー一覧

Photoshop 2024 の主要なショートカットキーの一覧です。Mac のキー表記で記載していますが、Windows の場合、特に指定のないときは以下のキーで読み替えてください。

Mac		Windows
command	➡	Ctrl
option	➡	Alt
return	➡	Enter

アプリケーションメニュー

コマンド	ショートカット

● Photoshop メニュー（Mac のみ）

環境設定	
┈ 一般	command＋K
Photoshop を隠す	control＋command＋H
他を隠す	option＋command＋H
Photoshop を終了	command＋Q

● ファイル

新規	command＋N
開く	command＋O
Bridge で参照	option＋command＋O
	Shift＋command＋O
閉じる	command＋W
すべてを閉じる	option＋command＋W
その他を閉じる	opiton＋command＋P
閉じて Bridge を起動	Shift＋command＋W
保存	command＋S
別名で保存	Shift＋command＋S
	option＋command＋S
復帰	F12
書き出し	
┈ 書き出し形式	option＋Shift＋command＋W
┈ Web 用に保存（従来）	option＋Shift＋command＋S
ファイル情報	option＋Shift＋command＋I
プリント	command＋P
1 部プリント	option＋Shift＋command＋P
終了（Windows のみ）	Ctrl＋Q

● 編集

取り消し	command＋Z
やり直し	Shift＋command＋Z
最後の状態を切り替え	option＋command＋Z（または Mac のみ F1）
フェード	Shift＋command＋F
カット	command＋X
	F2
コピー	command＋C
	F3
結合部分をコピー	Shift＋command＋C
ペースト	command＋V
	F4
特殊ペースト	
┈ 同じ位置にペースト	Shift＋command＋V
┈ 選択範囲内へペースト	option＋Shift＋command＋V

検索	command＋F
塗りつぶし	Shift＋F5
コンテンツに応じて拡大・縮小	option＋Shift＋command＋C
自由変形	command＋T
変形	
┈ 再実行	Shift＋command＋T
カラー設定	Shift＋command＋K
キーボードショートカット	option＋Shift＋command＋K
メニュー	option＋Shift＋command＋M
環境設定（Windows のみ）	
┈ 一般	Ctrl＋K

● イメージ

色調補正	
┈ レベル補正	command＋L
┈ トーンカーブ	command＋M
┈ 色相・彩度	command＋U
┈ カラーバランス	command＋B
┈ 白黒	option＋Shift＋command＋B
┈ 階調の反転	command＋I
┈ 彩度を下げる	Shift＋command＋U
自動トーン補正	Shift＋command＋L
自動コントラスト	option＋Shift＋command＋L
自動カラー補正	Shift＋command＋B
画像解像度	option＋command＋I
カンバスサイズ	option＋command＋C
解析	
┈ 計測値を記録（Mac のみ）	Shift＋command＋M

● レイヤー

新規	
┈ レイヤー	Shift＋command＋N
┈ コピーしてレイヤー作成	command＋J
┈ カットしてレイヤー作成	Shift＋command＋J
PNG としてクイック書き出し	Shift＋command＋'
書き出し形式	option＋Shift＋command＋'
クリッピングマスクを作成／解除	option＋command＋G
レイヤーをグループ化	command＋G
レイヤーのグループ解除	Shift＋command＋G
レイヤーを非表示	command＋,
重ね順	
┈ 最前面へ	Shift＋command＋]
┈ 前面へ	command＋]
┈ 背面へ	command＋[
┈ 最背面へ	Shift＋command＋[
レイヤーをロック	command＋/
レイヤーを結合	command＋E
表示レイヤーを結合	Shift＋command＋E

● 選択範囲

すべてを選択	command＋A
選択を解除	command＋D
再選択	Shift＋command＋D
選択範囲を反転	Shift＋command＋I
	Shift＋F7
すべてのレイヤー	option＋command＋A
レイヤーを検索	option＋Shift＋command＋F
選択とマスク	option＋command＋R
選択範囲を変更	
┈ 境界をぼかす	Shift＋F6

● フィルター

フィルターの再実行	control＋command＋F
広角補正	option＋Shift＋command＋A
Camera Raw フィルター	Shift＋command＋A
レンズ補正	Shift＋command＋R
ゆがみ	Shift＋command＋X
消点	option＋command＋V

● 表示

色の校正	command＋Y
色域外警告	Shift＋command＋Y
ズームイン	command＋＋
	command＋；
ズームアウト	command＋－
画面サイズに合わせる	command＋0
100%	command＋1
	option＋command＋0
エクストラ	command＋H
表示・非表示	
┈ ターゲットパス	Shift＋command＋H
┈ グリッド	command＋@
┈ ガイド	command＋：
定規	command＋R
ガイド	
┈ スナップ	Shift＋command＋：
┈ ガイドをロック	option＋command＋：

● ウィンドウ

アレンジ	
┈ 最小化（Macのみ）	control＋command＋M
アクション	option＋F9
カラー	F6
ブラシ設定	F5
レイヤー	F7
情報	F8

● ヘルプ

Photoshopヘルプ	Shift＋command＋／ （WindowsはF1）

パネルメニュー

コマンド	ショートカット

● レイヤー

新規レイヤー	Shift＋command＋N
PNGとしてクイック書き出し	Shift＋command＋'
書き出し形式	option＋Shift＋command＋'
レイヤーをロック	command＋／
レイヤーを非表示	command＋，
クリッピングマスクを作成／解除	option＋command＋G
レイヤーを結合	command＋E
表示レイヤーを結合	Shift＋command＋E

ツール

ツール	ショートカット
同じショートカットキーでツールを順番に表示する（「ツールの変更にShiftキーを使用」オプションが選択されている場合）	Shift＋ショートカットキー
隠れたツールを順番に表示する（アンカーポイントの追加ツール、アンカーポイントの削除ツール、アンカーポイントの切り替えツールを除く）	option＋ツールをクリック
移動ツール	V
アートボードツール	
長方形選択ツール	M
楕円形選択ツール	
なげなわツール	L
多角形選択ツール	
マグネット選択ツール	

ツール	ショートカット
オブジェクト選択ツール	W
クイック選択ツール	
自動選択ツール	
切り抜きツール	C
遠近法の切り抜きツール	
スライスツール	
スライス選択ツール	
スポイトツール	I
3Dマテリアルスポイトツール	
カラーサンプラーツール	
ものさしツール	
注釈ツール	
カウントツール	
スポット修復ブラシツール	J
削除ツール	
修復ブラシツール	
パッチツール	
コンテンツに応じた移動ツール	
赤目修正ツール	
ブラシツール	B
鉛筆ツール	
色の置き換えツール	
混合ブラシツール	
コピースタンプツール	S
パターンスタンプツール	
ヒストリーブラシツール	Y
アートヒストリーブラシツール	
消しゴムツール	E
背景消しゴムツール	
マジック消しゴムツール	
グラデーションツール	G
塗りつぶしツール	
3Dマテリアルドロップツール	
覆い焼きツール	O
焼き込みツール	
スポンジツール	
ペンツール	P
フリーフォームペンツール	
曲線ペンツール	
横書き文字ツール	T
縦書き文字ツール	
横書き文字マスクツール	
縦書き文字マスクツール	
パスコンポーネント選択ツール	A
パス選択ツール	
長方形ツール	U
楕円形ツール	
三角形ツール	
多角形ツール	
ラインツール	
カスタムシェイプツール	
手のひらツール	H
回転ビューツール	R
ズームツール	Z
初期設定の描画色と背景色	D
描画色と背景色を入れ替え	X
クイックマスクモードで編集／を終了	Q
スクリーンモードの切り替え	F
透明ピクセルのロックを切り替え	／
ブラシサイズを減少	[
ブラシサイズを増加	]
ブラシの硬さを減少	{
ブラシの硬さを増加	}
前のブラシ	，
次のブラシ	．
最初のブラシ	＜
最後のブラシ	＞

メニューコマンドやツールヒントに表示されないショートカット

目的	ショートカット

● 画像の表示に使用するショートカットキー

目的	ショートカット
開いているドキュメントを順番に表示する	command＋Tab
前のドキュメントに切り替える	Shift＋command＋`（Windowsは Shift＋Ctrl＋Tab）
Photoshop でファイルを閉じて Bridge を開く	Shift＋command＋W
カンバスの色を順番に切り替える	スペースバー＋F（またはカンバスの背景を control キーを押しながらクリックして色を選択、Windowsは右クリックして色を選択）
カンバスの色を逆順に切り替える	スペースバー＋Shift＋F
画像をウィンドウサイズに合わせる	手のひらツールをダブルクリック
100％で表示する	ズームツールをダブルクリックまたは command＋1
手のひらツールに切り替える（テキスト編集モードの場合を除く）	スペースバー
手のひらツールで複数のドキュメントを同時にパンする	Shift＋ドラッグ
ズームインツールに切り替える	command＋スペースバー
ズームアウトツールに切り替える	option＋command＋スペースバー（Windowsは Alt＋スペースバー）
ズームツールのドラッグ時に点線のボックスを移動する	スペースバー＋ドラッグ
ズーム率を適用し、ズーム率ボックスをアクティブな状態に保つ	ナビゲーターパネルのズーム率ボックスで、Shift＋return
ドラッグした範囲を拡大する	ナビゲーターパネルで、プレビュー内を command＋ドラッグ
画像を一時的に拡大する	Hキーを押したまま画像をクリックし、マウスボタンを押したまま保持
手のひらツールで画像をスクロールする	スペースバー＋ドラッグ、またはナビゲーターパネル内の表示ボックスをドラッグ
上下に1画面ずつスクロールする	Page Up または Page Down*
上下に10単位ずつスクロールする	Shift＋Page Up または Page Down*
画面の表示を左上または右下に移動する	Home または End
レイヤーマスクの半透明カラーのオン/オフを切り替える（レイヤーマスクの選択が必要）	Shift＋option＋¥（円記号）

*Ctrlキー（Windows）または command キー（Mac）を押しながら左（Page Up）または右（Page Down）にスクロール

● オブジェクトの選択時と移動時に使用するキー

目的	ショートカット
選択範囲作成中に選択範囲を移動する**	選択ツール（一列選択ツールと一行選択ツールを除く）＋スペースバー＋ドラッグ
選択範囲に追加する	任意の選択ツール＋Shift＋ドラッグ
選択範囲から削除する	任意の選択ツール＋option＋ドラッグ
選択範囲と重なる領域を選択する	任意の選択ツール（クイック選択ツールを除く）＋Shift＋option＋ドラッグ
正円または正方形の選択範囲を作成する（アクティブな選択範囲がない場合）**	Shift＋ドラッグ
選択範囲を中央から作成する（アクティブな選択範囲がない場合）**	option＋ドラッグ
正円または正方形の選択範囲またはシェイプを中央から作成する**	Shift＋option＋ドラッグ

目的	ショートカット
移動ツールに切り替える	command（手のひら、スライス、パス、シェイプまたはペンの各ツールが選択されている場合を除く）
マグネット選択ツールからなげなわツールに切り替える	option＋ドラッグ
マグネット選択ツールから多角形選択ツールに切り替える	option＋クリック
マグネット選択ツールの操作を適用またはキャンセルする	return／Esc または command＋.（ピリオド）
選択範囲と内容のコピーを移動する	移動ツール＋option＋選択範囲をドラッグ**
選択範囲を1ピクセルずつ移動する	選択範囲＋右向き矢印、左向き矢印、上向き矢印、下向き矢印*
選択範囲と内容を1ピクセルずつ移動する	移動ツール＋右向き矢印、左向き矢印、上向き矢印、下向き矢印*/**
何も選択されていないときにレイヤーを1ピクセルずつ移動する	command＋右向き矢印、左向き矢印、上向き矢印、下向き矢印*
認識する幅を増減する	マグネット選択ツール＋［ または ］
切り抜きを確定または取り消しする	切り抜きツール＋return または Esc
切り抜きシールドのオフとオンを切り替える	／（スラッシュ）
分度器を作成する	ものさしツール＋終点から、option を押しながらドラッグ
ガイドを定規の目盛りにスナップ（表示／スナップがチェックされている場合のみ）	Shift＋ガイドをドラッグ
ガイドの方向を切り替える	option＋ガイドをドラッグ

*Shiftキーを押しながら操作すると、10ピクセルずつ移動します。
**シェイプツールにも適用されます。

● パスの編集時に使用するキー

目的	ショートカット
複数のアンカーポイントを選択する	パス選択ツール＋Shift＋クリック
パス全体を選択する	パス選択ツール＋option＋クリック
パスを複製する	各種ペンツール、パスコンポーネント選択ツールまたはパス選択ツール＋command＋option＋ドラッグ
パスコンポーネント選択、ペン、アンカーポイントの追加、アンカーポイントの削除、アンカーポイントの切り替えの各ツールからパス選択ツールに切り替える	command
ペンツールまたはフリーフォームペンツールからアンカーポイントの切り替えツールに切り替える（ポインターがアンカーポイントまたは方向点上にある場合）	option
パスを閉じる	フリーフォームペンツール（マグネットオプションオン時）＋ダブルクリック
直線のセグメントのパスで閉じる	フリーフォームペンツール（マグネットオプションオン時）＋option＋ダブルクリック

● ペイント時に使用するキー

目的	ショートカット
カラーピッカーから描画色を選択する	ペイントツール＋control＋option＋command とドラッグ（Windowsは Shift＋Alt＋右クリックとドラッグ）
スポイトツールを使用して画像から描画色を選択する	ペイントツール＋option、またはシェイプツール＋option（パスオプションが選択されている場合を除く）
背景色を選択する	スポイトツール＋option＋クリック
カラーサンプラーツール	スポイトツール＋Shift
カラーサンプルを削除する	カラーサンプラーツール＋option＋クリック
ペイントモードの不透明度、許容値、強さ、露光量を設定する	ペイントツールまたは編集ツール＋数字（例：0は100％、1は10％、4と5を連続して押すと45％）

ペイントモードのインク流量を設定する	ペイントツールまたは編集ツール＋Shift＋数字
混合ブラシのミックス設定を変更する	option＋Shift＋数字
混合ブラシのにじみ設定を変更する	数字キー
混合ブラシのにじみおよびミックスをゼロに変更する	00
描画モードを順番に表示する	Shift＋＋ または -(テンキー上のプラスまたはマイナス)、Shift＋; または -(ハイフン)
背景レイヤーまたは標準レイヤーで塗りつぶしダイアログボックスを開く	delete または Shift＋delete (Windowsは Backspace または Shift＋Backspace)
描画色または背景色で塗りつぶし	option＋delete または command＋delete (Windowsは Alt＋Backspace または Ctrl＋Backspace)*
ヒストリーから塗りつぶし	command＋option＋delete (Windowsは Ctrl＋Alt＋Backspace)
塗りつぶしダイアログボックスを表示する	Shift＋delete (Windowsは Shift＋Backspace)
透明ピクセルをロックオプションのオン／オフを切り替える	/(スラッシュ)
ポイントを直線で結ぶ	ペイントツール＋Shift＋クリック

*Shiftキーを押しながら操作すると、透明部分は保護されます。

● 描画モードのショートカットキー

描画モードを順番に表示する	Shift＋＋ または -(テンキー上のプラスまたはマイナス)、Shift＋; または -(ハイフン)
通常	Shift＋option＋N
ディザ合成	Shift＋option＋I
背景(ブラシツールのみ)	Shift＋option＋Q
消去(ブラシツールのみ)	Shift＋option＋R
比較(暗)	Shift＋option＋K
乗算	Shift＋option＋M
焼き込みカラー	Shift＋option＋B
焼き込み(リニア)	Shift＋option＋A
比較(明)	Shift＋option＋G
スクリーン	Shift＋option＋control＋S (WindowsはShift＋Alt＋S)
覆い焼きカラー	Shift＋option＋control＋D (WindowsはShift＋Alt＋D)
覆い焼き(リニア)-加算	Shift＋option＋W
オーバーレイ	Shift＋option＋O
ソフトライト	Shift＋option＋F
ハードライト	Shift＋option＋H
ビビッドライト	Shift＋option＋V
リニアライト	Shift＋option＋J
ピンライト	Shift＋option＋control＋Z (WindowsはShift＋Alt＋Z)
ハードミックス	Shift＋option＋L
差の絶対値	Shift＋option＋E
除外	Shift＋option＋control＋X (WindowsはShift＋Alt＋X)
色相	Shift＋option＋U
彩度	Shift＋option＋T
カラー	Shift＋option＋C
輝度	Shift＋option＋Y
彩度を下げる	スポンジツール＋Shift＋option＋D
彩度を上げる	スポンジツール＋Shift＋option＋S
シャドウを覆い焼き／焼き込みする	覆い焼きツール／焼き込みツール＋Shift＋option＋S
中間調を覆い焼き／焼き込みする	覆い焼きツール／焼き込みツール＋Shift＋option＋M

ハイライトを覆い焼き／焼き込みする	覆い焼きツール／焼き込みツール＋Shift＋option＋H
モノクロ2階調画像の描画モードを「2階調化」に、他のすべての画像の描画モードを「通常」に設定する	Shift＋option＋N

● テキストの選択および編集用のショートカットキー

画像内でテキストを移動する	テキストレイヤーが選択されている状態で、command＋文字をドラッグ
左右の1文字、前後の1行、左右の1単語(欧文のみ)を選択する	Shift＋左向き矢印／右向き矢印または下向き矢印／上向き矢印、または command＋Shift＋左向き矢印／右向き矢印
挿入ポイントからクリックポイントまでの文字を選択する	Shift＋クリック
左右に1文字、上下に1文字、左右に1単語(欧文のみ)ずつ移動する	左向き矢印／右向き矢印、下向き矢印／上向き矢印、または command＋左向き矢印／右向き矢印
レイヤーパネルでテキストレイヤーが選択されているときに、新規テキストレイヤーを作成する	Shift＋クリック
単語(欧文のみ)、行、段落またはすべての文字を選択する	ダブルクリック、3回連続クリック、4回連続クリック、5回連続クリック
選択した文字のハイライト表示を切り替える	command＋H
テキストの編集中に変形するテキストの周囲にバウンディングボックスを表示する、またはバウンディングボックス内にカーソルがあるときに移動ツールを有効にする	command
バウンディングボックスのサイズを変更するときにバウンディングボックス内のテキストのサイズを変更する	バウンディングボックスのハンドルをcommand＋ドラッグ
テキストボックスの作成中にテキストボックスを移動	スペースバー＋ドラッグ

■ レイヤーパネルのショートカットキー

レイヤーの塗りの部分を選択範囲として読み込む	command＋レイヤーのサムネールをクリック
現在の選択範囲に追加する	command＋Shift＋レイヤーサムネールをクリック
現在の選択範囲から一部を削除する	command＋option＋レイヤーサムネールをクリック
現在の選択範囲との共通範囲を選択する	command＋Shift＋option＋レイヤーサムネールをクリック
フィルターマスクを選択範囲として読み込む	command＋フィルターマスクのサムネールをクリック
新規レイヤー	command＋Shift＋N
選択範囲をコピーした新規レイヤー	command＋J
選択範囲をカットした新規レイヤー	Shift＋command＋J
レイヤーをグループ化する	command＋G
レイヤーのグループ化を解除する	command＋Shift＋G
クリッピングマスクを作成／解除する	command＋option＋G
すべてのレイヤーを選択する	command＋option＋A
表示中のレイヤーを結合する	command＋Shift＋E
ダイアログボックスを表示して新規の空白レイヤーを作成する	option＋新規レイヤーを作成ボタンをクリック
選択中のレイヤーの下に新規レイヤーを作成する	command＋新規レイヤーを作成ボタンをクリック
一番上のレイヤーを選択する	option＋.(ピリオド)
一番下のレイヤーを選択する	option＋,(カンマ)
レイヤーパネルのレイヤー選択範囲に追加する	Shift＋option＋[または]
1つ上／下のレイヤーを選択する	option＋[または]
選択中のレイヤーを1つ上／下に移動する	command＋[または]

すべての表示レイヤーのコピーを選択中のレイヤーにコピーする	command＋Shift＋option＋E
レイヤーを結合する	結合するレイヤーをハイライトし、command＋E
レイヤーを一番下または一番上に移動する	command＋Shift＋[または]
現在のレイヤーを下のレイヤーにコピーする	option＋パネルメニューの「下のレイヤーと結合」
現在選択しているレイヤーの上の新しいレイヤーにすべての表示レイヤーを結合	option＋パネルメニューの「表示レイヤーを結合」
現在のレイヤー / レイヤーグループと他のすべてのレイヤー / レイヤーグループの表示を切り替える	目のアイコンをcontrol＋クリック（Windowsは右クリック）
現在のすべての表示レイヤーを表示するまたは非表示にする	option＋目のアイコンをクリック
選択中のレイヤーの透明ピクセルのロックまたは最後に適用したロックを切り替える	/（スラッシュ）
レイヤー効果 / スタイルのオプションを編集する	レイヤー効果 / スタイルをダブルクリック
レイヤー効果 / スタイルを隠す	option＋レイヤー効果名をダブルクリック
レイヤースタイルを編集する	レイヤーをダブルクリック
ベクトルマスクの有効 / 無効を切り替える	Shift＋ベクトルマスクのサムネールをクリック
レイヤーマスクの有効 / 無効を切り替える	Shift＋レイヤーマスクのサムネールをクリック
フィルターマスクの有効 / 無効を切り替える	Shift キーを押しながらフィルターマスクのサムネールをクリック
レイヤーマスクと合成チャンネルの表示を切り替える	option＋レイヤーマスクのサムネールをクリック
フィルターマスクと合成チャンネルの表示を切り替える	option＋フィルターマスクのサムネールをクリック
半透明の赤いレイヤーマスクのオン / オフを切り替える	Shift＋option＋¥（円記号）、または Shift＋option＋クリック
すべての文字を選択する、文字ツールを一時的に選択する	テキストレイヤーのサムネールをダブルクリック
クリッピングマスクを作成する	option＋2つのレイヤーの分割線上をクリック
レイヤー名を変更する	レイヤー名をダブルクリック
フィルター設定を編集する	フィルター効果をダブルクリック
フィルターの描画オプションを編集する	フィルターの描画アイコンをダブルクリック
現在のレイヤー / レイヤーグループの下に新規レイヤーグループを作成する	command＋新規グループボタンをクリック
ダイアログボックスを表示して新規レイヤーグループを作成する	option＋新規グループボタンをクリック
全体または選択範囲を隠すレイヤーマスクを作成する	option＋レイヤーマスクを追加ボタンをクリック
全体またはパス範囲を表示するベクトルマスクを作成する	command＋レイヤーマスクを追加ボタンをクリック
全体を隠す、または表示パス範囲を表示するベクトルマスクを作成する	command＋option＋レイヤーマスクを追加ボタンをクリック
隣接するレイヤーを選択または選択解除する	Shift＋クリック
隣接していないレイヤーを選択または選択解除する	command＋クリック

● パスパネルのショートカットキー

パスを選択範囲として読み込む	command＋パス名をクリック
選択範囲にパスを追加する	command＋Shift＋パス名をクリック
選択範囲からパスを削除する	command＋option＋パス名をクリック
選択範囲とパスの共通範囲を選択範囲として保持する	command＋Shift＋option＋パス名をクリック

パスを隠す	command＋Shift＋H
パスを描画色を使って塗りつぶすボタン、ブラシでパスの境界線を描くボタン、パスを選択範囲として読み込むボタン、選択範囲から作業用パスを作成ボタン、新規パスを作成ボタンのオプションを設定する	option＋各ボタンをクリック

● ファンクションキー

ヘルプを開始する(Macは取り消す / やり直す)	F1
カット	F2
コピー	F3
ペースト	F4
ブラシパネルを表示するまたは隠す	F5
カラーパネルを表示するまたは隠す	F6
レイヤーパネルを表示するまたは隠す	F7
情報パネルを表示するまたは隠す	F8
アクションパネルを表示するまたは隠す	option＋F9（WindowsはF9）
復帰	F12
塗りつぶし	Shift＋F5
選択範囲をぼかす	Shift＋F6
選択範囲を反転する	Shift＋F7

INDEX ［索引］

ま

や・ら・わ

アートディレクション　山川香愛
カバー写真　川上尚見
カバーデザイン　山川香愛
本文デザイン　加納啓善（山川図案室）
本文レイアウト　中沢岳志　加納啓善（山川図案室）
編集担当　和田 規

せかいいち
世界一わかりやすい
フォトショップ
Photoshop
操作とデザインの教科書
きょう か しょ
かいてい はん
［改訂4版］

2014年2月25日　初版　　第1刷発行
2024年3月22日　改訂4版　第1刷発行

著　者　　上原ゼンジ、吉田浩章、角田綾佳、技術評論社編集部
発行者　　片岡 巌
発行所　　株式会社技術評論社
　　　　　東京都新宿区市谷左内町21-13
　　　　　電話 03-3513-6150　販売促進部
　　　　　　　　03-3513-6185　書籍編集部
印刷／製本　図書印刷株式会社

著者略歴

上原ゼンジ（Zenji Uehara）
Lesson 02, 04, 15

実験写真家。色評価士。「宙玉レンズ」「手ぶれ増幅装置」などを考案。写真の可能性を追求している。また、カラーマネージメントに関する執筆や講演も多く行っている。著作に『改訂新版 写真の色補正・加工に強くなる～Photoshop レタッチ＆カラーマネージメント101の知識と技』（技術評論社）、『こんな撮り方もあったんだ！アイディア写真術』（インプレスジャパン）など多数。
https://zenji.info/

吉田浩章（Hiroaki Yoshida）
Lesson 07, 10, 11, 12

パソコン雑誌やDTP雑誌の編集に関わったのちフリーランスのライター、編集者に。実際のDTP作業における画像のハンドリングと、もともとの写真好きがきっかけでPhotoshopにのめり込む。Photoshop、デジタルカメラ、デジタルフォトなどについての記事を多く手がける。

角田綾佳（Ayaka Sumida）
Lesson 09, 13, 14

株式会社キテレツ　デザイナー・イラストレーター。ウェブ制作会社勤務を経て、2006年よりフリーランスとしてウェブデザイン・イラスト制作を行う。イラスト制作のほとんどをIllustratorで行なっているためベジェが大好き。
X:@spicagraph

お問い合わせに関しまして

本書に関するご質問については、QRコードから、もしくは弊社ウェブサイトからお問い合わせください。FAXでいただくことも可能ですが、必ず正確な書名と該当ページを明記のうえお送りください。お電話によるご質問、本書の内容と関係のないご質問につきましては、お答えできかねますのであらかじめご了承ください。
なお、ご質問の際に記載いただいた個人情報は質問の返答以外の目的には使用いたしません。また、質問の返答後は速やかに削除させていただきます。

［宛 先］
〒162-0846　東京都新宿区市谷左内町21-13
株式会社技術評論社　書籍編集部
「世界一わかりやすい Photoshop
操作とデザインの教科書［改訂4版］」係
FAX：03-3513-6181
技術評論社 書籍内容に関するお問い合わせ
https://book.gihyo.jp/116

なお、ソフトウェアの不具合や技術的なサポートが必要な場合は、アドビシステムズ株式会社 ウェブサイト上のサポートページをご利用いただくことをおすすめします。
アドビシステムズ株式会社　ヘルプセンター
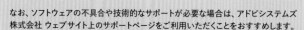
https://helpx.adobe.com/jp/support.html